자연이 법을 어길 때

자연이 법을 어길 때
Fuzz: When Nature Breaks the Law

과학, 인간과 동식물의 공존을 모색하다

메리 로치 지음
이한음 옮김

FUZZ
by MARY ROACH

Copyright (C) 2021 by Mary Roach
Korean Translation Copyright (C) 2025 by The Open Books Co.
All rights reserved.

Korean edition published by arrangement with William Morris Endeavor Entertainment, LLC through Imprima Korea Agency.

일러두기

• 이 책의 각주는 원주와 옮긴이 주입니다. 원주는 따로 표시하지 않고, 옮긴이 주는 〈 — 옮긴이〉로 표시하였습니다.

거스, 빈, 위니에게. 가장 먼 별에게.

머리말

1659년 6월 26일 이탈리아 북부 5개 소도시의 대표자가 모충(毛蟲)을 상대로 법원에 제소를 했다. 고소당한 모충은 텃밭과 과수원을 침입하여 농작물과 과일을 약탈하고 있었다. 소환장이 발부되었고, 다섯 부를 찍어 각 소도시에 인접한 숲의 나무에 못 박아 붙였다. 모충은 6월 28일 특정한 시각에 법정에 출두하라는 명령을 받았고, 출석하면 법정 대리인을 지정할 예정이었다.

물론 모충은 한 마리도 정해진 시각에 출석하지 않았지만, 어쨌거나 재판은 진행되었다. 남아 있는 문서에 따르면, 법원은 모충이 〈사람의 행복에 지장을……〉 주지 않는 한, 자유롭고 행복하게 살 권리가 있음을 인정했다. 판사는 모충에게 먹이와 즐거움을 안겨 줄 땅을 따로 떼어 놓으라고 판결했다. 재판이 마무리될 무렵에 피고는 이미 번데기가 되어 있었고 약탈은 다 끝난 상태였기에, 소송 당사자들은 판결에 만족하고 떠났을 것이 틀림없다.

이 사건은 1906년에 나온 『동물의 형사 소추와 사형 The Criminal Prosecution and Capital Punishment of Animals』이라는 별난 책에 자세히 실려 있다. 처음 몇 쪽을 훑었을 때, 나는 누군가 야심 차게 장난을 치는구나 하는 생각도 언뜻 들었다. 교회에서 공식적으로 파문당한 곰도 있었다. 농민은 민달팽이에게 〈태형〉이라는 처벌을 내리기 전에, 자신을 괴롭히지 말라고 세 차례 경고를 해야 한다는 내용도 있었다. 그러나 존경받는 역사학자이자 언어학자인 저자가 원래의 문서들을 깊이 파고들어 찾아낸 상세한 이야기를 담았기에 내 의구심은 금방 꼬리를 내렸다. 19편의 원문을 그대로 실은 부록도 딸려 있었으니까. 1403년 프랑스에서 한 돼지의 살인 재판이 진행된 뒤에 집행관이 제출한 지출 명세표도 있다(〈유치비 6솔〉). 쥐에게 발부하여 굴 안으로 쑤셔 넣은 퇴거 영장도 있다. 1545년 양조업자들이 초록색을 띤 한 바구미종(種)에게 제기한 소송 자료에는 변호사들의 이름도 나와 있다. 그 소송은 유서 깊은 법정 전술 중 하나인 재판 지연이 활용된 초기 사례이기도 하다. 내가 최대한 알아낸 바에 따르면, 재판은 8~9개월을 끌었다. 아무튼 바구미의 수명보다 더 길게 이어졌다.

    나는 이 온갖 사례를 옛 법 제도의 어리석음을 탓하는 증거로서가 아니라, 인간과 야생 동물 사이의 갈등이 대처하기에 무척 곤란한 특성을 지녔음을 보여 주는 증거로 제시한다. 오늘날 직업상 그 문제를 붙들고 씨름하는 이들이 아주 잘 알고 있듯이, 수백 년 동안 고심했음에도 여전히 그 문제에는 흡족한 해결책이 나오지 않고 있다. 사람이 의도를 갖고 만든 법을 자연이 어길 때 어떻게 하는 것이 적절한 조치일까?

물론 재판관과 성직자의 그런 조치들은 전혀 합리적이지 않다. 쥐와 바구미는 재산법을 이해하지도 못하거니와 그들이 인류 문명의 도덕 원칙을 따를 것이라고 기대할 수도 없기 때문이다. 그저 동물에게 짐짓 호통치는 모습을 보임으로써 대중에게 깊은 인상을 심어 주려는 용도였다. 보라, 자연조차도 우리의 통치를 따라야 하느니! 그리고 나름 깊은 인상을 남길 수 있었다. 16세기에 새끼가 딸린 두더지에게 아량을 베푼 판사는 자신의 권위뿐 아니라 품성과 연민까지 보여 준 셈이었으니까.

중세와 바로 그 너머의 수 세기에 걸친 자료들을 두서없이 훑다가, 나는 이런 문제들이 현대에 어떤 영향을 미쳤는지 궁금해졌다. 법과 종교가 내놓은 특색 있는 해결책들을 수집한 뒤 나는 과학이 이런 문제에 어떤 해결책을 들고 왔으며, 미래를 위해 어떤 해결책을 제시할 수 있을지 알아보는 일에 착수했다. 그렇게 다시금 방랑에 나섰다. 내게는 친숙하지 않은 직종의 사람들이 안내자가 되었다. 인간과 코끼리 갈등 전문가, 곰 관리자, 위험한 나무 벌목 및 발파공은 물론 포식 동물 공격을 다루는 전문가와 포식 동물 공격을 조사하는 법의학 수사관, 레이저 허수아비 제작자, 온건한 독 검사자와도 많은 시간을 보냈다. 나는 몇몇 〈화제의 중심지〉도 방문했다. 콜로라도 애스펀의 뒷골목, 인도령 히말라야산맥에서 표범의 위협을 받고 있는 마을, 교황의 부활절 미사 전날 밤의 성 바오로 광장 등이다. 나는 옛 전문가들 — 경제 조류학자와 쥐잡이꾼 — 과 미래의 청지기들인 보전 유전학자가 어떤 기여를 해왔으며, 앞으로 어떻게 할지를 생각했다. 나는 생쥐 미끼도 맛보았다. 그리고 원숭이의 갑작스러운 습격을 받기도 했다.

이 책은 포괄적이지는 않다. 2백여 국가의 동식물 약 2천 종이 사람과 불화를 일으키는 행동을 하고 있다. 각 갈등마다 상황 배경, 종, 걸려 있는 문제, 이해 관계자가 다르기에 해결 방법도 제각각 달라야 한다. 여기 실린 내용은 2년에 걸친 탐사, 내가 존재하는지조차 알지 못했던 세계를 돌아다니면서 얻은 지식 중에서 추린 것들이다.

먼저 전반부에서는 중범죄를 다룬다. 살인과 과실 치사, 연쇄 살해, 가중 폭행, 강도와 주거 침입, 신체 약탈, 대규모 도둑질, 해바라기씨. 범행을 저지른 대상 중에는 으레 떠올리는 용의자인 곰과 대형 고양이류뿐 아니라, 우리 눈에 덜 띄는 원숭이, 대륙검은지빠귀, 미송(美松)도 있다. 후반부는 덜 중대하지만 더 널리 퍼진 행위들을 살펴본다. 그중에는 무단 횡단 하는 발굽 동물들도 있다. 뚜렷한 이유 없이 남의 재산을 망가뜨리는 수리와 갈매기, 그리고 작물을 어지럽히는 거위와 집 안을 침입하는 설치류도 있다.

물론 이들의 행동이 진짜 범죄 행위는 아니다. 동물은 법을 따르는 것이 아니라, 본능을 따른다. 이 책에 등장하는 야생 동물들은 거의 예외 없이 동물이 본래 타고난 대로 행동하는 단순한 동물들이다. 먹고, 싸고, 보금자리를 짓고, 자기 자신이나 새끼를 지킨다. 그들은 그저 우연찮게 그런 일들을 인간에게 또는 인간의 집이나 작물에 하고 있을 뿐이다. 하여튼 인간과 동물 사이의 갈등은 사람과 도시에는 해결하기 힘든 난제를, 야생 동물에게는 곤경을 안겨 준다. 그리고 누군가에게는 색다른 책을 쓸 소재를 제공했다.

차례

머리말	7
1 살인 동물 수사관 ǀ 살인자가 사람이 아닐 때의 범죄 현장 법의학	15
2 부수고 들어가서 먹기 ǀ 배고픈 곰을 어떻게 다루어야 할까?	41
3 방 안의 코끼리 ǀ 몸무게로 살인하는 자	75
4 문제 지역 ǀ 왜 표범은 식인 동물이 될까?	99
5 원숭이 문제 ǀ 약탈하는 원숭이의 산아 제한	121
6 날랜 쿠거 ǀ 볼 수 없는 것을 어떻게 셀까?	151
7 나무가 떨어져 내릴 때 ǀ 〈위험 나무〉 조심	175
8 무시무시한 콩 ǀ 살인 공범으로서의 콩	191
9 실컷 해, 더 많이 낳을 테니까 ǀ 조류에 맞선 헛된 군사 작전	213
10 다시 도로에서 ǀ 동물들의 무단 횡단	233

11	도둑을 겁주어 쫓아 버리기	퇴치기의 비법	259
12	성 바오로 광장의 갈매기	바티칸 당국은 레이저를 써본다	275
13	예수회와 쥐	교황청 생명 학술원의 야생 생물 관리 요령	295
14	친절하게 죽이기	유해 동물에게 누가 신경을 쓸까?	309
15	사라지는 생쥐	유전자 드라이브의 섬뜩한 마법	337

감사의 말	361
집주인을 위한 자료	365
참고 문헌	369
옮긴이의 말	385

1
살인 동물 수사관

살인자가 사람이 아닐 때의 범죄 현장 법의학

지난 세기의 대부분에 걸쳐서 우리가 퓨마에게 살해당할 확률은 캐비닛에 깔려 죽을 확률과 거의 같았다. 캐나다에서는 회색 곰에게 죽을 확률보다 제설 장비에 죽을 확률이 두 배 높다. 북아메리카 사람이 북아메리카 야생 포유동물에게 죽는 극도로 드문 사건이 일어나면, 주(州)나 지역의 낚시와 사냥(또는 낚시와 야생 동물, 내가 사는 곳처럼 사냥감이 적은 지역에서는 부서 이름을 그렇게 바꾸었다)을 담당한 부서의 공무원이 수사를 맡는다. 그런 사건이 매우 드물기에, 실제로 이런 일을 다룬 경험이 있는 사람이 거의 없다. 그들은 밀렵 사건에 더 익숙하다. 상황이 역전되어 동물이 용의자가 되면, 그에 필요한 법의학과 범죄 현장 지식도 달라진다.

그렇지 못할 때 실수가 일어난다. 1995년 산길에서 젊은 남성의 시신이 발견되었다. 목에 뚫린 상처가 하나 있어서 퓨마에게 물려 죽었다고 추정하는 바람에, 진짜 살인자인 사람은 멀쩡히 돌아다녔다. 2015년에는 엉뚱하게 늑대가 사람을 침낭에서 끌어내 물어 죽였다는 비난을 뒤집어썼다. 이런 사례들이 바로 와트WHART가 존재하는 이유 중 하나다.〈Wildlife-Human Attack Response Training(야생 동물-인간 공격 반응 훈련)〉의 약자다(설립자들도〈듣기 싫은 약자〉임을 인정한다). 와트는 브리티시컬럼비아 환경 보전국* 직원들이 가르치는, 5일간에 걸친 강의와 현장 실습을 병행하는 훈련 강좌다.

    그들은 그런 일을 다룬 경험이 있기 때문이다. 브리티시컬럼비아는 북아메리카에서 퓨마의 공격을 가장 많이 받는 지역이다. 이 주에는 흑곰이 15만 마리(알래스카의 경우에는 10만 마리), 회색 곰이 1만 7천 마리, 포식 동물 공격을 다루는 전문가가 60명 있다. 그중 14명(곰이 아니라 전문가)이 이번 주에 와트 강사로 일하기 위해 캐나다에서 차를 몰고 왔다.〈WHART 2018년〉은 네바다 야생 동물과가 주관하고 있는데, 이 부서는 르노에 있다. 이 사실은 야생 동물 전문가 훈련 과정이 카지노 단지에 개설된 이유를 어느 정도 설명해 준다. 네바다에 야생 동물이라고는 슬롯머신 베티더예티Betti the Yetti에 등장하는 털북숭이 인류와 하루 동안 수영장 문을 닫게 만드는 정체불명의〈생물학적 위험〉밖에 없으니까. 이번 주에 붐타운 카지노 행사장에서 열릴 예정인 행사나 회의는 와트뿐인 듯하다. 옆 회의실에서는 빙고 게임이 열리고 있다.

    와트 수강생 약 80명은 여러 반으로 나뉘어 있다. 각 포식 동

---

* 미국의〈낚시 사냥부〉에 해당하는 캐나다 지방 정부 부서.

물 공격 전문가가 분반을 하나씩 맡고 있다. 많은 캐나다인처럼 이들도 주로 소리를 들으면 미국 백인들과 구별할 수 있다. 친근한 의문형으로 말을 끝맺는 북쪽 사람 특유의 습성 때문이다. 지금 말하고 있는 주제에 다소 몰두해 있음을 드러내는 귀여운 습관이다. 「아주 많이 먹고 젖을 주고, 뭐 그런 거 있잖아요?」 「이두박근이나 삼두박근에 힘을 꽉, 그래요, 알겠죠?」

우리가 있는 회의실인 폰데로사는 슬라이드와 영상을 띄우는 화면과 연단이 앞에 있는 전형적인 곳이다. 회의실 앞쪽에 놓인 긴 탁자에 패널 토론 참석자들이 앉은 것처럼 커다란 동물 머리뼈 다섯 개가 죽 놓여 있다는 점이 조금 다르다. 화면에는 회색곰이 브리티시컬럼비아 크랜브룩의 윌프 로이드를 공격하는 모습이 떠 있다. 이 영상은 〈포식자의 사람 잡기 전술〉이라는 발표 자료의 일부다. 강사는 윌프의 사위가 장인을 다치게 하지 않으면서 곰을 쏘려고 애쓰는 상황을 요약한다. 「보이는 것은 곰의 몸과 윌프의 팔다리 중 한 쪽뿐이었어요.」 사위는 윌프의 목숨을 구했지만, 총알은 윌프의 다리에도 박혔다.

〈또 다른 도전 과제: 아드레날린이 분출할 때 사격 실력은 떨어진다.〉 근육을 섬세하게 움직일 수가 없어서다. 강사는 그럴 때 사람을 쏘는 일을 피하려면 〈곧장 동물에게 달려가서 총구를 들이대고 위로 쏘아야〉 한다고 말한다. 그러면 〈공격 방향 수정〉이 이루어질 위험이 있긴 하다. 한마디로 동물이 희생자를 버리고 이제 당신에게 달려들 것이라는 말을 전문적으로 차분하게 표현한 것이다.

두 번째 동영상은 동물의 공격으로 상해를 입는 상황에서 질서와 규율이 중요함을 보여 준다. 사자가 사파리 사냥꾼에게 달려드는 모습이 나온다. 함께 사냥하던 이들은 모두 흩어진다. 영상은 소총이 사자와 그 뒤의 사냥꾼을 함께 겨냥하고 있는 장면에서 멈춘다. 여기서 조언이 들린다. 「자리를 지키면서 의사소통을 하세요.」 나중에 우리는 카지노 아래 트러키강 옆의 관목 숲에서 이런 상황을 가정하고 현장 실습을 할 예정이다.

다시 커서가 재생 단추를 누르고, 사자가 달려드는 모습이 이어진다. 나는 동물원에서 일한 적이 있는데, 먹이를 주는 시간에 사자 우리에서 들리는 포효는 정말로 압도적이었다. 창자가 비비 꼬이는 듯한 기분이었다. 그리고 그 포효는 사자들이 식사 때 하는 대화였다. 이 영상 속의 사자는 위협하고 파괴하려는 의도를 갖고 있다. 빙고를 하는 사람들은 폰데로사 방에서 대체 무슨 일이 일어나고 있는지 궁금해할 것이 틀림없다.

한 번 더 발표를 듣고 나니 점심시간이 되었다. 카지노 위층의 작은 식당에 미리 준비된 샌드위치가 우리를 기다리고 있다. 우리가 줄을 서자, 사람들이 신기하다는 듯 쳐다본다. 도박장 건물 안에 제복을 입은 법 집행관들이 몰려 있는 모습이 흔한 광경은 아닐 테니까. 나는 음식들을 주섬주섬 챙긴 뒤 보전관(保全官) 몇 명의 뒤를 따라 바깥의 잔디밭으로 향한다. 그들이 걸음을 옮길 때마다 가죽 등산화가 찍찍거린다. 한 명이 말하고 있다. 「그녀가 뒷거울로 보니까 곰이 뒷좌석에 앉아 있는 거야. 팝콘을 먹으면서.」 야생 동물 보전관들의 회의가 열릴 때면, 정말 놀라운 경험담이 쏟아진다. 어젯밤에는 엘리베이터를 탔는데 한 남자가 이렇게 말하고 있었다. 「말코손바닥사슴에게 전기 충격기 써 봤어?」

우리가 점심 식사를 하는 동안, 강사진은 의자들을 벽 쪽으로 밀고 책상들을 붙여서 분반당 한 구씩 부드러운 훈련용 남녀 마네킹을 눕혀 놓았다. 미술 실력이 좀 있는 몇몇 강사는 사진을 참조하여 쇠톱과 물감을 써서 실제 공격을 받아서 생긴 것처럼 보이는 상처를 마네킹에 그려 넣었다. 이빨과 발톱이 할 수 있는 일을 생각하면 상처라는 단어가 너무 밋밋하긴 하다.

우리 반의 마네킹은 여성이다. 닳은 얼굴이나 책상에 붙인 버드라는 이름표만 보고는 여성인지 알아보기 어렵긴 하다. 나중에 화장실에 가다가 나는 심하게 파인 라바트와 머리가 잘린 몰슨 옆을 지나쳤다. 마네킹 실습장에는 숫자 대신 맥주 상표가 쓰이는 모양이다. 나는 분위기를 가볍게 하려는 노력, 지극히 캐나다인다운 노력으로 받아들인다.

우리의 첫 번째 과제는 새로 배운 법의학 지식을 이용해 어느 종이 그 상처를 냈는지 판단하는 것이다. 우리는 법의학에서 〈희생자 증거victim evidence〉라고 부르는 것을 살펴본다. 상처와 옷이다. 눈에 보이는 가장 심한 부상은 마네킹의 어깨 위쪽에 나 있다. 그녀의 목 일부가 너덜거리고 있고, 머리 가죽은 벗겨진 치장 벽토처럼 헐겁게 늘어져 있다. 눈꺼풀, 코, 입술은 사라지고 없다. 우리 모두는 호모 사피엔스가 한 짓일 가능성이 낮다는 데 동의한다. 사람은 희생자를 먹는 일이 거의 없다. 살인자가 신체 부위를 떼어 낸다면, 손이나 머리일 가능성이 높다. 지문이나 치아 기록을 대조하지 못하도록 방해하기 위해서다. 살인자는 때로 기념물을 가져가기도 하지만, 어깨나 입술을 떼어 갈 것 같지는 않다.

우리는 그녀가 곰에게 살해당했다는 쪽으로 의견을 모은다. 곰은 이빨이 주된 무기이고, 털이 성기게 난 얼굴은 약점이다. 곰은 사람을 공격할 때, 다른 곰과 싸울 때 쓰는 전술을 적용한다. 「곰은 정면 대결을 해요. 본능적으로 여러분의 얼굴에 이빨을 들이밀지요.」 직설적인 젊은 강사 조엘 클라인은 곰에게 당한 사례를 열 건 조사했다고 한다. 「곰은 정면으로 달려들어 순식간에 얼굴에 이런 엄청난 상처를 입혀요.」 조엘 자신의 얼굴 — 우리가 집중해서 듣느라 뚫어지게 쳐다보고 있는 — 은 얼룩 하나 없이 맑은 복숭앗빛이고 눈이 파랗다. 그 얼굴을 곰이 물어뜯는 상상을 떠올리지 않기 위해, 나는 몹시 애쓰는 중이다.

곰의 살해 방식은 이렇게 우아하지 못한데, 어느 정도는 곰이 잡식성이기 때문이다. 곰은 일상적으로 먹이를 잡아먹는 동물이 아니며, 그에 맞추어 진화해 왔다. 곰은 견과, 장과(漿果), 과일, 풀도 먹는다. 쓰레기도 뒤지고 썩어 가는 사체도 먹는다. 이와는 대조적으로 퓨마(쿠거)는 진정한 육식 동물이다. 퓨마는 동물을 잡아먹으면서 살아가기 때문에, 효율적으로 먹이를 잡는다. 퓨마는 몸을 숨긴 채 살금살금 다가가 뒤에서 와락 덮쳐, 목뒤를 단번에 〈물어서 숨통 끊기killing bite〉를 한다. 어금니는 가윗날과 비슷해서 살을 산뜻하게 베어 낸다. 반면에 곰의 입은 위아래뿐 아니라 좌우로도 잘 움직이는 턱과 위가 납작한 어금니로 먹이를 으깨고 짓이기는 쪽으로 진화했다. 그래서 곰의 이빨에 당한 상처는 더 너저분하다.

그 밖에도 여러 가지 특징이 있다. 「곰은 물고 물고 물고 또 물어요.」 그래서 대개 우리 마네킹 같은 모습이 된다고 조엘은 말한다. 「엉망진창이 되지요.」

마네킹들을 죽 살펴보니, 물리고 긁힌 자국뿐 아니라, 넓적하게 가죽이 벗겨지고 피부가 뜯겨 나간 상처들도 보인다. 조엘은 어떻게 이런 상처가 나는지도 설명한다. 사람 머리뼈는 너무 크고 둥글어서 곰이나 퓨마가 턱 사이에 끼울 수 없으므로, 으깨거나 물어뜯으려면 고정시켜야 한다. 그렇게 해서 꽉 물면 머리뼈가 획 미끄러지면서 튀어 나가는데 이때 피부가 뜯겨 나갈 수 있다. 잘 익은 자두를 꽉 물어뜯을 때, 껍질이 어떻게 벗겨지는지 떠올려 보라.

퓨마가 좋아하는 먹이인 사슴은 우리보다 목이 더 길고 더 근육질이다. 퓨마가 사람을 대상으로 특유의 물어서 숨통 끊기를 시도할 때, 퓨마의 이빨은 근육이 아니라 뼈를 찌를 수도 있다. 앞서 와트 공동 설립자인 케빈 밴 댐은 〈쿠거 공격 행동〉이라는 제목의 강연에서 이렇게 말했다. 「송곳니를 쑤셔 박으면서 입을 꽉 다물려고 해요. 그런 뒤에 확 잡아당겨 살을 뜯어내지요.」 밴 댐은 우주 비행사처럼 생겼고, 마이크 없이 이야기하는데 폰데로사 방 뒤쪽까지 목소리가 뚜렷이 들린다. 휴대 전화의 음량 측정 앱을 켜서 재보았더니, 무려 79데시벨까지 나왔다. 음식물 분쇄기가 내는 소리와 비슷한 수준이었다.

우리의 희생자에 난 발톱 자국은 쿠거의 것이 아니다. 갯과 동물과 달리 고양잇과 동물은 먹이의 몸에 발톱을 콱 박기 때문에, 삼각형으로 찍힌 구멍들이 모여 생긴 상처가 남는다. 곰에게 공격당할 때에는 우리 앞에 놓인 마네킹에 난 것과 비슷하게 팔을 휘둘러 세게 칠 때 발톱들이 나란히 할퀸 갈퀴 같은 자국이 남는다.

조엘이 마네킹의 머리를 향해 가까이 다가간다. 「자, 또 어떤 단서가 있나요? 코와 입술이 사라졌네요, 그렇죠? 그러면 그것들이 어디 있는지 찾아봐야겠다는 생각도 들겠지요?」

「곰의 위장에요.」 우리 반원 몇 명이 소리친다.

「위장 내용물,* 그렇죠.」 조엘은 으레 〈그렇죠〉를 덧붙인다. 나중에 이 장을 쓰고 있자니, 〈빙고〉라는 말도 많이 들렸다는 것이 떠오른다. 아마 옆방에서 흘러든 소리였을 수도 있다.

방에 있는 마네킹 가운데 몸통을 열어젖힌 것은 한 구도 없

---

* 오래전 경제 조류학과의 과학자들은 새들이 농장을 습격하고, 가축을 사냥하고, 어업을 망치는 주범인지 알아보기 위해 위장 내용물을 증거로 제시했다. 1936년 미국 농업부 보고서에는 그런 사례들이 나와 있다. 솜털오리는 가리비 어장을 망가뜨린다고 욕먹고 있었고, 해오라기는 사실은 가재류를 먹는데 개구리 애호가들에게 사살되었고, 개구리매는 메추라기를 잡아먹는다고 여긴 사냥꾼들에게 사냥당하고 있었다. 각 사례에서 위장 내용물이 증거가 되어 새들은 무죄로 풀려났다. 행복한 결말이었다. 물론 다른 새들이 살아남을 수 있도록 위장을 제공한 개체들만 빼고 말이다. 메릴랜드의 패턱센트 야생 동물 연구 센터에는 새들의 위장 내용물을 담은 유리병이 수천 개 보관되어 있었다. 그러나 보관 공간이 부족해 대량으로 쓰레기통에 들어갔다.

다. 즉 밴 댐이 말한 〈내장을 파먹은〉 사례는 없다. 처음에 나는 이 점에 좀 놀랐다. 자료 조사를 할 때 포식성 육식 동물이 곧바로 먹이의 배를 찢어서 내장, 즉 가장 영양가 있는 부위부터 먹는 경향이 있다고 적은 책을 읽었기 때문이다. 강사진은 사람 희생자에게는 그런 사례를 거의 찾아보기 어려운데, 사람이 옷을 입었기 때문일 수도 있다고 말한다. 곰과 쿠거는 잡아먹거나 사체를 뜯어 먹을 때 옷으로 덮인 부위를 피한다. 옷의 느낌이나 맛이 싫을 수도 있고, 그 안에 고기가 들어 있다는 사실을 깨닫지 못해서일 수도 있다.

조엘은 목과 어깨의 다양한 상처들을 가리킨다. 「생전에 생긴 걸까요, 사후에 생긴 걸까요?」 다시 말해, 희생자는 이런 상처를 입었을 때 살아 있었을까, 죽은 상태였을까? 그 점을 아는 것은 중요하다. 우연히 찾은 사체를 먹고 있었을 뿐인 곰이 살인 누명을 쓸 수도 있으니까. 찔린 상처 주위에 난 멍을 토대로 우리는 생전에 입은 상처라고 판단한다. 죽은 사람은 피를 흘리지도, 멍이 들지도 않는다. 멍은 본래 피부 밑에서 일어나는 출혈이다. 죽은 심장은 피를 뿜어내지 않으므로, 출혈도 멍도 없다.

조엘은 숲속에 세워 둔 자신의 차 근처에서 발견된 갉아 먹힌 시신 이야기를 들려준다. 시신은 낙엽으로 반쯤 덮여 있었다. 물린 자국은 곰이 낸 듯했고, 근처에서 덫에 잡힌 곰이 한 마리 있었지만, 시신이나 그 주위에는 피가 거의 없었다. 수사관들은 시신의 발가락 사이에서 주삿바늘 자국을 발견했고, 차 바닥에서 주사기도 찾아냈다. 부검 결과, 약물 과다로 사망했음이 확인되었다. 조엘의 표현에 따르면, 곰은 〈지방이 많고 열량이 높은, 괜찮은 먹이를 얻을 기회가 왔음을 알아차렸을 뿐〉이었다. 곰은 남자를 차에서 끌어내어 조금 뜯어 먹은 뒤, 나머지는 나중에 먹으려고 숨겨 둔 것이었다. 곰은 풀려났다.

조엘이 마네킹을 굴려 뒤집고는 등에 난 사후 상처를 한두 개 더 보여 준다. 나는 등줄기를 따라 두 군데가 파여 있음을 알아차린다. 멍들지도 않았고, 피도 보이지 않는다. 나는 어제 본 설치류가 사후에 입힌 상처를 찍은 슬라이드를 떠올리며 숲의 작은 동물이 우리 시신을 갉아 먹은 것이 아닐까 하는 추측을 내놓는다. 조엘은 우리 반원 중 한 명과 시선을 교환한다. 콜로라도에서 온 야생 동물학자다.

「메리, 거기는 마네킹을 성형할 때 플라스틱을 주입한 곳이에요.」 음, 한마디로 마네킹을 만들 때 생긴 자국이라는 소리다. 앞서 실습 때 필기 담당을 맡았는데 이빨에 난 상처 크기를 밀리미터가 아닌 센티미터로 적는 바람에 송곳니가 쥐라기 이래로 본 적이 없는 크기라고 기록한 일도 있었던 터라, 낯 뜨거워서 도무지 얼굴을 들지 못하겠다.

이제 우리는 희생자 증거에서 동물 증거로 옮겨 간다. 공격 현장 근처에서 사살되거나 포획된 〈용의자〉의 몸 밖이나 안에 있는 증거다. 조엘은 예를 들어 동물을 움직이지 못하게 한 뒤 이빨 사이에 희생자의 살점이 있는지 찾아볼 수 있다고 말한다. 곰의 이빨 사이에 낀 사람 살점을 상상하니 으스스하지만, 그냥 받아들이자.

조엘은 쿠거의 발톱 안쪽 틈새에서 희생자의 피나 살점을 채취하는 것도 가능하다고 말한다. 「그러려면 먼저 안으로 움츠린 발톱을 잡아당겨서 드러내야, 그 안에 낀 증거를 채취할 수 있겠지요. 그렇죠?」

발톱을 공격자의 발 크기를 알려 주는 지표로 쓰다가는 착각을 일으킬 수 있다. 동물이 발을 디디면 몸무게에 발이 눌리면서 발가락 사이가 벌어진다. 그 때문에 발이 더 커 보인다. 또 수사관들은 옷에 난 발톱이나 이빨 구멍을 측정할 때에도 신중해야 한다. 뚫릴 때 옷이 주름지거나 접혀 있을 가능성도 있어서다.

「자, 우리가 찾아야 할 게 또 뭐가 있을까요?」

「털에 묻은 희생자의 피요?」 누군가가 말한다.

「예, 그렇죠.」 조엘은 곰이 공격 현장에서 살해된다면(나중에 덫에 갇히는 쪽이 아니라), 곰의 피가 희생자의 피와 섞여서 DNA 검사가 어려워질 수 있다고 주의를 준다. 「그런 일을 막으려면 어떻게 해야 할까요?」

「상처를 막아요!」 브리티시컬럼비아 환경 보전국 직원들이 트럭에 탐폰 상자를 싣고 다니는 이유가 바로 그 때문이다.

우리가 찾으려는 것, 즉 이 모든 것의 종착점은 연관성이다. 즉 살해자와 희생자를 연결하는 범죄 현장 증거다. 조엘은 방 앞쪽으로 가서 탁자에 놓여 있는 머리뼈 하나를 들고 온다. 그러고는 위턱 이빨을 마네킹의 어깨에 줄줄이 나 있는 상처에 갖다 댄다. 유리 구두를 신는 순간이다. 위턱 송곳니와 앞니는 마네킹 어깨의 물린 자국과 딱 들어맞을까? 들어맞는다면, 아래턱 이빨은 반대쪽에 난 이빨 자국과 들어맞을까?

들어맞는다. 「압력과······.」 조엘이 아래턱뼈를 마네킹 등쪽에 난 상처에 갖다 대면서 말한다. 「반대 압력이지요. 이게 결정적 증거입니다.」

이 장 첫머리에 등산로에서 목에 뚫린 상처가 난 채로 발견된 죽은 남성을 언급했다. 수사진은 쿠거가 공격했을 것이라고 추측했다. 상처가 위턱과 아래턱의 이빨에 전혀 들어맞지 않았음에도 말이다. 하지만 그 상처는 누군가의 이빨이 아니라 얼음송곳에 찔려 생긴 것임이 드러났다. 살인자는 12년 동안 들키지 않다가 다른 범죄로 교도소에 들어갔다가 동료 재소자에게 그 일을 자랑하는 바람에 들통이 났다.

사건이 정반대로 진행될 때도 많다. 실제로는 야생 동물이 살인을 했는데, 사람이 누명을 쓰고 유죄 판결을 받기도 한다. 가장 유명한 사례가 린디 체임벌린 사건이다. 이 오스트레일리아 여성은 1980년 울루루 인근에서 가족과 야영하고 있을 때 딩고가 자기 아기를 물고 달아나는 모습을 보고 비명을 질렀다. 우리는 포식자 공격 전문가(그리고 뒤에서 말하겠지만 생존 전문가)인 벤 비틀스톤의 강의를 통해 이 사례를 접했다. 오스트레일리아 수사관들은 구류할 딩고도 아기의 시신도 전혀 찾지 못했기에, 증거 대조를 할 수가 없었다. 그러니까 희생자 증거를 동물 증거와 연관 지을 수가 없었다. 연관성을 찾지 못하자 재판은 가정들(예를 들어 딩고는 몸무게 4.5킬로그램인 아기를 물고 갈 수 없다거나 그런 행동을 하지 않는다는 것), 인간의 실수, 여론을 흔들어 대는 언론 매체의 광적인 보도를 토대로 진행되었다. 체임벌린이 유죄 판결을 받고 약 3년째 수감되어 있을 때, 한 등산가의 유해를 수색하던 탐사대가 딩고의 은신처를 찾아냈다. 거기에는 아기의 옷가지 잔해가 있었다. 체임벌린은 교도소에서 풀려났고, 판결도 뒤집혔다. 딩고가 정말로 그녀의 아기를 먹어 치웠던 것이다.

요즘은 DNA를 대조하여 연관성을 찾곤 한다. 포획한(또는 사살한) 용의자의 DNA가 희생자의 손톱에 낀 털이나 피부의 DNA와 일치하는가? 동물의 DNA가 희생자의 몸에 묻은 침의 DNA와 일치하는가? 동물에게 공격받은 사례에서는 청소동물 때문에 일이 더 복잡해질 수 있다. 이빨 자국 근처에 묻은 동물의 침은 공격한 동물이 자칼일 가능성이 높다고 가리키는 반면, 희생자의 피부를 문질러서 얻은 침은 나중에 시신을 먹은 동물의 것일 수도 있다.

캐나다 야생 지역에는 많은 곰이 돌아다니므로, 연관성을 찾아내는 것이 매우 중요하다. 밴 댐은 브리티시컬럼비아 릴루엣의 자기 집 마당에서 곰에게 살해당한 여성의 이야기를 들려주었다. 그의 팀은 덫을 놓아서 〈용의선상에 오른 곰〉 두 마리를 잡아 DNA를 분석했는데, 정작 들어맞는 DNA는 세 번째 잡힌 곰의 것이었다. 무죄임이 드러난 두 마리는 풀려났다.

때는 곰 시각이다(캐나다에서는 오후 5시 정각). 강사들은 테이블을 정리하고 마네킹을 회의실 뒤쪽으로 옮겨 다과 테이블 옆의 바닥에 쌓는다. 마지막으로 커피를 다시 따르려면 한 시신 위로 다리를 벌리고 서야 한다. 나는 같은 반원인 유콘 환경 보전국의 애런 코스영에게 와트에서 다루지 않은 것을 짧게 죽 훑어 달라고 요청한다. 사람들이 공격받는 상황에서, 또는 우연히 깜짝 마주친 곰을 어떻게 해야 하는지를 말이다. 애런은 확신을 주는 어조로 말한다. 조엘과 마찬가지로 외모도 태도도 준수한 젊은이다.

이런 격언을 들어 보았는지? 〈흑색이면 맞서 싸우고, 갈색이면 죽은 척하라.〉 갈색곰 — 그리즐리는 갈색곰의 한 아종이다 — 이 죽은 듯 보이는 사람에겐 흥미를 보이지 않을 것이라는 생각이 담겨 있다. 그런데 한 가지 문제가 있다. 갈색곰은 털이 검을 수도 있고, 일부 흑곰은 털이 갈색을 띤다. 둘을 구별하는 더 믿을 만한 방식은 발톱의 길이와 굽은 정도를 살펴보는 것이지만, 그런 구분을 해야 할 상황에 처했을 때 그 지식은 실질적으로 별 쓸모가 없을 것이다. 애런은 그때 고려할 가장 중요한 사항이 어떤 곰과 맞닥뜨렸냐가 아니라, 어떤 공격에 직면했느냐라고 말한다. 곰이 잡아먹으려 하는 상황일까, 아니면 방어하려는 상황일까? 곰의 돌진은 대부분 방어용이다. 즉 실제로 공격하려는 것이 아니라, 허풍을 치는 용도다. 곰을 놀라게 하거나 곰에게 너무 가까이 다가가면, 곰은 우리를 물러나게 하고 싶을 것이다. 「곰은 크고 무시무시해 보이려고 하지요. 귀를 뒤로 눕히지 않고 바짝 세워요.」 애런이 코를 풀기 위해 잠시 말을 멈춘다. 지독한 여름 감기에 걸렸다. 「화를 내면서 땅을 쿵쿵 구를 수도 있어요.」 턱을 와락 내밀거나 딱딱거리기도 한다. (그러나 포효하거나 으르렁대지는 않는다. 그런 행동은 대개 영화에서나 볼 수 있다.)

애런은 플리스 재킷 주머니에 휴지를 쑤셔 넣는다.「그냥 겁먹고 달아나게 하고 싶어서 허풍을 치는 거죠.」그리즐리는 흑곰보다 숲이 덜 우거진 더 트인 지형에서 진화했다. 놀란 흑곰은 그냥 나무 사이로 몸을 숨길 수 있고 대개 그렇게 하지만, 그리즐리는 그럴 수 없을 때가 많다. 대신에 우리를 향해 달려든다.

허풍에는 가능한 한 위협적이지 않게 행동할 것을 권고한다. 천천히 뒤로 물러난다. 차분한 목소리로 말을 건다. 그러면 아마 별문제 없이 넘어갈 것이다. 새끼가 딸린 암컷이라고 해도 그렇다. 새끼를 지키는 어미 곰이 위험하다는 온갖 과장된 이야기가 난무하지만 브리티시컬럼비아의 모든 곰과 곰과 맞닥뜨린 모든 사례를 종합할 때, 그 지역에서 곰이 치명적인 공격을 가한 사례는 딱 한 번뿐이었다. (그리즐리였다. 브리티시컬럼비아에서는 새끼를 돌보는 어미 흑곰이 사람을 죽인 사례가 한 번도 없었다.)

포식성 공격일 때에는 생존 전략이 정반대다. 아주 드물게 곰이 포식성 공격을 가할 때는 뚜렷한 의도를 갖고 조용히 행동을 시작한다. 일반적인 가정과 정반대로, 그리즐리보다 흑곰이 이런 공격을 더 자주 한다. (양쪽 종에서 모두 포식성 공격이 매우 드물긴 하다.) 곰은 거리를 두고 나타났다 사라졌다 하면서 계속 뒤따를 수도 있다. 곰이 귀를 납작 눕힌 채 달려들면, 곰의 눈에 무시무시하게 비치도록 자세를 취할 필요가 있다. 재킷을 열어

몸이 더 커 보이게 한다. 여러 명이 있다면 함께 모여서 소리를 지른다. 으르렁대는 커다란 동물 한 마리처럼 보이게 하는 것이다. 애런은 말한다. 「메시지를 전달하려고 애써야 해요. 〈난 포기하지 않고 싸울 거야〉라고요. 발을 구르고, 돌을 던져요.」

이 말은 공격하는 쿠거에게도 들어맞는다. 캔자스 개척자 N. C. 팬처의 사례는 고무적이다. 1871년 봄에 그는 들소 뼈대를 살펴보던 중에 쿠거가 자신을 노린다는 것을 알아차렸다. 『캔자스 개척사 Pioneer History of Kansas』에 실린 내용에 따르면, 팬처는 들소의 뿔에 발을 집어넣고 위아래로 쿵쿵 뛰면서 머리로 넙다리뼈를 탕탕 부딪치며 〈필사적으로 울부짖었다〉. 쿠거는 가버렸다. 어떤 포식자라도 그랬을 것이다.

그러나 어떤 짓을 해도 동물이 달려든다면? 애런은 말한다. 「모든 수단을 동원해서 맞서 싸워요.」 곰이라면 얼굴을 공격하라. 애런은 자신의 코, 빨갛게 튼 코 방향을 가리킨다. 「죽은 척하면 안 됩니다.」 그런 상황에서 죽은 척한다면, 곧 죽은 척하지 못하게 될 가능성이 높다.

포식자가 공격하려고 하는 모든 상황에서 할 수 있는 최악의 행동은 몸을 돌려 달아나는 것이다. 쿠거 같은 포식성 사냥꾼이라면 더욱 그렇다. 달려서(또는 산악자전거를 타고) 달아나는 행동은 포식자-먹이 반응을 촉발하기 때문이다. 일종의 스위치 같다. 그리고 일단 켜지면, 살해가 이루어질 때까지 놀라울 만치 오래 유지된다.

와트 강사 비틀스톤은 공격 모드에 있는 쿠거의 단호함과 집요함을 직접 겪었다. 브리티시컬럼비아의 산악 지대인 웨스트쿠트니 보전관인 그는 포식자 공격 신고를 꽤 많이 받는다. 공격자는 대부분 곰이고, 사소한 부상이 따른다. 몇 년 전 그는 특이한 신고를 받았다. 바짝 마른 쿠거가 한 부부의 집 주위를 어슬렁거리고 있다는 신고였다. 비틀스톤은 어제 발표 때 그 경험을 들려주었다. 그는 비무장 상태로 트럭에서 내려 부부의 집 문을 두드렸다. 그 순간에는 쿠거가 집 유리창을 통해 부부를 슬그머니 따라다니고 있다는 사실을 알아차리지 못했다. 「남자가 방을 떠나서 다른 방으로 들어갔다면, 쿠거가 그 유리창을 깨고 들어갔을 거예요.」 유리창 곳곳에 쿠거의 발자국이 남아 있었다.

문을 열던 남자가 갑자기 문을 쾅 닫는다. 비틀스톤이 뒤돌아보니, 쿠거가 1.5미터 떨어진 곳에서 귀를 납작 붙인 채 꼬리를 휘두르며 웅크리고 있다. 「나는 고래고래 소리 지르고 비명을 지르면서 발길질을 했어요. 우리가 사람들에게 권고하는 그대로요. 하지만 어떤 것도 소용이 없었지요.」 쿠거는 펄쩍 뛰어서 달려든다. 그는 목을 조르려 하지만 쿠거는 몸을 빼낸 뒤 돌아서서 그의 작업화에 이빨을 박는다. 그는 집에 기대어 세워져 있는 빗자루를 집어 쿠거를 때리지만, 쿠거는 완강히 버틴다. 그는 빗자루 손잡이를 쿠거의 목에 쑤셔 넣고는 밀어낸다. 그사이 부부는 집 안에서 유리창을 통해 지켜보고만 있다. 비틀스톤은 싸구려 양철 빗자루로 쿠거를 밀면서 소리친다. 「이봐요! 이봐요!」

「마침내 노인이 문을 열고 말했지요. 〈왜요?〉 나는 이런 식으로 말한 것 같아요. 〈칼이 필요해요!〉」 남자는 주방으로 가서 칼을 찾았고, 식기세척기 안에 있는 것을 들고 온다. 그는 비틀스톤에게 칼을 건네고, 비틀스톤은 드라마 「베이츠 모텔」의 한 장면처럼 쿠거를 쓱 벤다. (부검을 하니 운동화 조각이 위장 입구에 박혀 있었다. 즉 쿠거는 식도가 막혀 굶어 죽어 가던 중이었다.)

애런과 내가 이런저런 이야기를 주고받으며 회의실을 나갈 때 빙고 게임도 끝나 간다. 그 방에서 기운차지만 좀 구부정한 남자가 화장실로 가고 있는데, 케빈 밴 댐이 반쯤 벌거벗은 피투성이 마네킹을 한쪽 팔에 낀 채 복도를 성큼성큼 걷기 시작한다. 밴 댐은 체구도 위압적일 뿐 아니라 당당하게 성큼성큼 걷는 사람이다. 빙고 참가자는 멈칫한다. 「실례합니다.」 밴 댐은 아무런 설명도 없이 그렇게 말하고 지나친다.

붐타운 카지노 주차장에서 트러키강까지 가는 약 4백 미터의 도로에는 차가 거의 없다. 오늘은 이 도로를 피해야 하는 날일 것이다. 노란색의 경찰 수사 테이프가 둘러진 범죄 현장이 여러 곳 있어서다. 포식자 대응 팀이라고 형광색으로 적힌 조끼를 입은 제복 차림의 남녀들이 총과 시신 가방을 들고 오간다. 와트 현장 실습이 이루어지는 날이다.

우리 반의 사건 현장은 가드레일과 자갈로 덮인 가파른 둑바닥 사이에 있다. 어젯밤 우리는 습격이 일어났다는 문자 메시지를 받았다. 한 젊은 남성이 약혼녀와 싸운 뒤 침낭을 들고 캠핑카를 나와 바깥에서 잤다. 오전 4시, 보안관은 약혼녀로부터 실종자 신고 전화를 받고 살펴보러 나갔다. 침낭이 비어 있었고, 주위에 늑대가 한 마리 보였다. 보안관은 총을 꺼내 늑대를 사살했다. 그런 다음 수사를 포식자 대응 팀에 넘겼다. 바로 우리다.

우리가 제일 먼저 할 일은 현장을 안전하게 보호할 조치를 취하는 것이다. 큰 동물이 숨어들지 않도록 막는 조치다. 쿠거와 곰은 때로 잡은 먹이를 낙엽과 덤불로 덮어 숨겨 둔다. 나중에 다시 돌아와 먹기 위해서다. 따라서 〈사건 현장〉의 대응 팀에 위험이 닥칠 수도 있다.

한 여성이 우리 반의 현장 수사반장을 맡은 사람에게 다가간다. 「우리 오빠는 어디 있어요? 어떻게 된 거예요?」 나는 잠시 뒤에야 그녀가 연기하고 있음을 알아차린다. 그녀는 전혀 동요하는 기색 없이 대사를 읊는다. 〈저기요, 여기 뭔 일 있어요?〉라고 말하는 투다. 한편 도로 위쪽에서는 누군가가 다른 시나리오에 따라 N. C. 팬처럼 필사적으로 소리치고 있다. 「꼭 찾아야 해요! 열두 살짜리 남자애란 말이에요!」 시나리오가 어떻게 진행되는지 감을 잡았을 것이다. 우리는 알 파치노 같은 탁월한 수사관과 함께 있고, 다른 이들은 케이블 TV 공영 방송으로 현장 상황을 지켜보고 있다.

수사반장이 여동생의 어깨에 손을 올린다. 「음, 이 지역에 동물이 돌아다닌다는 보고를 받았습니다.」

「어떤 동물인데요?」 그녀는 당장 차로 돌아가 쌍안경을 가져올 것 같은 기색이다. 그녀는 발을 들어 수사 테이프 위로 내민다. 「내려가서 오빠를 찾아봐야겠어요.」

수사반장은 차분하게 그녀의 팔을 잡는다. 「내려갔다가 다칠 수도 있으니까, 그냥 여기 계세요. 전략 팀이 내려가서 마름모꼴 대형으로 수색을 하고 있습니다.」

우리는 앞서 마름모꼴 대형으로 수색하는 방법을 실습한 바 있다. 네 명이 무장을 한 채 서로 등지고 움직인다. 일종의 총을 든 인간 문어다. 각자 자기 앞의 90도 방위를 훑는다(시계 문자반의 숫자를 써서 12시, 3시, 6시, 9시 방향이라고 부른다). 위험한 것이 전혀 보이지 않으면 〈클리어〉라고 외친다. 그러면 오른쪽 방향으로 돌아가며 차례로 〈클리어〉를 외친다. 이동하면서 그 과정을 반복한다. 이 방법은 사방을 다 훑을 수 있는 데다, 다른 누군가에게 우발적으로 무기를 겨냥하는 일을 막을 수 있기에 안전하다. 누군가가 위협 요인을 발견하면 외치고, 그러면 좌우에 있는 사람들이 그녀의 양쪽으로 나와 자리를 잡는다. 이제 총구 세 개가 위협 요인을 겨냥한 채 쏠 준비를 하고, 한 명은 뒤쪽을 경계한다. 앞서 실습할 때는 조엘이 위험한 동물 역할을 맡았다. 나는 그가 동물 흉내를 내거나 더 나아가 동물 복장까지 했으면 좋겠다고 기대했지만, 그는 그냥 우리 앞으로 나와서 툭 내뱉었다. 「나는 곰이다.」

우리 반원 네 명은 마름모꼴 대형을 이루어 덤불 속을 나아간다. 애런은 바위 위에 올라가서 〈치명적인 엄호 사격자〉 역할을 맡는다. 그런데 총을 받치는 손바닥에 휴지가 끼워져 있어 치명적인 분위기가 좀 덜 난다. 나는 다시 한번 상황을 상세히 기록하는 일을 맡고 있다(〈작가시잖아요〉).

「곰이다, 3시 방향!」 이번에는 조엘이 아니다. 진짜 같은 곰

모형이다. 활 사냥꾼들이 표적용으로 쓰는 하드폼으로 만든 모형이다. 6시 방향과 12시 방향에 있던 사람이 3시 방향에 있는 사람의 양쪽으로 나온다. 바닥을 내려다보지 않은 채로 거의 나란히 발을 끌어서 맞추어 선다. 이어 보조를 맞추어 총을 겨냥한다. 발레를 보는 듯하다. 총을 들고 하는 싱크로나이즈드 스위밍 같기도 하다. 올림픽 종목을 만들어도 되지 않을까?

반원들은 빠르게 셋까지 센 뒤에 폴리에틸렌 곰을 향해 발사하는 척한다. 누군가 탐폰을 요청하고, 흥분은 가라앉는다.

어젯밤에 보안관의 총에 맞은 늑대는 그저 혼란 요인, 아무 상관 없이 지나가던 동물이었을까? 이제 그것을 알아내는 것이 우리가 할 일이다. 야생 동물 추리극이다.

희생자 — 어제의 마네킹 하나가 역할을 맡고 있다 — 는 빈 침낭에서 멀리 떨어지지 않은 언덕 아래, 덤불 속에서 발견된다. 한 명이 시신의 사진을 찍는 척한다. 재빨리. 조엘이 맡은 상냥한 검시관이 한낮의 열기가 찾아오기 전에 빨리 치우고 싶어 해서다. 나중에 안치실, 즉 폰데로사 회의실에서 살펴볼 기회가 있을 것이다.

현장의 안전을 확보했으니, 증거를 수집할 차례다. 우리가 경찰 드라마를 통해서 알듯이, 이렇게 모은 것들을 증거물이라고 한다. 시신, 침낭, 사람 발자국, 동물 발자국, 끌린 자국이 모두 증거물이다. 실험실로 보낼 증거물은 번호를 적고 사진을 찍은 뒤, 봉투에 담는다. 증거물을 발견한 자리에는 해당하는 번호가 적힌 팻말을 꽂아 둔다. 내 역할은 이 모든 사항을 기록하는 것이다. 증거물 보고서에 증거물을 짧게 기술하고, 번호와 위치를 적는다. 내가 보기에 글씨를 알아볼 수 없을 것 같고, 엉뚱한 곳에 적은 듯도 싶지만.

흙에 남은 동물 자취는 곰의 것이다. 좋은 일이다. 강의 때 늑대의 공격에 대해서는 배우지 않았으니까. (늑대의 공격을 받는 일이 거의 일어나지 않아서다.)

이제 우리는 무릎과 손으로 기어다니면서 동물의 털과 피를 찾는다. 불편하고 덥고 지루한 작업이지만, 중요한 일이다. 사건 현장에 떨어진 피를 통해 많은 것을 알아낼 수 있으니까. 땅에 둥글게 떨어진 핏방울은 〈중력 패턴〉을 시사한다. 상처에서 자체 무게로 떨어진 피다. 타원형 중력 핏방울은 희생자가 피를 떨구면서 달렸음을 시사한다. 〈힘 연관 패턴〉은 동물이 휘두른 발이나 대동맥의 압력 등 힘이 가해져 뿜어진 피를 말하며, 혜성처럼 길게 꼬리를 뻗은 형태다. 똑똑 떨어지는 것이 아니라 흩뿌려지는 핏방울이다.

누군가가 핏방울이 똑똑 떨어지면서 이어진 흔적을 찾아낸다. 조엘은 크기를 자세히 보라고 말한다. 핏방울이 점점 작아진다면, 상처에서 떨어진 것이 아닐 가능성이 높다. 동물의 털이나 살인자의 칼날에서 떨어진 것일 수도 있다. 핏방울의 크기가 일정하다면 ―〈보충되는 자취〉―〈활성 출혈원〉에서 나올 가능성이 높다. 피가 뭉개진 흔적은 〈접촉 패턴〉으로, 희생자가 쓰러지거나 피 묻은 손을 짚은 곳일 가능성이 높다.

우리가 모든 증거물을 찾아냈다고 확신했을 때, 조엘이 손을 뻗더니 한 잎을 뒤집어 밑면의 작은 핏방울을 보여 준다. 우리가 놓친 것이다. 우리는 돌, 식물, 흙에 떨어진 피 등 많은 것을 놓쳤다. 누군가가 알았다는 양 말한다. 「튀김splatter 패턴.」

조엘은 고개를 끄덕이면서도 조용히 덧붙인다. 「튀김이 아니라 흩뿌림spatter입니다.」

피와 땅에 난 흔적을 종합하니 공격이 어떤 식으로 이루어졌는지 윤곽이 드러난다. 침낭에 묻은 피와 핏방울은 처음에 물렸을 때 난 것이다. 끌린 자국과 보충되는 핏방울은 남자가 침낭에서 덤불로 끌려갈 때 생긴 것이다. 흙에 떨어진 싸운 흔적과 핏자국은 남자가 달아나려고 시도했음을 말해 주며, 그 뒤에 식물과 돌에 남은 흩뿌림 패턴은 아마 버둥거리지 못하게 만들기 위해 곰이 남자를 물고 흔들 때 생겼을 것이다. 몸이 죽은 상태에서 어느 정도 놓여 있었다면, 부패하면서 나온 화학 물질들이 마지막 증거를 남겼을 것이다. 식생(植生)이 검게 변한 얼룩이나 지점이 생긴다. 이를 〈부패 섬〉이라고 한다. 멋진 해변 같은 것은 없는 섬이다.

조엘이 마네킹에 희생자의 상처를 재현해 두었다고 알려 준다. 이 현장에는 없지만, 내일 아침 강의 때 살펴보면서 연관 짓는 법을 배울 예정이다.

그리고 다시 맥주 시간이 온다. 조엘은 소품을 모으고 증거 팻말과 폴리에틸렌 곰을 수거하고, 우리는 도로를 따라 행군하여 호텔방으로 돌아온다. 옷을 갈아입고 아래층으로 내려가니 반원들이 블랙잭 테이블 뒤쪽에 있는 작은 스포츠 바에 모여 있다. 오일러스와 토론토 메이플 리프스Toronto Maple Leafs의 하키 경기를 시청하는 중이다.

　나는 그 사람들 틈에 끼려고 시도한다. 「저기요, 토론토 메이플 리브즈Toronto Maple Leaves여야 하지 않나요?」 그러나 경기에 집중하느라 내 말은 씨알도 안 먹히기에, 나는 산책하러 밖으로 나온다. 걷다가 카벨리스 아웃도어 매장으로 들어간다. 나는 사냥을 하지 않지만, 박제를 좋아한다. 이 매장에는 산을 배경으로 한 널찍한 디오라마가 조성되어 있고, 탈의실 위쪽에 사향소 머리가 걸려 있다. 또 총 도서관도 있다. 그곳에는 책이 아니라 중고 총들이 전시되어 있다.

　계산대에 앉아 있는 남자는 내가 말을 걸 때까지 기다린다. 나는 도서관 카드가 있는지 물어본다. 그가 대답한다. 「이 총은 대여가 안 됩니다. 판매용이에요.」

　「그러면 도서관이라고 할 수 없지 않나요?」 이만 돌아가야 할 성싶다.

사건 현장에 있던 마네킹은 몇 가지 추가 물품과 함께 돌아왔다. 조엘은 진짜처럼 보이는 곰 부검으로 나온 위장 내용물을 탁자 위에 막 늘어놓은 참이다. 귀 한쪽과 눈알 하나, 모호크족 머리 모양의 일부처럼 보이는 두피 조각이다. 우리 반원들은 죽 넘기면서 살핀다. 이른 아침부터 그런 것들을 살펴보고 있자니 좀 그렇다. 저쪽에는 도넛들이 얌전히 놓여 있다.

　위장 내용물은 마네킹의 머리에서 사라진 것들과 일치한다.

즉 실제로는 늑대가 아니라 곰이 공격한 것임을 시사한다. 모호크 머리 가죽은 만지기 딱 좋게 만든 양 보이지만, 그렇지 않다는 것이 드러난다. 조엘은 어제의 시나리오가 실제 공격 사건을 토대로 구성한 것이라고 말한다. 실제 곰, 실제 사람, 실제 머리 가죽을 토대로. 조엘은 2015년에 이 사건을 조사했다. 사실 와트 마네킹들은 모두 실제 상처만이 아니라 실제 공격 희생자의 모습을 그대로 재현한 것이다.

조엘은 실제 공격 현장을 찍은 사진들도 보여 준다. 한 사진에는 희생자의 뒷모습이 찍혀 있다. 가장 큰 상처는 엉덩이에 있다. 크게 한 입 뜯겨 나가 너덜거리는 모습이다. 남자는 긴 원피스 잠옷을 입고 자던 중이었는데, 조엘은 곰이 끌고 갈 때 옷이 뜯기면서 벌어진 것이 틀림없다고 말한다. 「그게 거기가 뜯어 먹힌 이유지요.」 잠시 뒤에 그는 덧붙인다. 「곰 발바닥이 찍힌 잠옷이 있다는 거 아요? 엉덩이에요.」 캐나다에서는 꽤 널리 팔리는 모양이다. 몇 명이 고개를 끄덕였으니까. 「그가 입고 있던 겁니다.」

마네킹의 어깨에는 물린 자국들이 뚜렷하다. 위아래 송곳니 자국의 위치로 볼 때, 남자가 엎드려서 자고 있었다는 것을 알 수 있다. 조엘은 곰이 자는 사람에게 다가와 목에 말라붙은 소금을 핥아 먹었을 것이라고 추정한다. 남자는 깨면서 아마 소음을 좀 냈을 것이다. 「그래서 곰은 알아차린 거죠. 음, 이 친구를 끝장내거나, 아니면 달아나야 하는데. 곰은 끝장내는 쪽을 택한 거죠.」

한편 우리의 또 다른 용의자, 현장에 온 보안관에게 사살당한 늑대의 위장에는 무엇이 있었을까? 껌 포장지와 알루미늄 포일이었다. 인체 조직이나 옷은 전혀 없었다. 사건 종결. DNA 분석까지는 필요하지 않았다.

법의학 조사가 끝나고 가해자가 밝혀지면, 그다음은? 그 곰이 범죄 현장 주변에서 사살되지 않았다면, 어떤 운명에 처해질까? 케빈 밴 댐은 강의를 끝낸 뒤 말했다. 투옥은 대안이 아니라고. 캐나다 동물원은 생후 3개월이 넘는 곰은 받지 않는다. 여기저기 돌아다니려는 경향을 보이고, 동물원마다 곰이 충분하기 때문이다. 그래서 사형 선고를 내린다. 밴 댐은 말했다. 「곰은 한 번이라도 사람을 먹이로 취급하면, 또 그럴 겁니다. 저는 포식자 공격 전문가 일을 한 지 26년째인데요. 저와 의견이 다른 분도 계시겠지만, 곰이 사람을 해친다면 죽을 거예요.」

범죄학자라면 다 똑같이 말할 텐데, 처벌보다는 예방이 더 낫다. 양쪽 종에게 가장 안전한 방안은 서로 거리를 두는 것이다. 곰이 사람을 손쉬운 먹잇감과 연관 짓지 못하게 하는 것이다. 곰이 출몰하는 지역의 주민들은 쓰레기를 잘 보관해야 한다. 집 앞에서 새 모이를 주거나 현관에 개 사료를 놔두지 말아야 한다. 긴 잠옷을 입은 남자는 숲에 살았다. 쓰레기를 수거하지 않는 곳이었다. 트레일러 바깥에 쓰레기를 쌓아 놓았다. 늑대의 위장에 든 포일과 껌 포장지는 그곳이 야생 동물들이 편하게 쓰레기를 뒤져 먹잇감을 찾는 곳이었음을 시사한다. 쓰레기가 살인자다.

2
부수고 들어가서 먹기

배고픈 곰을 어떻게 다루어야 할까?

스튜어트 브렉은 키가 크고 어깨가 좁은 남자다. 걸을 때 팔이 몸에서 많이 떨어지지 않기에, 마치 공간에 세로줄이 두 줄 그어진 듯이 보인다. 게다가 그는 이 수직선을 흩뜨리는 배낭도 가방도 전혀 갖고 다니지 않는다. 그의 뒤에서 걸으면 이런 사실을 알 수 있다. 그가 도시 몇 블록을 돌아다니는 동안 내가 계속 뒤에서 따라다니는 중이니까. 그는 품위 있긴 한데, 좀 억제된 분위기를 풍긴다. 온종일 함께 지내면서, 나는 그가 목소리를 높이거나 기억에 남을 몸짓을 하거나 삐 음으로 처리해야 할 단어를 쓰는 것을 한 번도 보지 못했다. 그는 차분하고, 사려 깊고, 합리적인 사람이다. 이렇게 말했으니, 조금 전에 그가 〈나랑 장난쳐?〉라고 내뱉으며 양팔을 위로 휙 올리면서 손바닥을 편 채로 멈추었을 때 내가 얼마나 놀랐는지 충분히 짐작할 것이다. 분개했음을 나타내는 보편적인 몸짓 말이다.

이번에도 뒤처져 따라가고 있었기에, 나는 브렉이 무엇을 보고 그러는지 처음에는 알아차리지 못했다. 이제는 알아본다. 불룩한 쓰레기봉투 두 개가 찢겨 있고, 음식물 쓰레기가 포장도로로 흘러나와 있다. 지금 시각은 오전 3시 30분, 콜로라도 애스펀의 식당이 밀집한 중심가의 뒷골목을 곰이 배회하는 시간이다. 브렉의 차가 접근하는 소리에 쓰레기를 뒤져 먹던 곰이 놀라서 달아난 것이 틀림없다. 퇴비와 쓰레기는 인간과 곰 갈등 분야의 전문가들에게 〈유인 물질〉로 여겨진다. 애스펀시(市) 조례에는 둘 모두에 곰을 막는 용기를 쓰도록 규정되어 있다.

「잠깐만요.」 마음을 가라앉히고 있던 그의 손은 다시 몸 양쪽으로 돌아와 있다. 「우린 여기에 수십만 달러를 썼어요.」 여기라는 말은 여러 해에 걸쳐 여러 도시를 대상으로 곰이 출몰하는 지역의 주민들에게 유인 물질을 적절히 차단할 최선의 방법을 제시하고, 그렇게 했을 때 얼마나 효과가 나타나는지를 연구한 과정을 가리킨다. 그 연구는 제대로 조치를 취하지 않은 사람의 식량을 곰이 침입하여 약탈하면서 피해를 입힐 때 신고하는 곳인 콜로라도 공원 야생 생물과(CPW), 브렉이 인간과 야생 동물의 갈등을 가르치는 콜로라도 주립 대학교, 브렉의 고용주인 콜로라도 포트콜린스에 있는 국립 야생 동물 연구 센터(NWRC)의 지원을 받았다.

NWRC는 야생 동물국Wildlife Services의 연구 부서이고, 야생 동물국은 미국 농업부 소속이다. 야생 동물국이 제공하는 〈서비스〉는 주로 생계 활동에 지장을 주는 야생 동물과 부딪치는 목장주와 농민에게 제공되며, 종종 해당 야생 동물을 잡아 죽이는 형태를 취한다. NWRC는 죽이지 않을 대안을 연구해 달라고 브렉을 고용했다. 브렉은 일하면서 탄복할 정도로 침착한 모습을 많이 보여 준다. 야생 동물국에는 그가 기존 체계를 뒤흔드는 꼴을 무척 보기 싫어하는 기존 세력들도 있고, 더 세게 뒤흔들지 않는다고 싫어하는 동물 복지 활동가들도 있다. 나는 그가 불가능한 중용을 지키기 위해 애쓰고 있기에 그를 좋아한다.

그의 쓰레기통 연구는 곰을 막기 위해 잠금장치를 설치한, 강화된 통이 뚜렷한 차이를 낳는다는 것을 보여 준다. 사람들이 짬을 내어 제대로 잠그기만 한다면 말이다. 조사한 기간에 걸쳐 통의 80퍼센트가 원래 의도한 대로 쓰이는 지역에서는 인간과 곰의 충돌이 45건 발생했다. 10퍼센트만 제대로 쓰인 비슷한 지역에서는 272건이 발생했다. 이 연구 결과가 말하는 바는 통만으로는 부족하다는 것이다. 주민들이 통을 제대로 사용하도록 의무화하는 법규도 필요하고, 법규를 무시하는 이들에겐 과태료를 부과할 필요도 있다. 애스펀은 이 모든 것을 다 갖추고 있지만, 과태료를 부과해도 딱히 지킬 의지가 없는 이들도 있다. 이곳 중심가에서는 더욱 그렇다. 브렉은 연구 기간 동안 상황이 개선되었다는 말을 들어 왔다.

그런데 지금 이 순간에는 그렇게 보이지가 않는다. 뒷골목 저쪽에 서두르는 기색 없이 사랑스러운 안짱다리 걸음으로 다가오는 동물은 다 자란 흑곰이다. 브렉과 나는 그의 차 옆에 서 있다. 차는 그 난장판에서 6미터쯤 떨어진 곳에 있다. 곰은 이 순간이 오기 전까지 몰두하고 있었을 쓰레기 가까이에서 지금은 우리를 바라보고 있다. 턱을 딱딱 부딪치고 있다. 불편함을 알리는 소리다. 인간 둘이 자신을 쳐다보고 있고, 그중 한 명은 키가 꽤 크니까. 게다가 사람이 거의 돌아다니지 않는 밤 시간에 말이다. 그런 한편으로 캄포데피오리에서 나오는 음식물 쓰레기가 바로 앞에 있다! 곰은 상황을 좀 오래 생각하다가, 머리를 숙이고 먹기 시작한다.

많이 먹어 둬야 하니까. 지금은 초가을, 흑곰이 굴속에서 겨울을 나는 데 필요한 지방을 충분히 쌓기 위해 가리지 않고 닥치는 대로 먹는 시기다.* 과식증 시기에 흑곰은 하루 열량의 두 배, 심지어 세 배까지 먹어 댄다. 하루에 2만 칼로리까지도 먹는다. 잡식 동물인 까닭에 곰은 다양한 먹이를 먹는다. 과식증 시기에 곰은 먹이가 모여 있는 곳에 가장 끌린다. 곰은 열량을 찾아서 돌아다니느라 많은 열량을 소비할 필요 없이 많은 열량을 섭취하기를 원한다. 애스펀 주변의 산맥에는 그런 먹이가 늘 풍부하다. 도토리를 떨구는 참나무 숲, 열매를 맺는 채진목(茱振木)과 귀룽

---

* 독자는 궁금할지도 모르겠다. 자기 몸의 지방으로 살아갈 때도 화장실에 가야 할까? 곰이라면 필요 없다. 겨울잠을 자는 곰은 오줌을 재흡수하고 〈똥 마개fecal plug〉로 배설을 막는다. 반면에 새끼는 굴 안에서 다 싼다. 그래도 어미가 다 먹어 치우기 때문에 전혀 문제가 안 된다. 주된 이유는 영양소 흡수이지만, 청소도 하는 셈이다. 어미는 젖도 먹인다. 겨울잠을 자면서 말이다. 흑곰의 겨울잠은 일반 잠과 다르다. 그냥 신체 활동이 느려진 상태로 유지되는 것이다. 흑곰은 겨울잠을 자는 도중에 새끼를 낳는 초현실적인 일도 한다. 새끼를 두 마리 낳고, 태반을 먹은 뒤 다시 겨울잠에 빠지고, 비몽사몽 상태에서 젖을 먹이고 새끼를 돌본다. 봄이 올 때까지. 겨울잠을 자는 흑곰의 피를 채취하러 굴에 들어간 과학자는 곰이 코를 골지 않고 굴에서 악취도 나지 않는다는 것을 알았다. 식물 뿌리와 흙냄새만 났다.

나무류, 아주 많은 열매를 맺는 꽃사과류가 많다. 1950~1960년대에 이 지역에 스키를 타는 이들이 몰려들었다. 견과와 장과를 먹던 곰들은 고개를 들어 주위를 둘러보았다. 어라? 나무에 새 모이가 걸려 있네? 널빤지 위에 곡물 자루가 놓여 있네? 웬 떡이야. 그들은 곧 사람들을 따라 도시로 들어오기 시작했다. 사람들이 내놓는 것들 때문이다. 애스펀의 식당들이 모여 있는 거리 뒷골목은 먹이가 가득 널려 있는 낙원이다.

브렉이 나를 쿡 찌른다. 다른 곰이 뒷골목으로 들어오고 있다. 더 검으면서 덩치는 조금 작다. 더 옅은 색깔의 덩치 큰 곰은 신참에게 시선을 주더니 낮게 크르르 소리를 낸다. 저 상추 더미와 시금치 뇨키는 먹어도 되지만, 내 구운 스쿠나 베이 연어 가까이에는 오지 마.

브렉이 휴대 전화를 꺼내 사진을 찍는 바람에 나는 깜짝 놀란다. 그가 겨울잠을 자는 흑곰의 추적 목걸이를 교체하는 일을 다트 던지기나 다를 바 없다는 식으로 묘사하는 등 그저 자신이 틀에 박힌 일과에 따를 뿐임을 줄곧 강조하는 사람이기 때문이다. 하지만 나는 곧 그가 곰을 찍고 있는 것이 아님을 알아차린다. 그는 풍자적인 장면을 찍고 있다. 「뚜껑을 봐요.」 그는 옆으로 나자빠져 있는 바퀴 달린 퇴비 수레에 손전등을 비춘다. 플라스틱으로 만든 뚜껑에는 곰의 얼굴이 그려져 있고, 이 장식용 곰 얼굴에서 몇 센티미터 떨어진 곳에 진짜 곰의 얼굴이 있다. 곰을 막지 못한 이 공인된 곰 차단 통의 내용물을 마음껏 먹어 치우는 곰이 있다.

브렉은 말한다. 「곰이 통 위에서 방방 뛰어요. 그러면 뚜껑이 탁 하고 열려요.」

또는 잠금장치가 망가질 수도 있다. 앞서 낮에 살펴보았던 뒷골목 저쪽에 놓인 같은 모형의 퇴비 수레가 바로 그랬다. 브렉은 걸어가서 썩어 가는 바나나가 잔뜩 놓여 있는 뚜껑을 들어 올린다. 〈빗장을 꼭 잠그세요〉라고 꾸짖는 쪽지가 붙어 있다. 〈곰의 목숨이 달려 있습니다.〉 다음 뒷골목에서 브렉은 사용한 식용유가 담긴 뚜껑 없는 통을 보여 준다. 거의 음수대만큼 크고 높았다. 곰은 때로 그 식용유를 물처럼 마신다. 브렉은 뒷골목 저쪽으로 기름 묻은 발자국이 죽 뻗어 있는 것을 보곤 했다.

애스펀 고형 폐기물 조례 12.08장은 〈야생 동물 보호〉라는 제목인데, 이웃한 스키 및 산악자전거 리조트 단지 스노매스의 조례를 본뜬 것이다. 하지만 유사성은 그것뿐이다. 스노매스 동물 서비스·교통 통제 부서는 직원이 티나 화이트와 로렌 마턴슨 두 명이고, 그들은 여기 나와 있다. 「우리는 모든 사람에게 딱지를 끊어요.」 어제 만났을 때 화이트가 한 말이다. 최근에 그녀는 식당 주방 직원들을 모아 스페인어로 발표를 했다. 그들 중 상당수는 사람들이 통을 잠그는 것을 소홀히 할 때 대형 쓰레기통을 습격하기 시작하는 곰들에게 어떤 일이 벌어지는지를 모르고 있었다. 그녀의 노력은 성과를 보여 왔다. 화이트의 표현에 따르면, 몇 년 전부터 스노매스에서는 곰이 〈난장판에서 빠졌다〉. 즉 문제를 일으키지 않았다. 내가 방문했을 때 애스펀에서는 그해에 아홉 차례나 문제를 일으켰다. 게다가 애스펀은 인구가 세 배나 많고, 식당은 네 배나 많다.

애스펀의 쓰레기 조례 위반은 민원 담당관이 맡는다. 모두 다섯 명이다. 브렉과 나는 어제 아침 애스펀 경찰서 회의실에서 그들의 대표인 찰리 마틴을 만났다. 찰리는 검은색과 노란색이 섞인 제복을 입었고, 무지개와 유니콘이 번갈아 찍힌 양말을 신고 있었다. 내가 양말이 멋있다고 하자, 그는 수수께끼 같은 말을 했다. 「금요일이 아니라서 자전거 순찰을 하지 않았거든요.」 찰리는 곰 관련 쓰레기 조례 위반 단속 업무가 맡겨졌을 때 자기 팀이 기존 업무들만으로도 이미 벅차다고 항의했다. 교통 위반, 짖어 대는 개, 건설 차량 공회전, 911 신고, 광견병에 걸린 박쥐, 분실물 신고, 인도의 눈 치우기, 방전된 차량 시동 걸기, 잠긴 차 문 열기, 지역 행사, 도로에서 죽은 사슴 제거.

찰리는 뒷골목 상황에 조금 방어적인 태도를 취했다. 「우리는 올해에 딱지를 거의 1만 달러쯤 끊었어요.」 통 뚜껑을 잠그지 않고 쓰레기나 퇴비를 버리면 과태료가 250~1,000달러다. 브렉과 나는 하루에 올해 과태료 액수만큼의 위반 사례를 찾아낼 수 있었다. 찰리가 지적했듯이, 누구에게 딱지를 끊을지가 불분명하다는 점만 빼고. 「쓰레기통 하나를 여러 사람이 쓰니까요.」 찰리가 말하는 것은 주택 단지와 식당 뒷골목의 대형 쓰레기통이다. 「누군가에게 딱지를 끊으려고 하면 이렇게 말할 거예요. 〈내가 안 했어요. 우리는 오후 10시 정각에 쓰레기를 넣고 분명히 잠갔어요. 우리가 잠그지 않고 갔다는 걸 증명해 봐요.〉」

법적으로 애스펀의 폐기물 관리 업체는 조례를 위반했을 때 과태료를 매길 수 있도록 퇴비 통과 쓰레기통마다 번호를 매기고, 각 통에 쓰레기를 버리는 개인과 법인을 파악하여 데이터베이스를 구축하고, 분리배출을 제대로 하고 있는지 조사해야 한다. 애스펀은 업체 다섯 곳과 계약을 맺었는데, 그런 시스템을 갖춘 곳은 전혀 없는 듯하다. (스노매스는 자체적으로 쓰레기를 수거한다. 또 티나 화이트는 기꺼이 대형 쓰레기통 안으로 기어 들어가 쓰레기봉투를 뒤져서 이름과 주소가 적힌 우편물을 찾아낼 것이다. 그녀는 주민들이 자신과 로렌을 〈곰녀〉라고 부르는 소리를 종종 듣는다.)

곰을 막는 통으로 교체하려고 시도하는 모든 지방 자치 단체에서는 이런 소식들을 으레 듣는다. 일반적으로 폐기물 관리 업체는 수지 타산을 가장 중시하며, 그에 비해 곰의 복지에는 신경을 덜 쓴다. 쓰레기통은 청소차가 싣기 알맞아야 한다. 따라서 곰을 막을 새 통으로 교체한다는 것은 통 제작비 외에 새 청소차를 구입하거나 청소차를 개조하는 비용도 들어간다는 의미가 되며, 어느 쪽이든 간에 청소업체는 추가적인 지출을 원하지 않을 것이다. 그리고 곰 출현 신고를 받는 이들은 조례를 만드는 이들도, 청소업체를 운영하는 이들도 아니다. 상황은 고약하게 뒤엉켜 있다.

    오늘 오후 뒷골목을 돌다가 브렉은 〈판지 전용〉이라고 적힌 쓰레기통의 뚜껑을 열고 안을 들여다보았다. 바닥에 감자튀김, 올리브, 쥐어짠 레몬 반 조각이 들어 있었다. 이 글을 쓰는 현재

시 조례에는 재활용품 쓰레기통에 곰을 막는 용기를 쓰라거나, 잠그라거나, 뚜껑을 달라는 조항이 없다. 그래서 사람들은 그런 쓰레기통에 쓰레기봉투를 휙 던져 넣곤 한다. 주민 쪽에서는 세를 들거나 휴가 온 이들이 쓰레기 법규에 대해서 듣지 못하거나 들어도 잊기 때문에 문제가 생긴다고 본다.

찰리는 애스펀의 정책을 전면적으로 검토할 필요가 있다고 생각한다는 점에서는 브렉과 의견이 같다. 도심의 퇴비 통과 쓰레기통을 곰의 공격에 견디는 용기로 대체할 필요가 있다. 그리고 공동으로 쓰는 쓰레기통이라는 허점도 메워야 한다. 가장 중요한 점은 이 모든 상황을 잘 알고 대처할 수 있도록 인력을 충분히 확보해야 한다는 것이다.

브렉은 애스펀에 큰 부담이 되지는 않을 것이라고 덧붙였다. 이 지역에는 곰만큼 많은 억만장자가 산다. 코크 형제의 땅도 있다. 베조스의 부모도, 로더 자매도 산다. 석유, 헤지 펀드, 화장품, 첨단 기술, 란제리, 은박지, 껌 업계의 거물들이 산다. 브렉은 시의 법 집행 노력이 좌절되는 이유가 어느 정도는 그들 때문일 수 있다고 믿는다. 시 의회가 거물인 주민들에게 고개를 숙여야 하는 입장이기 때문이다.

물론 억만장자들이 식당을 직접 경영하는 것은 아니다. 그 점은 찰리의 잘못일 수도 있다. 그는 우리에게 말했다. 「나도 이곳에 정착하게 되었지요. 또 식당에 가서 먹고 싶어요. 그런데 바로 조금 전에 1천 달러짜리 과태료 딱지를 내민 뒤에 그 식당에 갈 수 있겠어요?」 애스펀에는 곰년이 필요하다.

더 옅은 색깔의 곰은 게 다리를 뜯고 있고, 다른 곰은 양배추 잎들에 코를 처박고 있다. 브렉은 말한다. 「이 곰들이 방금 뭘 배웠을 것 같아요? 사람들이 옆에 서서 지켜보는 가운데 쓰레기를 먹고 있어도 아무런 나쁜 일이 일어나지 않는다는 거예요.」 브렉은 국립 야생 동물 연구 센터에 처음 들어왔을 때, 한동안 요세미티 국립 공원에서 인간과 곰의 갈등을 연구했다. 그는 그 공원 측에서 초창기에 쓰레기장 주변에 관람석과 조명을 설치했다고 말한다. 사람들은 입장료를 내고 들어가 흑곰 약 스무 마리가 서로 밀쳐 대면서 쓰레기를 게걸스럽게 먹는 모습을 구경했다.

지금은 우리가 관람석에 있는 관중이다. 우리는 곰들이 사람을 걱정할 이유를 조금 줄여 주는 역할을 하고 있다. 그 결과, 곰은 이 골목길로 더 일찍 오거나 더 오래 머물 수도 있다. 결국 그들은 스테이크 하우스 No. 316의 뒤쪽 쓰레기통에서 만찬을 즐기던 그 곰과 같아질 가능성이 높아진다. 얼마 전 그 식당 매니저인 로이는 밤에 그 곰을 쫓으려고 나왔다. 쓰레기통이 움푹 들어간 곳에 놓여 있었기에, 삼면이 벽으로 막혀서 곰이 달아날 곳은 한쪽뿐이었다. 로이가 서 있는 곳이었다. 달아날 곳이 거기뿐이었기에 곰은 달려들었고, 찰리의 표현에 따르면 〈로이의 엉덩이를 물었다〉다. 캘거리 대학교 명예 교수이자 곰 공격 연구자인 스티븐 헤레로는 사람을 다치게 하는 흑곰 중 90퍼센트는 사람에게 길든 — 즉 사람을 자주 접하다 보니 두려움을 잃은 — 사람의 음식에 맛을 들인 곰이라고 했다.

로이가 묘사한 〈곰상 착의〉를 토대로 수색대는 곰을 찾아내 생포했고, 사람을 다치게 했기에 안락사시켰다. (나는 그가 묘사한 곰상 착의가 〈까만 털〉과 〈거대하다〉 말고 또 뭐가 있을지 도무지 상상할 수 없지만, 아무튼 분석해 보니 로이의 바지에 묻은 침과 곰의 DNA가 일치했다.)

로이와 직원들이 쓰레기통의 빗장을 잠그는 일에 좀 더 신경을 썼어야 했고, 그 일로 결국 로이는 곤란을 겪게 되었다. 곰이 죽은 뒤 시민들은 스테이크 하우스 앞에서 시위를 벌였다. 시민들은 사람들의 행동 소홀로 곰이 죽는 것을 원치 않는다. 그들은 곰을 괴롭히거나 재배치하는 방법을 쓰라고 주장한다. 〈곰과의 갈등〉을 다룬 기사에서 가장 흔히 듣는 두 가지 비치명적 접근법이다. (전기 울타리를 치는 방법도 있지만, 주거지를 교도소나 수용소처럼 보이게 해서 인기가 없다.)

괴롭히기hazing는 곰이 어떤 지점에 나타나기 시작했을 때 그 지점이나 거기에 가는 행동을 불쾌한 기분과 연관 지어 앞으로 그곳을 피하도록, 무섭거나 고통스러운 경험을 일으키는 것을 말한다. 이 두 곰을 예로 들자면 한밤중에 뒷골목에서 죽치고 있다가 덜 치명적인 불쾌함을 선사할 사람이 필요하다.* 총으로 고

---

* 테이저 인터내셔널Taser International은 야생 동물 테이저인 X3W를 잠깐 판매한 적이 있다. 괴롭히기 도구로 쓸 만하다고 생각했기 때문이다. 테이저는 주로 사람을 대상으로 쓰기 위해 구입한다. 위험한 상황에서 치명적인 무기를 발사할 필요 없이 상황을 통제하는 용도다. 야생 동물용 테이저는 판매량이 저조했는데, 기업 대표가 내게 설명한 바에 따르면 가격이 매우 비싼 데다 키가 아주 큰 포유동물 — 말코손바닥사슴이나 뒷다리로 선 곰 — 에게 7.6미터 이내에서 쏘았을 때에만 효과가 있었기 때문이다. (그렇지 않으면 발사된 침이 아래로 향해서 땅에 꽂히고 만다.) X3W를 개발하게 된 동기는 한 집의 토대에 새끼들이 꽉 끼어 나오지 못하자, 난동을 부린 말코손바닥사슴 때문이다. 신

무탄이나 콩 주머니를 쏘는 방법이 쓰일 가능성이 가장 높다. 독자가 나처럼 법 집행 방식을 잘 모른다면, 콩 주머니라는 말을 들었을 때 콩을 넣고 꿰맨 형형색색의 헝겊 주머니를 멀리서 구멍에 던져 넣거나 광대가 공중으로 던지면서 곡예를 부리는 모습을 떠올릴 수도 있겠다. 이 콩 주머니는 더 작다. 호두만 하다. 피부, 즉 털가죽을 뚫지 못하지만, 맞으면 꽤 아프다.

브렉은 말한다. 「괴롭히기는 결코 해결책이 아니에요.」 곰이 클수록 쓰레기통에 더 집착한다. 「얻는 것이 아주 많거든요.」 괴롭히기가 얼마나 효과가 있을지는 위험과 혜택의 줄다리기에 달려 있다. 이 뒷골목에 들르는 법을 배운 곰들은 열량 횡재를 볼 가능성이 높다. 이렇게 얻는 열량에 비하면, 옆구리에 콩 주머니를 한 번 더 맞는 위험쯤은 무릅쓸 만하다. 브렉은 말한다. 「그리고 먹을 게 여기만 있는 게 아니에요. 여기서 곰들을 괴롭힌다면, 곰들은 그냥 옆 골목으로 옮겨 갈 겁니다.」

괴롭히기가 먹힌다고 해도, 대부분은 그리 오래가지 않는

고를 받은 알래스카 낚시 사냥과의 래리 루이스는 주 경찰관과 함께 순찰차를 타고 갔는데, 말코손바닥사슴이 달려드는 바람에 세 번이나 방향을 돌려야 했다. 결국 경찰관이 테이저를 꺼냈다. 말코손바닥사슴은 테이저를 맞고 기절했다가 깨어나자 달아났다. 그사이 루이스는 새끼들을 안전하게 꺼낼 수 있었다. 이 일로 깊은 인상을 받은 그는 테이저 회사에 연락을 취해 함께 야생 동물용 테이저를 개발했다. 케나이 말코손바닥사슴 연구 센터(〈세계적인 말코손바닥사슴 연구 기관〉)에서 안전 검사도 마쳤다. 테이저는 진정제보다 그 동물에게 스트레스를 덜 주고, 과다 투여로 사망할 위험도 전혀 없으므로 더 안전하다. (진정제는 동물의 몸무게를 추정해서 용량을 정한다.) 따라서 상황이 급박하게 돌아가고 목숨이 위태로울 때, 또는 말코손바닥사슴이 〈닭 사료 통에 머리가 끼어 있을 때〉 ─ 루이스가 『알래스카 낚시 및 야생 동물 뉴스』에서 언급한 사례 ─ 에 유망한 대안처럼 보였다.

다. 2004년 네바다의 야생 동물 연구진은 도시 지역에서 흑곰 괴롭히기가 얼마나 효과가 있는지를 조사했다. 한 곰 무리는 고무 총알, 후추 스프레이, 커다란 소음을 써서 괴롭혔고, 다른 곰 무리는 이 모든 수단에다가 곰 사냥용으로 개량한 품종인 카렐리안 베어 도그의 짖는 소리까지 더해서 쫓아냈다. 괴롭히지 않은 채 그대로 둔 대조군도 있었다. 그런 다음 곰들이 다시 돌아올 때까지 시간이 얼마나 걸리는지를 확인했더니, 괴롭히기를 당한 두 집단도 대조군보다 약간 더 시간이 걸렸을 뿐 다시 돌아왔다. 조사한 62마리 중에서 다섯 마리만 빼고 결국 다 돌아왔다. 그리고 70퍼센트는 40일도 안 되어 돌아왔다.

브렉은 요세미티 야영장에 곰들이 차를 부수고 약탈하는 일이 유행하던 시기에 밤늦게까지 곰들을 괴롭히는 방법을 쓰면서 많은 시간을 보냈다. 2001년부터 2007년까지 곰이 부수고 들어간 자동차가 1천1백 대에 달했다. (가장 많이 공격당한 차종은 미니밴이었다. 구조적 약점도 한몫했을 수 있지만, 브렉은 미니밴에 들어 있는 물품과 더 관련이 있다고 본다. 미니밴에는 아이들이 으레 타고, 많은 아이가 차 안에서 주스를 흘리고 과자 부스러기를 떨어뜨리고, 감자칩을 발로 짓이긴다. 그는 곰이 이런 〈미소(微小) 쓰레기〉의 냄새를 맡는 것이라고 추측한다.) 괴롭히기는 헛된 노력임이 드러났다. 「곰은 일단 차 안에 뭐가 들어 있는지 알면⋯⋯ 그동안 시달렸던 일은 다 잊어요.」 곰은 곧 브렉의 트럭 소리를 구별하기에 이르렀다. 그의 트럭이 오는 소리가 들리면 달아났다가, 트럭이 멀어지면 돌아왔다.

차를 부수고 다닌 곰은 다섯 마리도 안 되었다는 것이 드러났다. 어미와 그 새끼들이었다. 전형적인 사례다. 내가 방문한 9월까지 그해에 스노매스에서는 곰이 잠기지 않은 문이나 창문을 통해 집 안으로 침입한 사례가 60건 있었다. 야생 동물 감시 카메라 영상을 보니 그런 짓을 저지르고 다닌 곰은 겨우 네 마리였다. 미네소타 천연자원과 소속의 곰 연구자 데이브 가셀리스는 주 방위군 기지에서도 신고 전화를 받았다고 했다. 곰이 전투 식량을 약탈한다는 내용이었다. 곰은 군인보다 더 전투 식량을 좋아하는 듯하다. 신고자는 전투 식량을 약탈하는 곰이 1백 마리쯤 된다고 했다. 「그가 말했어요. 〈여기 오시면 여기저기 곰 소굴이 잔뜩 뚫려 있는 산등성이로 데려다드리죠.〉 나는 〈오, 좋지요〉라는 식으로 대꾸했어요.」 그런데 〈소굴〉은 그냥 그곳의 자연 경관이 지닌 특징이었고, 〈1백 마리〉는 사실 겨우 세 마리였음이 드러났다.

그렇다면 그저 그 몇 마리를 생포한 뒤에 멀리 숲 깊숙한 곳으로 운반해서 풀어놓으면 문제가 해결되지 않을까? 이런 재배치의 결과는 실망스럽다. 흑곰 성체는 풀어 준 곳에 그대로 정착하는 사례가 거의 없다. 무려 230킬로미터 떨어진 곳에서 본래 살던 곳으로 돌아온 사례도 있다. 돌아오는 길에 약 10킬로미터의 바다를 헤엄쳐 건넌 곰도 있다. 이주하는 철새와 달리, 곰은 길 찾기에 도움을 주는 체내 자기장 감지 기구가 없다는 점을 생각할 때 놀라운 성취다. 곰이 감각 단서 ─ 바다 냄새나 공항의 소리 같은 ─ 를 포착하는지, 아니면 익숙한 느낌이 드는 곳이 나올 때까지 그냥 여기저기 돌아다니는지는 모르겠지만, 곰은 원래 살던 곳을 찾으려는 동기를 갖고 있으며, 꽤 잘 찾아간다.

2014년에 콜로라도 공원 야생 동물국은 사람과 갈등을 빚어 무선 송신기 목걸이를 채운 뒤 재배치한 곰 66마리를 조사했다. 성체 중 33퍼센트는 포획된 곳으로 돌아왔지만, 준성체는 한 마리도 돌아오지 않았다. 꽤 낙관적인 통계처럼 들린다. 그러나 성공의 개념을 돌아오지 못하는 것이 아니라 새 지역에서 1년 동안 생존하는 것으로 정의한다면, 상황은 덜 낙관적으로 보인다. 재배치된 곰들은 풀려난 곳 가까이 있는 도시로 침입하여 같은 문제를 일으킬 때가 많다. 옐로스톤 국립 공원에 재배치된 곰의 40퍼센트 이상과 몬태나에 재배치된 곰의 66퍼센트는 2년 안에 다른 〈성가신 사건〉을 일으켰다. 요세미티 경비대는 차를 부수는 곰을 생포해 공원 반대편으로 재배치하고자 노력했다. 결과는? 공원 반대편에서 곰들이 차를 부수는 사건이 벌어졌다.

의사 결정 단계에서 관여하는 요인도 있다. 곰을 재배치했을 때 그 지역에 사는 누군가가 그 곰에게 심한 피해를 입는다면, 곰을 옮긴 부서가 어느 정도 책임을 져야 할 수도 있다. 애리조나 사냥 낚시과는 재배치한 곰이 야영지에서 여자아이를 공격해 부상을 입히는 바람에 법정에서 450만 달러에 합의해야 했다.

데이브 가셀리스는 거의 40년 동안 사람과 곰의 갈등을 연구했다. 나는 전화로 그에게 재배치를 어떻게 생각하는지 물었다. 「사람들은 해볼 만한 조치라고 생각하지만, 나는 확신이 들지 않아요.」 흔히 새끼를 데리고 다니는 어미 곰이 문제를 일으킬 때가 많은데, 그 이유는 그들이 먹이를 가장 많이 필요로 하기 때문이다. 「어미는 자신의 영역에서 활동하며 새끼에게 먹이가 어디에 있는지를 가르쳐요. 그런데 갑자기 어미를 납치해서 전혀 낯선 곳에 툭 떨구어요. 어미는 원래 그곳에 있던 곰들과 먹이 경쟁을 해야 해요. 낯선 사회 속에 불쑥 집어넣는 거지요.」

워싱턴주의 곰 생물학자들이 미국 야생 동물 담당 기관 48곳을 대상으로 설문 조사를 했는데, 75퍼센트는 문제를 일으킨 곰을 재배치한다고 답했지만, 그것이 문제를 해결하는 효과적인 방법이라고 믿는 이들은 15퍼센트에 불과했다. 재배치는 세간의 이목이 집중될 때, 즉 언론이 그 동물과 담당 기관에 관심을 기울일 때 더 자주 이루어진다. 따라서 재배치는 곰보다는 대중을 관리하는 데 더 알맞은 도구다.

〈범죄자〉의 삶을 이제 막 시작한 초범인 어린 곰을 대상으로 재배치를 했을 때 가장 효과가 좋다. 한 살짜리 새끼는 원래 살던 곳으로 돌아가려는 성향이 덜하기, 아니 그럴 능력이 부족하기 때문이기도 하지만, 주된 이유는 쓰레기통을 뒤적거리는 것이 바늘 도둑이 소도둑이 되는 관문이기 때문이다. 그 뒤에는 집 안으로 침입해 약탈하는 단계로 나아간다. 쓰레기를 먹는 곰은 인간에게 길들게 되고, 인간을 먹이 창고와 연관 짓기 시작하며, 그러면 위험과 편익 비가 달라진다. 혜택이 클수록 지각된 위험은 약해진다. 식당 뒷골목에 세워 둔 금속 상자를 부수고 들어가지 않을 이유가 어디 있어? 유혹하는 음식 냄새가 풍기는 언덕에 늘어선 커다란 상자 같은 집 안으로 들어가지 않을 이유가 어디 있어? 콜로라도 공원 야생 동물국은 4월에 곰들이 겨울잠에서 깨어난 뒤로 애스펀이 속한 피트킨 카운티에서 곰이 사람의 음식을 먹으려고 침입했다는 신고가 421건이었다고 말한다. 지역 야생 동물 담당인 커티스 테스가 그 신고 전화의 대부분을 받는다. 브렉과 내가 내일 만나기로 한 사람이다.

더 짙은 색깔의 곰, 아마 덩치 큰 곰에게 내쫓길까 봐 좀 걱정하는 듯한 곰은 비닐봉지가 하나 달라붙은 상태에서 몇 걸음 달려간다. 우리는 곰을 뒤따라 모퉁이를 돌아 더 위쪽의 화사한 상가로 향한다. 평소였다면 루이뷔통 매장 앞에 서 있는 곰이라는 묘하게 어긋나는 시각적 불일치를 보면서 기뻐했을 것이다. 하지만 자기 앞에 어떤 운명이 닥칠지 전혀 모른 채 주둥이에 부라타 치즈를 묻힌 채 걷고 있는 이 딱한 곰은 나를 울고 싶게 만든다.

커티스 테스도 들려줄 곰 이야기가 있지만, 아마 독자가 기대하는 종류는 아닐 것이다. 힘이나 폭력을 행사하는 곰이 아니라, 지성이 돋보이고 의외로 섬세하게 행동하는 곰이다. 허시 키세스 초콜릿 포장지를 벗기는 곰이다. 일어서서 문의 양쪽을 움켜쥐고 문틀에서 뜯어낸 뒤 벽에 조심스럽게 기대 놓는 곰이다.

「냉장고를 열어 달걀 같은 것을 잘 챙겨요. 다른 것들은 전혀 건드리지 않고서요.」 우리는 곰이 침입한 현장을 보러 언덕길을 오르는 중이다. 커티스의 덜컹거리고 탈탈거리는 관용 트럭을 타고 이리저리 급하게 굽은 길을 따라가고 있다. 달걀이라면 금방 굴러떨어져 깨질 것이다.

올해 커티스는 흑곰 때문에 바빴다. 예기치 않은 상황이었다. 봄이 유달리 습했는데, 대개 사람과 곰의 갈등은 비가 많이 내릴 때가 아니라 가뭄이 들 때 많아진다고 여겼기 때문이다. 그런데 작년에는 아주 건조했고, 커티스는 가뭄이 들면 일부 식물이 번식체, 즉 열매, 씨, 장과, 도토리 등을 아주 많이 생산하고 그다음 해에는 훨씬 적게 달린다는 이야기를 들었다고 말한다. 「그들은 곧 죽을 것이라고 생각해 씨를 많이 퍼뜨리려고 애쓰지요. 그러다 습한 해가 오면 생장하는 데 더 집중하고요.」 나는 여기서 그런 상황이 벌어졌는지는 잘 모르겠지만, 나무들이 자신의 죽음을 걱정하고 우선순위를 바꾸어 계획을 세운다는 세계관은 마음에 든다.

뒷좌석에 앉은 브렉은 지구 온난화로 기온이 전반적으로 따뜻해지는 바람에 곰이 겨울잠을 자는 기간이 짧아진다고 설명한다. 2017년에 그는 CPW 생물학자 여섯 명과 함께 무선 송신기 목걸이를 찬 흑곰 성체 51마리가 겨울잠을 자기 시작하는 시기와 기간을 환경 요인들과 함께 관찰했다. 기온이 섭씨 1도 오를 때마다 겨울잠을 자는 기간이 일주일씩 줄어들었다. 현재의 기후 변화 예측을 토대로 할 때, 2050년에 흑곰이 겨울잠을 자는 기간은 지금보다 15~40일 정도 줄어들 것이다. 그 말은 먹이를 찾아 돌아다니는 날이 15~40일 더 늘어난다는 의미다. 기후 변화가 일으킬 결과들의 목록에 〈곰 침입 증가〉도 추가하자.

먹이 공급도 겨울잠에 영향을 미친다. 곰은 먹이가 많은 해에는 겨울잠을 더 짧게 잔다. 곰이 사람의 음식에 의존하기 시작하면, 매해 먹이가 풍부하다. 브렉은 주로 도시 지역에서 먹이를 구하는 곰이 자연에서 먹이를 구하는 곰보다 겨울잠을 한 달이나 덜 잔다는 것을 알아냈다. 풍족한 먹이의 우려할 만한 또 다른 결과는 번식률 증가다. 흑곰 암컷은 지연 착상이라는 번식 방법을 쓸 수 있다. 수정란은 포배라는 세포 덩어리까지 발생한 뒤에 여름 내내 자궁 안에서 떠돈다. 가을이 올 때 착상이 될지 — 그리고 몇 개가 착상이 될지 — 는 어미의 건강 상태와 얼마나 잘 먹었느냐에 달려 있다.

우리는 목적지인 집의 차도에 다다랐다. 여기서는 보통 크기의 집처럼 보인다. 우리 눈에 보이는 부분이 차고이기 때문이다. 집은 산비탈을 따라 아래로 2층, 3층으로 죽 이어진다. 몇 층인지조차 모르겠다. 브렉은 트럭에서 내려 아스팔트 길의 가장자리로 걸어간다. 나는 그가 경관에 감탄하는 모양이라고 생각했지만, 따라가 보니 그가 집 주위에서 자라는 덤불과 나무 이름을 말하는 소리가 들린다. 흑곰의 먹이가 되는 나무들이다. 채진목, 귀룽나무, 참나무다.

커티스는 말한다. 「와, 콜로라도에서 가장 좋은 곰 서식지에 속하네요. 곰 서식지로 들어온 거예요.」 커티스는 함께 있는 동안 반사되는 오렌지색 선글라스를 계속 쓰고 있다. 그는 머리가 옅은 색이고, 튼튼해 보이며, 턱선이 아주 좋다. 내가 말할 수 있는 것은 거기까지다.

집주인 가족은 시내에 없다. 가정부 카먼은 집 안에서 침입

흔적을 발견한 뒤 경찰에 신고했고, 경찰은 커티스에게 사건을 넘겼다. 카먼은 우리를 아래층의 침입 지점으로 안내한다. 바닥에서 천장까지 유리로 되어 있는 침실이다. 그 앞으로 데크가 있다. 그녀는 잠겨 있었다고 말하지만, 곰은 창틀의 작은 틈새에 발톱을 끼워 넣어 창을 통째로 떼어 낼 수 있다. 안쪽의 방충망은 카펫 위에 누워 있다. 벽은 온통 하얀색이지만, 곰은 아무런 흔적도 남기지 않았다. 카먼은 곰이 위층의 냉장고까지 이동하면서 아무것도 쓰러뜨리지 않았다고 말한다. 대걸레가 있었다면, 주방 바닥도 닦았을 것이라는 인상을 받는다.

이 곰은 브렉에게 그가 이곳에서 연구하던 시절, 애스펀의 주택들에 침입하곤 했던 곰을 떠올리게 한다. 사람들은 그 곰을 뚱보 앨버트라고 불렀다. 「아주 태평한 곰이었어요. 캠핑카 문을 조용히 열고 들어가서 음식을 좀 먹어 치우고 떠나곤 했지요. 돌아온 사람들은 이렇게 말하곤 했어요. 〈와, 아무것도 부수지 않았어.〉」 그것이 바로 그가 뚱보가 된 이유였고, 살아남은 이유이기도 했다. 그런 곰에게는 아량을 베풀어야 마땅하다. 침입한 집을 난장판으로 만들거나, 어떤 식으로든 집주인이 침해당하고 위험에 처했다고 느끼게 만드는 공격적인 곰은 브렉의 표현을 빌리자면 금방 없어질 것이다. 그 말의 이면 — 그런 것이 있다고 할 수 있다면 — 은 자연 선택이 뚱보 앨버트를 선호한다는 것이다. 공격적인 곰은 유전자를 자식에게 전달할 기회가 많아지기 전에 추려질 가능성이 높다.

뚱보 앨버트들의 비율이 점점 높아진다면, 언젠가는 인간과의 공존도 가능해지지 않을까? 보험도? 뒤뜰에 너구리나 스컹크가 출몰해도 그러려니 하듯이 곰이 와도 그러려니 하고 살아갈 수 있지 않을까? 나는 타호호(湖) 인근에 있는 캘리포니아 낚시 야생 동물과(CDFW)의 곰 전문가 마리오 클립에게 물어보았다. 그는 그 지역의 많은 이가 이미 그렇게 하고 있다고 말했다. 한 집주인 부부가 데크 밑에 숨어 있는 곰을 발견했다고 하자. 그들은 CDFW에 신고하는 대신, 지역 환경 단체인 베어 리그에 전화를 할 수도 있다. 「그 단체에서 온 사람은 데크 밑으로 기어 들어가서 막대기로 곰을 쿡쿡 찔러 달아나게 할 겁니다. 그리고 곰이 들어오지 못하게 판자를 덧대는 일을 도와주겠지요.」

클립은 베어 리그와 공존을 도모하고 있다. 「그들은 제3의 길을 제시하고 있어요.」 집을 침입하거나 부수고 들어오는 곰을 죽이지 않고 처리할 방법을 원하는 이들이 점점 늘고 있다. 캘리포니아 주민들만 그런 것이 아니다. 데이브 가셀리스는 미네소타 북부 농촌 지역에서 일하는데, 그 지역은 주민 대부분이 곰 문제를 스스로 해결할 수 있도록 총을 소지하는 것을 허용하고, 장려하기까지 한다. 가셀리스는 내게 말했다. 「여기서 36년째 일했는데, 곰을 대하는 태도에 상전벽해가 일어나는 게 느껴져요.」

야생 동물 담당자들이 그냥 놔둔다면, 즉 상습범인 곰을 없애는 일을 멈춘다면 어떻게 될까? 그럴 때 걱정되는 문제는 이것이다. 새끼 곰들은 집을 침입하는 법을 배울 것이고, 그 새끼들의 새끼들도 그럴 것이다. 침입 사례가 늘어날 것이고, 사람들의 너그러움은 바닥날 것이다. 가셀리스는 이렇게 표현했다. 「곰이 자기 집 주방에 들어와 있을 때, 관용을 베풀기는 어렵지요.」

위층에서 카먼은 자신이 발견한 장면을 묘사한다. 곰은 곧장 냉장고로 간 듯하다. 냉장고 문을 열었고, 코티지치즈 통을 꺼내 뜯어 먹었고, 메이플시럽 병과 꿀병을 깨서 핥아 먹었고, 냉동실에 든 하겐다즈 아이스크림도 먹어 치웠다. (피트킨 카운티 곰들은 일관성 있게 고급 브랜드 제품을 선호한다. 「웨스턴패밀리 아이스크림은 건드리지 않을 거예요.」 티나 화이트의 말이다.)

우리 뒤에는 다른 데크로 이어지는 양쪽 여닫이 유리문이 있다. 카먼은 이 문들도 열려 있었다고 하면서 침입자가 이쪽으로 나간 것 같다고 말한다. 이런 문손잡이는 잠그든 안 잠그든 흑곰이 쉽게 열 수 있다. 그래서 〈곰 손잡이〉라고 하며, 지역 건축 조례에서도 사용을 금하고 있다. 하지만 사람들은 이런 문을 좋아하고, 스스로 집을 고치는 이들은 조례에 뭐라고 적혀 있는지 모르거나 신경 쓰지 않으며, 커티스는 이런 문이 흔하다고 말한다. 속이 빈 문손잡이도 금지된다. 곰이 이빨로 물어 우그러뜨리고 쉽게 돌릴 수 있어서다. (게다가 일부 업체는 곰이 얼씨구나 할 만한 문을 만든다. 자동문은 곰도 들여보낸다.)

커티스는 침입한 곰이 두 마리일 가능성도 염두에 두고 살펴보아야 한다고 말한다. 첫 번째 곰은 아래층 침실 창문을 통해 들어왔다가 나갔고, 두 번째 곰은 첫 번째 약탈이 있은 뒤 냄새나 장면을 보고 주방 데크로 나 있는 여닫이문을 통해 들어왔을 수 있다는 것이다. 그의 추론은 카먼이 발견한 문들의 위치를 토대로 한 것이다. 문들이 안으로 열려 있었기 때문이다. 그는 곰이 침입할 때 문을 안쪽으로 잡아당긴다면 이상할 것이라고 말한다. 또 같은 곰이 두 번 들락거렸을 가능성도 있다. 커티스는 곰이 적어도 한 번 이상 돌아올 때가 종종 있다고 덧붙인다.

빈집 털이범처럼, 곰도 대개 집주인이 자리를 비울 때 침입한다. 애스펀의 집들 중 상당수가 휴가 오는 이들이 빌리는 용도로 쓰인다는 점을 생각할 때, 곰이 빈집을 찾기는 어렵지 않다. 더 대담한 곰은 빈집 털이범에서 가택 침입범으로 넘어갈 수도 있다. 커티스는 특히 사람들이 날이 더워서 창문을 열어 놓고 잘 때 침입하곤 한다고 말한다. 미닫이문을 잠그지 않고 놔둘 때에도. 사람들이 자고 있지 않을 때 침입하기도 한다. 「식탁에 모여 식사를 하고 있는데 곰이 걸어와서 식탁의 음식을 움켜쥐고 달아나기도 해요. 사람들이 있는데 곰이 문이나 창문을 뜯고 들어오는 바람에 사람들이 침실이나 욕실에 숨는 일도 있고요.」

커티스는 카먼에게 명함을 주며 집주인에게 연락해서 생포할 덫을 놓고 싶어 하는지 알아봐 달라고 한다. 그녀는 생포된 곰이 어떻게 될지 묻지 않는다. 여러 주의 야생 동물 담당 부서처럼 콜로라도 공원 야생 동물국도 한 번은 봐준다는 방침을 적용한다. 커티스는 곰이 어느 집의 쓰레기통을 뒤지거나 뒤뜰에서 서성거린다는 신고 전화를 받으면 되도록 생포하려 하고, 생포하면 귀에 인식표를 단 뒤에 숲에 풀어놓는다. 다시 돌아오지 않기를 바라면서 말이다. (엉뚱한 곰이 잡힐 가능성을 줄이기 위해 덫은 3일 이상 두지 않는다.) 곰이 잡히지 않을 때도 많다. 나중에 커티스는 이렇게 털어놓았다. 「전에 비해 곰이 잘 안 잡혀요.

곰들이 더 영리해진 것인지, 다른 이유 때문인지는 잘 모르겠어요.」

이 집을 침입한 곰은 다시 침입할 기회를 얻지 못할 것이다. 잠긴 문을 부수고 들어왔으므로 다시 같은 짓을 저지를 가능성이 높아서다. 그리고 암컷이라면 새끼들에게 그 방법을 가르칠 것이고, 담당 부서는 그것이 시민 안전에 위협이라고 여기기 때문이다. 커티스는 사람들이 신고하면 곰에게 사형 선고가 내려질 수도 있다는 점을 알기에, 곰이 침입해도 그냥 넘어갈 때가 많다고 말한다. 흑곰은 너무나도 사랑스러운 종(種)이다. 아이들이 염소나 뱀장어 인형이 아니라 곰 인형을 좋아하는 데에는 이유가 있다.

「이 곰은 생포되면 어떻게 되는데요?」 우리는 도시로 돌아가기 위해 다시 트럭에 오른다. 차 문 수납함에 있는 돌돌이 테이프가 눈에 띈다. 마치 트럭 운전석에 때로 곰이 앉아서 털을 제거해야 한다는 의미 같다.

커티스는 말한다. 「잡힌 곰이 맞다면 데려가지요. 그러면 이 지역에 침입 사례가 좀 줄어들 거고요. 잠시 동안은요. 하지만 다른 곰이 그 자리를 대신할 거예요. 반복되는 거죠.」

브렉이 끼어든다. 「일시적인 해결책이에요. 잔디를 깎는 거나 다름없어요.」

내 질문은 그것이 아니었다. 나는 〈데려간다〉는 말이 무슨 뜻인지 물은 것이었다. 더 직설적으로 묻지 않을 수 없다. 「그리고 곰을 내려놓아야 한다는 것이 기분 좋을 리는 없지요.」 완곡어법이 가득하다.* 데려가다, 내려놓다. 동물을 죽이는 것일까, 트럭의 짐을 부리는 것일까?

커티스가 무심하게 말한다. 「심란하죠. 나는 지난주에 어미와 새끼를 내려놓아야 했어요.」 상습적으로 집을 침입한 곰들이었다. 「재미없어요, 전혀요.」 차가 달리는 동안 우리는 침울한 표정으로 침묵에 잠겨 있었다. 무전기에서 이따금 가래를 넘기는 듯한 소리가 들릴 뿐이었다.

커티스는 덧붙인다. 「이 사례를 정확히 어떻게 해야 할지 무척 고심했어요. 어미가 지켜보는 가운데 새끼를 내려놓고 싶지도 않았고, 새끼가 지켜보는 와중에 어미를 내려놓고 싶지도 않았으니까요. 결국 마취총을 쏘아서 새끼를 잠들게 했지요. 그런 뒤에 어미를 내려놓았고, 새끼는 잠든 상태로 내려놓았지요. 서로의 마지막을 보지 못하게 해야지요. 그렇게요.」

〈그렇게요〉는 그 직업이 많은 좌절감을 불러일으킨다는 점을 한마디로 요약한다. 무심한 주민들은 굳이 법을 잘 지킬 생각이 없다. 그랬다가 곰이 집을 침입하여 부수면 그를 비난하고 욕한다. 당국은 이쪽으로 예산을 쓰기보다는 아끼려 한다.

* 이 일을 하면서 때로 동물을 죽여야 하는 사람들이 〈죽이다〉라는 단어를 쓰지 않으려 하는 것도 이해가 간다. 그 단어는 살해를 떠올리게 한다. 완곡어법으로 쓰는 단어가 아주 많다는 것은 딱 맞는 단어를 찾으려는 시도가 오래전부터 있었음을 시사한다. 잠깐만 생각해도 추리다, 취하다, 보내다, 없애다, 살처분하다 등을 떠올릴 수 있다. 단어를 까다롭게 쓰는 사람으로서, 나는 고통을 줄인다는 의미를 지닌 〈안락사시키다〉라는 단어와 동물을 옥수수처럼 대하는 듯한 〈수확하다〉라는 단어가 마음에 안 든다. 〈치명적 힘을 가하다〉라는 말을 쓰는 사람도 있었는데, 특수 기동대 작전과 게리 부시 영화에 더 어울리는 단어 같다.

나는 곰의 침입을 막으려는 노력을 전혀 하지 않았음이 드러난, 우리가 방금 나온 집에 내가 산다면 어떻게 느꼈을지 상상하려고 애쓴다. 나는 커티스에게 사람들이 어떻게 반응하는지 묻는다. 「깜짝 놀라는 이들도 있고, 무심한 이들도 있지요.」지금까지 이 지역에서는 곰의 침입 사건으로 죽은 사람은 아무도 없다. 대체로 흑곰은 공격적이지 않다. 그래도 나는 사람 빈집 털이범이 침입할 때 이따금 벌어지곤 하는 일이 전혀 일어나지 않았다는 사실이 놀랍다. 집주인이나 개가 있어서 빈집 털이범이 놀라거나, 집주인이나 개가 달아나는 곰을 뒤쫓거나, 곰이 공황 상태에 빠져 집주인을 살해하는 일은?

「당연히 일어나지요.」커티스는 말한다. 흑곰은 너구리처럼 공격성이 약하지만, 그래도 몸집이 훨씬 더 크다.

위험을 받아들인다면 어떨까? 주방에 이따금 곰이 침입하는 것을 받아들이고, 어쩌다 그런 곰에 사람이 죽을 가능성도 있다는 것을 받아들이는 쪽을 택한다면? 비행기는 이따금 추락하여 사람들이 죽기도 하지만 계속 운항이 허용된다. 한 가지 차이점은 항공사의 수익이 소송과 보험에 드는 비용을 넘어선다는 것이다. 곰이 사람에게 해를 입히거나 사람을 죽일 때 주 야생 동물 담당 부서는 책임을 져야 할 수도 있고, 비행기와 달리 곰은 그 비용을 충당할 만큼의 수익을 안겨 주지 않는다. 최근에 유타와 애리조나에서 희생자의 유족에게 거액의 보상금을 지불하라는 소송이 제기되었다. 담당 부서가 해당 지역에 곰이 돌아다닌다는 것을 알고 있었지만, 덫을 설치하는 대신에 상황을 지켜보는 쪽을 택했다는 것이다.

    브렉은 차창을 내린다. 「그러니 그것이 그 착상의 제한 요인이 되겠지요.」

뒷골목에서 멀리 떨어져 있으니 원시적인 자연에 둘러싸인 애스펀이 그림처럼 아름다워 보인다. 창턱마다 거의 다 화분이 놓여 있고, 10월이 끝나 갈 무렵이지만 시들어 가거나 시든 꽃들이 보인다. 이 도시엔 돈과 권력이 워낙 많아서 자연법칙조차 움츠리고 굴복하는 것 같다. 꽃들은 가을에 피고, 여성의 머리칼은 나이를 먹으면서 옅은 금발이 된다.

    내가 아름다움을 보는 곳에서, 브렉은 유인 물질을 본다. 「여기 보여요?」 그가 우리 머리 위를 가리킨다. 우리가 점심을 먹을 만한 곳을 찾아 걷고 있는 인도를 따라 줄지어 서 있는 작은 가로수가 보인다.

    「꽃사과예요. 이 도시는 가로수로 꽃사과를 심었어요.」 사람들은 봄에 분홍빛 꽃이 흐드러지게 피는 모습을 좋아한다. 꽃이 진 뒤에는 포도송이를 입에 쑤셔 넣고 있는 만화 속 황제처럼 곰이 입으로 가지를 죽 훑어서 먹을 수 있는 작은 사과들이 가득 열린다. 흑곰이 애스펀 도심에 한낮에도 나타나기에, 시 의회는 이곳을 지키고 서 있는 CPW 직원을 무시하고 곰에게 다가가 셀피를 찍는 이들에게 과태료를 물리는 조례까지 제정했다. 커티스의 전임자는 꽃사과를 교체하자고 시 의회를 설득했지만 실패했다. 집에 돌아와서 나는 주민들에게 어떤 식물을 골라 심을지를 안내하는 애스펀 식물 안내라는 온라인 사이트에 들어가 보았다. 추천하는 식물 중에 꽃사과, 참나무, 채진목, 귀룽나무도 있었다. 나는 브렉에게 알려 주어야 할까 망설였다. 그의 머리가 폭발할 수도 있다는 생각이 들었다.

우리는 쓰레기통 뚜껑을 제대로 잠그지 않아서 과태료를 부과받는 바람에 이번 주 『애스펀 타임스 The Aspen Times』에 대문짝만하게 실린 18개 식당이 아닌, 적당한 가격의 식당을 찾는다. 나는 머릿속으로 질문 목록을 죽 훑는데, 기본적으로 이런 질문으로 요약된다. 이곳에서 무슨 일이 벌어지고 있는지, 그리고 해결책은 있는지? 나는 도시로 돌아오는 길에 커티스가 한 말을 떠올린다. 그는 콜로라도에서 주민 발의를 통해 봄에 곰 사냥을 금지하는 조치가 이루어졌는데(새끼가 고아로 자라지 않도록), 그 결과 사람과 곰의 갈등 사례가 증가했다는 이론이 있다고 말했다. 브렉도 그 주장을 종종 듣는다고 한다. 「사냥 동호회와 공원과 야생동물 담당자들은 곰 사냥을 허용하는 것이 이 문제를 해결하는 한 방법이라고 여기는 정서가 팽배해요. 하지만 곰 개체 수를 줄인다고 갈등의 횟수도 줄어든다는 과학적 근거는 전혀 없어요.」

그는 무엇보다도 사냥꾼들이 돌아다니는 지역과 갈등이 일어나는 지역이 서로 다르다고 말한다. 「사냥 할당량은 사냥감 관리 구역에 따라 정해져요.」 나는 옆의 커다란 탁자에 앉은 이들이 유명 연예인들을 언급하는 바람에 신경이 그쪽으로 쏠려 자세한 내용을 다 알아듣지 못한다. 그러니까 대강 이런 식이다. 〈사냥감 관리 구역은 애스펀, 스노매스, 캐번데일에 있는······.〉, 〈······리즈 위더스푼······.〉, 〈그들은 이렇게 말할 겁니다.《좋아, 이 구역 내에서 종×마릿수······.》〉, 〈그러자 리즈가······.〉

브렉은 사냥이 사냥당하는 동물의 행동을 다소 변화시키며, 인간을 겁내고 피하려는 행동을 지속시킬 수 있다고 인정한다. 그러나 콜로라도가 가을 곰 사냥은 허용하기 때문에, 그는 사냥을 덜 하는 것이 갈등 증가의 이유로 볼 수 없다고 말한다.

여기서 커티스의 봉급 ─ 주의 낚시와 야생 동물 부서의 예산 항목들이 대개 다 그렇듯이 ─ 이 어느 정도는 사냥과 낚시 면허 수수료와 관련 장비에 붙는 세금에서 나온다는 점을 언급할 필요가 있다. 브렉은 말한다. 「나는 그 모델을 비판하려고 여기 있는 건 아니지만, 그 모델이 이 모든 것의 토대라는 사실을 인정해야 해요.」

나는 인정한다, 다소 불편하지만. 이 책을 쓰기 위해 취재를 하면서 나는 이런 부서의 선하고 지적인 사람들, 자신의 일이 사람과 동물을 모두 다 보호하는 것이라고 여기는 전문가들을 많이 만났다. 그러나 이 재정 모델 때문에 제도적 우선순위가 흔들린다는 불편한 느낌을 떨쳐 낼 수가 없다. 부서를 운영하기 위한 예산의 상당 비율이 사냥꾼에게서 나온다는 점이 이런 기관들이 모든 이의 신뢰를 얻기 어렵게 만든다. (그리고 〈네바다의 야생 동물을 후원합시다. 사냥과 낚시 면허를 따세요〉 같은 당혹스러운 표어도 만들어진다.)

브렉이 냅킨을 흔들어 펼친다. 현재 야생 동물 부서에 10억 달러 이상의 연방 예산을 지원하는 법안이 의회에 상정되어 있

다. 이 예산은 보전 위주의 사업들에 책정될 것이다. 〈동역학을 바꿀 것이다.〉

우리는 차림표를 훑는다. 옆 식탁에서 마일리 사이러스의 이름이 나온다. 「그녀는 대단해. 기가 막히지.」 브렉은 오로지 자기 일에만 몰두하는 사람이다. 운전할 때 나는 애스펀에 어떤 유명 인사가 사는지 물었다. 「잭…… 니콜슨이요. 니콜라우스인가요? 어느 쪽이 골프 선수죠?」 그는 케빈 코스트너도 산다는 것을 알았다. 케빈 코스트너가 곰 문제를 겪은 적이 있어서다.

브렉은 차림표를 내려놓는다. 「충분히 논의되지 않고 있는 것은 이겁니다. 지난 세기가 시작될 때, 심하게 줄어들었던 곰 개체 수가 회복되고 있다는 거죠.」 20세기 초반까지 미국 야생 동물을 향한 주된 태도는 최초의 정착민들이 들어온 이래로 거의 변하지 않았다. 처음 서부로 진출한 이들은 목축업자, 정부 지원을 받는 경작자, 목장주, 모피 사냥꾼이었다. 야생 동물은 상품 아니면 유해 동물이었다. 야생 동물을 잡아 오면 으레 포상금을 주었다. 곰을 잡는 독약도 뿌렸다. 1970년대까지도 그랬다. 「모든 동물을 몰살시켰어요.」 브렉의 말이다.

정부도 한몫했다. 브렉이 속한 국립 야생 동물 연구 센터는 지난 150년 동안 이름과 조직이 여러 차례 바뀌었지만, 목표는 늘 같았다. 효과적이면서 비용이 덜 드는 야생 동물 피해 방제였다. 야생 동물이 가축을 잡아먹는 포식자든, 작물을 먹어 치우는 조류와 설치류든 간에. 문에 경제 조류학 포유류 학부, 박멸법 연구소, 포식 동물 설치류 방제부 등 어떤 이름의 간판이 걸려 있었든 간에, 목표는 목장주와 농민을 돕는 것이었다. 순수한 야생 동물 생물학처럼 보이는 것 — 동물의 행동, 섭식 습성, 이주 양상의 연구 — 은 그들의 번영에 봉사하는 생물학이었다.

1960~1970년대에 환경 운동과 동물 복지 운동이 탄생하면서, 전국적으로 자각이 일어나기 시작했다. 활동가들은 굴에 총을 쏘고 스트리크닌을 섞은 미끼를 공중에서 투하하는 행동에 반대하고 나섰다. 1971년 야생 동물 지킴이들Defenders of Wildlife, 시에라 클럽, 미국 인도주의 협회는 포식자 방제를 위해 독약을 쓰지 말라고 고소했다. 다음 해에 환경 보호청(EPA)은 스트리크닌과 다른 두 개의 살수제 등록을 취소했다. 동물 보호 단체들은 대중의 정서 변화를 촉발했고, 시간이 흐르면서 그런 정서를 무시하는 일이 불가능해졌으며, 무시하지 않는 것이 현명한 태도가 되었다.

야생 동물과 강한 정서적 유대를 느끼고 경제적 이유로 그들을 없애는 것에 반대하는 미국인들이 점점 늘어 간다. 1978년에 미국인 3천 명에게 곤충을 비롯한 동물 26종의 선호도 등급을 매겨 달라는 설문 조사를 했다. 2016년에는 오하이오 주립 대학교 연구진이 동일한 설문 조사를 했다. 앞서 이루어진 조사 결과에 비해, 늑대와 코요테를 좋아한다고 답한 이들의 비율은 각각 42퍼센트와 47퍼센트가 늘었다. (바퀴벌레의 인기도 증가했다. 가장 경멸하는 동물에서 두 번째로 경멸하는 동물이 되었다. 첫 번째 영예는 모기에게 돌아갔다.)

곰이 돌아왔다. 이 말은 사실 좀 허풍이긴 하지만, 곰이 사람

세상에까지 진출할 만큼 많아졌다는 의미로 쓰곤 한다. 브렉이 샐러드 채소를 포크로 찍으면서 말한다. 「야생 동물 생물학자에게는 새로운 연구 영역이라고 할 수 있어요. 그리고 우리는 아직 잘 알지 못하고요. 내가 대학생일 때에는 이런 질문들만 했어요. 이들의 개체 수를 어떻게 회복시킬 수 있을까? 개체 수를 어떻게 세고, 관리할 수 있을까? 지금은 인간과 야생 동물의 상호 작용이 전부가 되어 있어요. 이 문제를 어떻게 관리할 수 있을까? 야생 동물 생물학자들은……」 브렉은 탁자에 머리를 쾅쾅 들이받는 시늉을 한다. 「게임의 양상이 달라져 왔어요.」

현재로서는 이 게임에서 이길 수 없는 것처럼 느껴진다. 곰도 늑대도 코요테도 더 많아졌고, 그들의 영역으로 들어가는 사람도 더 많아지고 있다. 그리고 이런 동물들이 주방을 약탈하거나 양을 잡아먹거나 스테이크 하우스 주인의 등 쪽을 물거나 할 때 어떻게 해야 할지 문화적으로 합의가 전혀 이루어져 있지 않다. 우리는 인간과 야생 동물의 갈등과 인간과 인간의 갈등을 겪고 있다. 목축업자와 농민과 동물 애호가는 이 나라의 정치에서 우리가 느낄 수 있는 수준에 맞먹는 문화적 충돌을 일으키며 서로 증오하고 있다. 모두 죽여야 해! 한 마리도 해치면 안 돼!

인간과 야생 동물의 갈등을 연구하는 브렉 같은 전문가들은 동물의 생물학과 행동에서 인간의 행동 쪽으로 초점을 옮기기 시작했다. 이 학문 분야를 인간적 차원human dimensions이라고 부른다. 이 분야의 목표는 쉽게 풀어 쓰자면 타협과 해결의 방안을 찾아내는 것이다. 이 과정은 평소라면 모이지 않을 이들을 한 방에 불러 모아 서로의 말에 귀를 기울이게 하고 더 나아가 공감을 이끌어 내는 것으로 시작한다. 브렉은 최근에 인간 육식 동물 공존 센터를 공동 설립했다. 2020년 초에 이 센터는 콜로라도에 늑대를 재도입하는 계획을 논의하기 위해 사냥꾼, 목축업자, 보전과 동물 복지 단체 대표를 초청하여 이틀간 회의를 열었다.

브렉은 희망을 품게 되었다. 두 번째 날 일정이 끝날 무렵, 그는 사람들이 적대감 없이 생산적인 방식으로 대화를 나누는 모습을 지켜보았다. 「이제 문제는 이겁니다. 모두가 자기 자리로 돌아갔을 때 어떤 일이 일어날까요?」 브렉은 콜로라도가 어떤 경로를 취하든 간에, 소수의 입법가들이 짬짜미로 법규를 제정하는 대신에 이런 집단을 통해 의사 결정이 이루어지기를 희망한다.

최근에 브렉은 천연자원 보호 협회(NRDC)의 육식 동물 보전과장 자크 스트롱과 이야기를 나누었다. 지금까지 NRDC가 야생 동물국을 대하는 전형적인 방식은 고소하는 것이었다. 브렉은 스트롱에게 몬태나에 있는 야생 동물국장을 직접 만나보라고 권했다. 이런 전혀 어울리지 않을 듯한 이들의 만남에 힘입어, 야생 동물국에 〈야생 동물 갈등 예방〉이라는 치명적이지 않은 대안을 추구하는 전문가를 위한 자리가 세 곳 마련되었다. 몬태나에 두 곳, 오리건에 한 곳이다. 이런 임용이 효과가 있음을 보여 줌으로써, NRDC와 야생 동물 지킴이들은 다른 열 개 주에서 비슷한 자리를 만들고 그 효과를 평가하는 데 필요한 연방 예산을 따낼 수 있었다. 브렉은 야생 동물국에서 일어나고 있는 이 새로운 발전 양상이 그곳 문화를 바꾸는 계기가 되기를 바란다. 한편 아이다호의 낚시 사냥과에서는 늑대를 잡으면 포상금을 주는 사냥꾼과 목축업자 편인 민간단체에 여전히 보조금을 주고 있다.

모든 정부 기관이 동의하는 것이 하나 있다. 바로 사람을 죽인 야생 동물을 어떻게 할지에 대한 것이다. 이 태도도 언젠가는 바뀌게 될까? 동물, 특히 방어적 공격을 했을 때 동물을 죽이지 않는 쪽으로 의견이 모이는 일이 일어날 수 있을까? 곰 생물학자 데이브 가셀리스는 티베트고원에도 간다. 그곳에서는 여름에 유목민들이 가축을 몰고 돌아다니기 위해 집을 비운 사이에 갈색 곰이 침입하곤 한다. 「나중에 돌아온 유목민들은 집이 완전히 난장판이 된 것을 보게 되지요. 그래도 그들은 독실한 불교 신자라서 보복할 생각을 전혀 하지 않아요.」 가셀리스는 동물이 공격했을 때 어떻게 대응하는지 지역 공무원과 이야기를 나누었다. 「신고를 받고 갔는데 곰이 사람을 깔고 앉아 물어뜯고 있다면 어떻게 하겠냐고 물어보았지요. 〈총으로 쏘나요?〉 그러자 그는 답했어요. 〈사람과 곰 중에서 어느 생명이 더 중요한지 판단할 권리는 내게 없어요.〉」

인도에서는 해마다 약 5백 명이 야생 코끼리에게 죽는다. 정부는 유족에게 보상을 하지만, 코끼리를 살처분하는 사례는 거의 없다. 사망자가 가장 많은 주는 서벵골이다. 지난 5년 동안 403명이 사망했다. 아마 답은 거기에서 찾아야 할 듯싶다.

3
방 안의 코끼리
몸무게로 살인하는 자

인도에는 〈인식 캠프awareness camp〉라는 것이 있다. 그 용어를 처음 들은 것은 코끼리와 표범 인식 캠프를 운영하는 인도 야생 동물 연구소의 한 연구자를 통해서였다. 나는 2층 침대와 마시멜로를 떠올리게 하는 미국적인 의미의 캠프를 상상했고, 이를 위험한 대형 동물과 머릿속에서 연관 지으려 애썼다. 당연히 나는 그곳에 가고 싶었다. 그런데 인식 캠프는 기념일 행사에 더 가까운 것임이 드러났다. 뎅기열 인식 캠프, 당뇨병 인식 캠프, 교통안전 인식 캠프도 있었다. 그리고 코골이와 수면 무호흡증 인식 캠프도 한 곳 있었는데, 마치 우리 침실을 말하는 것처럼 들린다. 사람들이 모르고 있거나 외면하고 있던 위험을 제대로 인식시키고 어떻게 하면 그 위험을 회피하거나 생존하기에 가장 좋을지를 알려 주는 것을 목적으로 한 정보 제공 모임이다.

연구자 디판잔 나하는 12월이 되면 데라둔에 있는 사무실 문을 닫고, 사륜구동 자동차를 빌려 거기에 인도 정부 플래카드를 붙인 채 일종의 인식 캠프 순회 여정에 나선다. 올해에는 사촌인 아리트라가 조수로 나섰고, 나도 그 차에 탄다. 우리는 북벵골 — 헷갈리게도 서벵골에 속해 있다 — 에서 시작한다. 야생 코끼리에게 한 해에 평균 47명이 사망하고 164명이 다치는 지역이다. 코네티컷만 한 면적에서 연간 47명이 사망한다니. 인도 산림부에는 이런 사건들을 맡은 야생 동물 관리대원들이 있지만, 그들은 코끼리를 살처분하지 않는다. 나하가 제일 먼저 들를 바만포크리 마을의 인식 캠프에는 관리대원도 몇 명 참석할 예정이다. 나는 그들이 하는 일이 무엇인지 알고 싶어 좀이 쑤신다.

차창 밖으로 농경지들이 죽 이어진다. 차밭, 메리골드밭, 벼들이 칫솔모처럼 산뜻하게 줄지어 자라는 논도 있다. 넓게 펼쳐진 논과 밭 사이에 작은 마을들이 보인다. 주름 철판과 이엉으로 지은 집과 사원, 문이 없는 노점도 보인다. 도로에는 소들이 한가롭게 돌아다니고, 길옆으로는 작은 흑염소들이 줄줄이 앉아 있다. 하지만 다른 동물은 전혀 보이지 않고, 코끼리가 돌아다닐 만한 환경도 결코 아니다.

코끼리! 나하는 멀지 않은 곳에 있다고 장담한다. 때는 겨울, 코끼리 무리가 이동하는 시기다. 이들은 군데군데 있는 티크와 자단나무 숲 — 예전에 인도의 아삼에서 북벵골을 거쳐 네팔 동쪽 국경까지 뻗어 있던 드넓은 숲의 잔재들 — 에서 밤에 먹이를 찾아 먹고 낮에는 잠을 잔다. 세월이 흐르면서 이 〈코끼리 통로〉는 끊기고 줄어들었다. 처음에는 영국인들이 널리 재배한 차밭이, 더 최근에는 군 기지, 네팔과 방글라데시에서 온 이민자들의 난민촌이 생기면서다. 게다가 벌목을 하고 가축에게 풀을 주기 위해 숲으로 들어오는 사람들이 더 늘어남에 따라 코끼리 서식지는 인간 거주지로 바뀌고 있다. 그 지역을 지나가려는 코끼리들은 장벽, 위험, 막다른 골목과 마주친다. 이 통로는 이제 핀볼 게임판이다. 무리는 동떨어진 하나의 작은 숲에 고립될 수 있다. 〈갇힌 코끼리 무리〉가 된다. 작은 숲에 코끼리를 가두는 것은 바람직하지 않다. 유전자 풀pool은 정체되고 개체군 밀도는 증가한다. 곧 먹이가 부족해진다. 그들은 먹이를 찾아 주변 마을로 들어오기 시작하고, 작물과 곡물 창고가 있음을 알아차린다. 그렇게 인간과 코끼리의 갈등이 시작된다.

갈림길을 지날 때 아리트라가 자기 쪽 창문을 가리킨다.「저쪽 도로를 따라 2킬로미터쯤 간 곳에서 한 남자가 코끼리에게 죽었어요. 며칠 전에는 세 명이 도로 옆에서 일하고 있을 때, 코끼리가 나타났어요. 그들은 달아났는데 한 명이 떨어지자 코끼리는 그를 뒤쫓았어요.」

나로서는 상상이 잘 안 간다. 나는 코끼리 바바와「내셔널 지오그래픽」을 보며 자랐다. 그 코끼리들은 점잖고 느릿느릿 움직였다. 각반을 찼고 연두색 옷을 입었다. 결코 두려워할 대상이 아니었다. 그래서 나와 주최 측 사이에 약간의 단절이 일어났다. 길을 나선 첫날 밤, 우리는 코끼리 이동 구간이라는 표지판이 있는 도로에서 조금 떨어진 티크 숲의 정부 소유 방갈로에 묵는다. 방갈로의 요리사는 바로 전날 밤에 문 옆에서 코끼리를 한 마리 보았다고 말했다. 그 말을 듣자마자 나는 산책을 하고 싶다고 선언했다. 오후 7시 정각이었다. 코끼리들이 먹이를 찾아 돌아다니기 시작할 때여서 나하와 사촌이 숲 가까이 가지 않기로 한 지 두 시간이 지난 뒤였다.

「멀리 가지 말아요.」아리트라가 말했다. 우리는 현관 앞에 앉아 도마뱀붙이와 나방 아래에서 차를 마시는 중이었다. 아리트라는 머리를 둥그스름하게 깎았고, 상냥하고 좀 낄낄거리는 성향이다. 그는 나하의 조수라는 역할을 벗어나 사촌 동생이라는 더 친숙한 역할을 했다.

나하도 내 생각이 마음에 안 드는 모양이었다.「제발 신중하자고요.」

그들은 서로를 쳐다본 뒤, 컵을 내려놓고 나를 따라 일어섰다.

우리는 진입로 끝에 있는 철길까지 걸어갔다. 나하가 인도의 협궤 철도 역사를 짧게 설명했다. 우리는 마치 열차를 기다리는 양, 잠시 서 있었다. 이윽고 아리트라가 궤도 사이의 자갈을 톡톡 치더니 말했다.「들어가죠.」

코끼리와 예기치 않게 만날 위험을 더 제대로 이해하기 위해서, 그런 사망 사건을 조사하는 사람과 앉아 있다. 사로지 라지는 지역 산림 부서의 바만포크리 구역에서 일하는 순찰관이다. 2016년 이래로 해마다 코끼리에게 죽은 사람이 나온 곳이다.

라지는 벽을 파랗게 칠한 바만포크리의 마을 회관에 와 있다. 오늘 인식 캠프가 열리는 이곳에서 사람들에게 강연을 하고 질문에 답하기 위해서다. 지금까지는 나만 질문을 하고 있다. 시간에 맞추어서 인식 캠프에 오는 이들은 출석해야만 하는 이들처럼 보인다. 오늘은 격자무늬 교복을 입은 학생들과 지역 야생 동물 순찰대의 대원 여섯 명이 참석한다. 나하는 개의치 않는다. 지금이 디왈리 축제 주간이고, 점심 식사를 한 뒤니까.「그러니 오기가 싫지요.」

라지는 가장 최근에 발생한 사망 사건들을 상세히 들려준다. 그는 매번 정확한 날짜부터 언급한다. 서류 작업을 아주 많이 하는 사람이라는 인상을 받는다.「2018년 10월 31일이었어요. 도로에서 세 명이 일하고 있었지요.」우리가 얼마 전에 지나온 곳이다.「갑자기 코끼리 한 마리가 나타났어요.」

무리보다는 한 마리가 더 무서울 수 있다. 무리는 암컷들과 그 새끼들로 이루어지며, 내가 어릴 때 상상하던 바로 그런 평화를 사랑하는 코끼리들이다. 그에 반해 홀로 다니는 코끼리는 대개 수컷이고, 수컷은 문제를 일으킬 수 있다. 수컷은 주기적으로 호르몬이 치솟아 광분하는 발정 상태 musth 에 드는데, 이때 테스토스테론 농도가 열 배까지도 치솟는다. 다른 수컷들이나 무리의 우두머리 암컷과 경쟁하여 이기기 위해서이긴 하지만, 이때 마구 흥분하기도 한다. 아시아코끼리 전문가 자얀타 자예와르데네에 따르면, 발정 상태는 〈초과민〉 상태에서부터 다른 코끼리, 사람, 〈심지어 무생물〉에게 〈달려들거나 파괴하는 성향〉에 이르기까지 다양한 양상을 띤다. 마을 사람들도 그런 사실을 잘 안다. 라지는 말한다.「일꾼들은 덤불 속으로 달아나려 했어요. 그런데 불행히도 한 명이 넘어지고 말았지요.」

라지는 아리트라가 나를 배려하는 차원에서 뺀 자세한 내용을 들려준다. 코끼리는 남자의 머리를 밟았다. 몸무게가 2.7톤이라면 그냥 사람을 밟거나 짓누르는 것만으로도 ─ 또는 1992년 서커스단의 코끼리 재닛이 짜증이 나서 사람 위에서 물구나무를 선 것처럼 해도 ─ 효과적인 살인 수단이 된다. 그러나 라지는 발자국과 주변 식생의 교란 흔적을 토대로 이 사건이 고의 살인이 아닌 사고사라고 판단을 내린다.

「2016년 10월 16일 사건도 사고사였어요.」 한 남자가 강둑을 기어오르다가 코끼리와 마주쳤다. 「둑은 미끄러웠어요. 둘 다 미끄러졌는데, 남자가 코끼리 밑에 깔리고 말았지요.」 때로 자동차가 사람을 치는 식으로 코끼리가 사람을 치기도 한다. 달려드는 커다란 덩치에게 훨씬 더 작은 사람이 그냥 치여서, 또는 치인 뒤 밟혀서 죽는다. (코끼리 사육사는 벽과 코끼리 사이에 끼지 않도록 조심한다.)*

라지는 말한다. 「이 코끼리들은 살해할 의도가 없었어요.」 그걸 어떻게 알까? 시신이 찢기지 않았기 때문이다. 「코끼리가 화난 상태라면, 몸이 온전히 남아나지 못할 거예요. 조각조각 찢

---

* 내가 20대에 일했던 동물원에서는 코끼리 사육사가 다른 동물들을 돌보는 직원들보다 봉급이 조금 더 많았다. 위험해서가 아니었다. 〈배설물 차이〉 때문이었다. 훨씬 더 많은 양의 똥을 치워야 했기 때문이다. 더 받을 자격이 충분했다. 1973년 『스미스소니언 동물학 연구 Smithsonian Contributions to Zoology』에는 아시아코끼리가 하루에 똥을 18~20번 싸는데, 한 번에 약 1.8킬로그램의 똥 덩어리를 〈4~7개〉 떨굼으로써 하루에 180킬로그램 넘게 싼다고 나와 있다.

기죠.」 자얀타 자예와르데네가 쓴 책에는 분노하거나 발정 상태의 코끼리가 사람을 죽인 방법이 아홉 가지 나열되어 있다. 〈한쪽 앞발로 희생자를 꽉 누르고 코로 사지를 뜯어낸다〉는 3번이다. (코끼리는 비슷하게 누르면서 잡아당기는 방법을 써서 쓰러뜨린 관목의 잔가지와 잎을 훑어 먹는다.) 1600년대 실론(지금의 스리랑카) 통치자들은 이 타고난 행동을 이용했다고 한다. 코끼리를 훈련시켜서 사형 집행자로 썼다. 『실론섬의 역사 관계 An Historical Relation of the Island of Ceylon』에는 코끼리가 그 일을 하는 장면을 담은 목판화가 실려 있다. 한 발로 죄인의 몸통을 밟고 코로 왼 다리를 감아서 들어 올린 모습이다. 그림 설명(〈코끼리의 사형 집행〉)이 없고 앞쪽에 너덜너덜 찢겨 나간 팔이 없다면, 실론 군주가 코끼리를 마사지사로 훈련시켰다고 생각할 수도 있다.

나하는 강연에서 코끼리를 화나게 만들지 않는 것이 무엇보다 중요함을 강조할 예정이다. 내용은 아리트라가 방금 마을 회관 벽에 건 〈인간과 코끼리의 갈등 완화를 위한 최선의 방법〉 스무 가지에 요약되어 있다. 〈람보처럼 행동하지 말 것!〉 코끼리에게 총을 쏘는 것은 불법일 뿐 아니라, 총의 구경에 따라서는 아무 소용이 없을 때도 있다. 플로리다 팜베이에서 재닛은 55발을 맞고도 견뎌 냈다. 경찰관들이 구경 9밀리미터 연방 권총으로 쏘아 댄 총알도 견디고, 비번인 특수 기동대원 하나가 병력 수송 장갑차를 뚫는 용도의 화기로 쏜 총알도 견뎠다. (그 화기로 쏜 두 번째 총알이 박혔을 때에야 움직임을 멈추었다.)

지역에서 코끼리 한 마리나 무리를 보았을 때 가장 안전한 조치는 담당 기관에 신고하는 것이다. 그러면 라지의 코끼리 순찰대가 출동할 것이다. 순찰대는 코끼리가 사회적 동물이기에, 무리의 영역 안으로 내몰면 얌전해진다는 것을 안다. 대원들은 옆에서 코끼리 무리를 몰아 그들이 왔던 숲 방향으로 이동시킨다. 코끼리들은 이제 코끼리 순찰대 차량의 소리를 안다. 「우리가 다가가면, 알아서 떠나요.」 라지는 살짝 웃음을 짓는다. 잘 안 웃는 사람인데 말이다. 「우리로서는 아주 좋죠.」

　라지는 코끼리 순찰을 상가 순찰처럼 들리게 만들지만, 매우 위험한 일인 것은 분명하다. 우리와 함께 앉아 있는 한 순찰대원은 네 번이나 쫓겼다고 말한다. 「달리지 말라고 하는데, 실제로 코끼리가 곧장 달려드는 상황에서 달리지 않기란 쉽지 않죠!」 순찰할 때 따라가고 싶다는 내 요청은 거부당한다. 두 번째 요청도 마찬가지다. 라지의 표정을 보니 나를 〈성가신 존재〉로 여기는 듯해서, 그만두기로 한다.

　사망은 대개 순찰대가 도착하기 전 30분 남짓 사이에 일어나는 경향이 있다. 코끼리가 작물에 들이닥치는 것을 보면, 마을 사람들은 횃불과 폭죽을 들고 집 밖으로 뛰쳐나와 소리를 지르고 돌을 던진다.* 마을은 창을 휘두르는 등 최선이 아닌 방법들을

---

* 코끼리는 불과 갑작스러운 큰 소리에 겁을 먹는 경향이 있어 전쟁에서는 그리 유용하지 않다. 코에 칼을 붙이고 양옆에 갑옷을 댄 〈코끼리 부대〉는 멀리서 보면 무시무시해서 적의 사기를 떨어뜨리는 데 좋지만, 양쪽 군대가 더 가까이 다가가면 그 이점은 빠르게 사라진다. 코끼리들이 소총 소리나 불화살에 놀라 몸을 돌려 달아났다는 기록들이 있다. 칼을 휘두르며 다급하게 달아나는 코끼리는 적이 아니라 자기 부대에 많은 사상자를 냈을 가능성이 높다.

쓰는 〈코끼리 추적자〉를 고용하기도 한다. 그럴 때 수컷이나 우두머리 암컷은 방어하기 위해 돌진할 수도 있고, 평소에 유순하던 암컷과 새끼는 공황 상태에 빠져 우르르 달려가기도 한다. 어두컴컴한 밭과 논에서 사람들은 발을 헛디며 넘어지고 쓰러지고 코끼리는 마구 달린다. 내 어머니가 자주 말했듯이, 그런 상황에서는 다치는 사람이 나오기 마련이다.

라지는 말한다. 「코끼리를 인도하는 일은 쉬울 수 있어요. 하지만 사람들을 인도하는 일은 어려워요. 우리 말에 귀를 기울일 만한 상황이 아니니까요.」 사람들은 몹시 흥분한 상태이고, 그럴 만도 하다.

농민들은 열심히 일하고 있는데, 그 모든 노력이 헛수고가 되고 있으니까. 아시아코끼리 한 마리는 하루에 식물 약 140킬로그램 정도 먹는다. 작은 무리가 경작지를 습격하여 짓밟고 돌아다니면 한 계절 동안 쏟은 모든 노력이 헛수고가 되고 생계가 막막해질 수 있다.

코끼리가 경작지에 들이닥쳤을 때 사람은 현명하지 못한 행동을 하기 쉽다. 판단력이 흔들리고 자제력을 잃은 상황에서 끔찍한 결과가 빚어질 수 있다고, 나하는 말한다. 그는 전선들이 스파게티처럼 뒤엉켜 있는 스피커 앞에 쪼그려 앉는다. 「바로 이런 일이 펼쳐져요. 어떤 주민들은 취해 있어요. 영웅이 되려는 사람도 나와요. 코끼리 앞으로 나서서 코끼리를 쫓으려 하죠. 그러면 코끼리는 자기방어에 나서요…….」 나하도 의도적이라는 인상을 줄이기 위해 살인이라는 말을 피한다. 「사고가 일어나지요.」

그의 자료에 따르면, 2006~2016년에 북벵골에서 코끼리에게 죽은 사람 중 36퍼센트는 술에 취해 있었다고 한다. 나중에 나는 『힌두스탄 타임스 Hindustan Times』에서 이런 기사를 보았다. 〈자르칸드에서 술 취한 남자가 코끼리 무리에게 도전했다가 짓밟혀 사망하다.〉 (자르칸드는 서벵골과 맞닿아 있는 지역이다.) 한 산림 감시원은 기자에게 말했다. 「그는 그들과 맞서 싸우려 했어요.」 여기서 〈그들〉은 코끼리 열여덟 마리였다.

위험천만하게도 코끼리 역시 술을 즐긴다. 북벵골에서 코끼리는 마을 주민들이 마시는 것을 마신다. 가정에서 발효시켜 만드는 한디아라는 인도 막걸리로, 어느 가정이든 코끼리가 취할 정도의 양을 보관하고 있다. (코끼리는 에탄올을 분해하는 효소가 없으므로, 사람보다 덜 마시고도 취한다.) 라지는 코끼리가 취하면 두 가지 일이 벌어진다고 말한다. 대개는 그냥 비틀거리며 무리에서 떨어져 나와 잠이 든다. 그러나 무리 전체가 과음한 듯 보일 때도 있다. 우두머리 암컷이 앞장설 때도 있다. 발정 상태의 수컷도 만취할 수 있다. 살면서 무엇을 하든 간에, 발정 상태에서 만취한 코끼리 수컷에게는 가까이 다가가지 말기를.

라지의 관찰을 뒷받침하는 자료가 있다. 1984년에 UCLA 정신 의학 및 생물 행동학과는 〈술을 마신 적이 없는〉 아시아코끼리 세 마리와 라이언 컨트리 사피의 아프리카코끼리 일곱 마리에게 알코올을 섞은 물에 적신 곡물을 〈눈금을 새긴 커다란 드럼통〉에 담아 주었다. 코끼리들은 무리에서 떨어져 나와 해롱거리며 돌아다녔다. 눈을 감거나 〈코로 자기 몸을 감은 채〉 서 있거나 뭔가에 기대어 있었다. 식사도 건너뛰었다. 씻으려고 하지도 않았다. 우두머리 암컷은 더 크게 울어 대며 공격적으로 변했고, 콩고라는 이름의 수컷도 그랬다.

코끼리가 술을 못 먹게 하기 위해 마을 사람들은 술독을 방으로 옮기기도 한다. 매우 안 좋은 생각이다. 이제 주민들은 술 취한 코끼리를 걱정하는 대신, 술에 취하기로 마음먹은 코끼리를 상대해야 하기 때문이다. 다시 말해, 술 냄새를 맡고 집 안으로 들어오려 하고, 막고 있는 벽을 무너뜨리지 말아야 할 이유가 전혀 없는 코끼리들이다. 나하의 조사에 따르면, 북벵골에서 코끼리에 죽은 사람 중 8퍼센트는 집 안에서 자다가 사망했다.

이제 빈자리가 거의 없이 꽉 차 있고, 나하는 마이크를 켜고 말하기 시작한다. 물론 힌두어다. 아리트라가 이따금 내 쪽으로 몸을 기울여 손을 둥글게 말아서 내 귀에 대고 단호하게 신탁을 내리는 운율로 한 문장으로 통역해 준다.「술에 취했을 때에는 절대로 코끼리 앞으로 가지 말아요. 차를 몰고 코끼리 앞으로 나가면 안 돼요.」

나하는 유창하게 손짓으로 많은 것을 표현하는 강연자다. 내가 예상하지 않았던 모습이다. 연단 밑에서는 움직임도 적고, 말수도 적기 때문이다. 그는 마치 안정적으로 지탱하겠다는 듯 어깨를 펴고 두 발 앞쪽을 살짝 밖으로 벌린 자세로 서 있다. 여기 저기 있는 암부자 시멘트 광고판에 나오는, 팔에 수력 발전 댐 전체를 안고 탄탄하게 서 있는 남자처럼 보인다. 독자나 내가〈오마하에 간 적이 있어〉라고 말하듯이 평범한 어투로〈한번은 호랑이에게 쫓긴 적이 있어요〉라고 말하는 소리가 들린다.

인식 캠프의 배경을 이루는 철학은 단순하다. 사람들을 이해시키고 싶다면, 그들이 느긋하고 머리가 맑을 때 말해야 한다는 것이다. 사람들이 앉으면, 아리트라가 차와 사모사를 갖다준다. 사람들이 코끼리의 생물학과 무리의 행동을 더 잘 이해할수록, 코끼리와 마주쳤을 때 안전할 가능성이 높아진다. 주로 차분하게 행동하면서 코끼리에게 여유 공간을 주는 것으로 요약된다. 새끼가 딸린 어미라면 더 그렇고, 홀로 다니는 수컷이라면 더욱 그렇고, 발정 상태의 수컷이라면 더욱더 그렇다. 자얀타 자예와 르데네는 발정 상태를 구분하는 방법을 알려 준다. 관자놀이의 샘에서 액체가 많이 분비되고, 자주 뒷발로 일어서고, 〈눈동자를 이리저리 굴리면서 완전히 치켜뜨는〉 것 등이다.

사람들에게 강조하는 것이 하나 더 있다. 앞서 이야기를 나눌 때 라지가 했던 말이기도 하다. 「코끼리를 불안하게 만드는 쪽은 우리, 사람이에요.」

난감하게도 여기에는 라지 같은 전문가들의 행동도 포함된다. 코끼리 떼를 가까운 숲으로 몰아서 들여보내는 방법은 당장은 마을 사람들에게 이롭지만, 나중에 나하가 말했듯이 장기적으로는 문제를 악화시킨다. 코끼리를 짜증 나게 하기 때문이다. 코끼리는 먹으려고 나설 때마다 사람들에게 쫓겨 들어가는 바람에 사람을 보면 점점 불안해지기 시작한다. 이윽고 그들은 물러서지 않으려는 태도를 보이기 시작한다. 이웃한 주(州)인 아삼의 갈등을 빚는 지역에서는 코끼리 암컷이 수컷만큼 공격성을 띠기 시작했다는 자료가 있다.

　나하는 코끼리 무리가 접근하는 것을 알려 줄 감지기를 활용하는 쪽이 더 나은 방식이라고 믿는다. 경보는 마을 지도자들과 훈련된 지역 대응 팀에 전달되고, 대응 팀은 상황을 지켜보면서 작물이 짓밟히고 혼란이 일어나기 전에 개입할 수 있다. 나하는 동작 감지기나 열 감지기를 말하는 것이 아니다. 둘 다 다른 포유동물이 지나가도 작동할 테니까. 그가 말하는 것은 지진 감지기다. 코끼리가 발을 내디딜 때에만 울리는 강력한 진동(즉 작은 지진)을 느끼는 감지기다. 한편 인류가 찍는 무거운 발걸음을 줄일 수 있는 일도 해야 한다. 숲을 복원하고 보전하기 위해 애쓰는 일 말이다.

고팔푸르 차 농장의 부관리자는 양복 원단으로 만든 길고 몸에 잘 맞는 반바지에 약간 코가 불룩한 네온색 운동화 차림이다. 그는 고개를 약간 뒤로 뻐딱하게 치켜든 자세로 앉아 있어서 조금 무심해 보인다. 그냥 안경을 새로 해야 할 때가 되어 그럴 수도 있다. 우리가 차를 몰고 들어가니, 그가 맞이하러 나온다. 이번 주에 두 번째로 들른 이곳에서 30분 뒤에 일꾼들을 위한 인식 캠프가 열릴 예정이다. 그 전에 차 한잔.

　부관리자도 숫자에 신경을 쓰는 사람이다. 우리 앞에 컵을 놓으면서 농장 면적이 5백만 제곱미터라고 말한다. 2천1백 명이 찻잎을 딴다. 우리는 차를 홀짝이면서 듣는다. 그는 우리를 뒷문으로 안내한다. 건너편에 나하가 강연할, 벽이 없는 큰 가건물이 보인다.

　일꾼들은 이미 와 있다. 의자마다 놓인 투명한 비닐 가방에 든 유인물을 들여다보고 있다. 여성들은 한쪽, 남성들은 다른 쪽에 떨어져 앉아 있다. 나하는 방송 장비를 만지작거린다. 주말 오락 행사 때 라이브 밴드가 썼고, 며칠 전에는 영화 상영 때 쓰고 나서 그대로 놔둔 것이다.

　덥고 아주 습한 날씨다. 농장 관리자들은 아직 안 왔다. 일꾼들은 비닐 가방으로 부채질을 하고 있다. 시간이 지나고 있다. 부관리자의 집에서 누군가가 쟁반을 들고 온다. 차 더 마실 사람! 우리는 받침을 갖춘 도자기 잔을 받는다. 일꾼들에게는 종이컵에 담긴 차가 전달된다. 작은 유리잔만 한 컵이다. 5백만 제곱미터의 차 농장이라면서 뭔 짓이래? 나는 그렇게 내뱉고 싶지만 참는다.

　드디어 관리자들이 도착한다! 군부대가 이동하듯이 SUV들이 줄지어 빠르게 들어오더니 끽 소리와 함께 멈춰 선다. 문이 열렸다가 쾅 닫히고, 관리자 다섯 명이 성큼성큼 들어선다. 일꾼들은 한꺼번에 자리에서 일어선다. 관리자들은 아리트라와 내가 있는 청중석에 앉는 것이 아니라, 연단에 죽 놓인 탁자로 올라간다. 그들은 필기구와 함께 놓여 있는 물병 뚜껑을 연다. 연단에 다양한 유형의 멋진 콧수염들의 장관이 펼쳐진다.

　관리자들은 차례로 마이크를 넘기면서 말한다. 아리트라는 댄스홀 스피커가 쾅쾅 울리는 사이사이에 소리를 지르면서 통역한다. 첫 번째 관리자는 일꾼들에게 가까이에 강과 숲이 있어 코끼리 문제를 겪고 있으므로 주의를 기울여 잘 들으라고 촉구한다. 그는 옆 사람에게 마이크를 넘기고, 옆 관리자는 농장의 현재 코끼리 퇴치 전략을 요약해서 말한다. 경비원들이 트랙터를 타고 순찰하며, 필요할 때 폭죽을 터뜨린다고 설명한다. 마이크는 여행을 계속한다. 다음 관리자도 숫자에 정통한 사람이다. 이곳에서 12년을 일했는데, 그동안 7~8명이 코끼리에게 죽었다고 말한다.

이윽고 마이크가 나하에게 넘어간다. 일꾼들은 정말로 주의를 기울이고 있다. 너무 몰입하고 있어서 나는 한눈을 팔면 벌금을 물리는 것이 아닐까 궁금해진다. 관리자들은 서로 속삭이고 책상 밑으로 든 휴대 전화를 들여다본다. 한 명은 전화를 받는데, 마치 트림을 하듯이 휴대 전화를 손으로 감싸고 받아서 덜 무례해 보일 수도 있다.

강연을 마치자, 나하는 일꾼들에게 질문을 받기로 한다. 그러자 한 여성이 일어난다. 다른 이들보다 나이가 많아 보이는데 한 50세쯤 된 듯하다. 다른 여성들처럼 찻잎을 딸 때 입는 화려한 무늬가 있는 사리 차림이다. 아리트라가 마이크를 건네려고 뛰어가지만, 그녀는 그것이 필요 없다. 분노가 음성 증폭기가 된다. 콧수염들이 일제히 방향을 돌린다.

아리트라는 다시 통역에 나선다. 여성은 일꾼들이 가꾸는 작은 텃밭을 가리키면서 말한다. 「우리한테 작물을 바꾸라는 거잖아요. 옥수수나 벼 대신 코끼리가 싫어하는 생강이나 고추 같은 걸로요. 하지만 우리는 먹으려고 옥수수와 벼를 재배하는 거예요. 또 코끼리는 트랙터가 지나가면 다시 돌아오고 또 돌아오고 해요. 코끼리는 아주 많이 먹어야 하니까요.」 여성은 다시 앉는다. 「다른 방법이 필요해요.」

그녀의 말이 옳지만, 더 좋은 해결책을 찾기가 어렵다. 직관적으로는 명백해 보이지만 방법들도 현실적으로는 한계가 있다. 비용 때문이거나 새로운 문제를 야기하기 때문이다. 전기 울타리가 한 예다. 코끼리 떼를 막으려면 충분히 길게 설치해야 하는데, 이주를 차단하는 데에는 별 효과가 없다. 긴 전기 울타리를 관리하고 보수하는 데에는 시간과 비용이 많이 들뿐더러, 수리해도 다시 고장 나기 일쑤다. 아니면 문제를 일으키기도 한다. 울타리 전압은 코끼리를 쫓을 만큼 높아야 하지만, 코끼리가 감전사할 만큼 높아서는 안 된다. 그런데 인도에서는 연간 평균 50마리의 코끼리가 감전사한다.

코끼리의 지능 앞에서 전기 울타리가 무용지물이 되는 사례도 있다. 인도코끼리는 전기 울타리와 맞닥뜨리면 곧 전기 충격을 받지 않으면서 지나갈 방법을 찾아낼 가능성이 높다. 나무에는 전기가 통하지 않는다는 사실을 알아차릴 것이다. 그래서 기둥을 밀거나 통나무를 집어서 전선을 밀어 쓰러뜨린 뒤 다른 코끼리들이 지나가게 할 것이다.

코끼리의 지능이 언제나 유용한 것은 아니다. 지능이 높아서 코끼리는 일하는 데 동원되어 왔다. 역사적으로는 인도 군대에 쓰였고, 더 최근에는 목재 산업에서 쓰였다. 사람 직원처럼 대우를 받는다. 산림과에서는 코끼리가 일한 시간을 기록하도록 하고 있다. 이런 〈일하는 코끼리〉는 물론 봉급을 받지 않지만, 나하가 말하기를 50세가 되면 〈연금〉을 받는다고 한다. 은퇴자 숙소 같은 곳에서 매일 목욕을 한 뒤 오일 마사지를 받고 식사를 하면서 지낸다.

사람들이 자리에서 일어나 떠날 때, 나는 아리트라에게 용감하게 질문한 여성을 소개해 달라고 부탁한다. 그녀의 이름은 파드마다. 그녀에게는 흥분할 이유가 있다. 일주일 전 그녀가 새벽 4시 반에 일어났더니, 코끼리가 일꾼 숙소에 있는 작은 노점의 벽을 부수고 들어가서 그녀가 내다 팔기 위해 모아 놓았던 곡물을 다 먹어 치우고 사라진 상태였다. 그녀는 농장으로부터 아직 아무런 보상도 받지 못했다.

몇몇 관리자가 우리의 대화를 엿듣기 위해 주변을 서성인다. 한 명은 아예 다가와서 대화를 방해하려고 한다. 「저기요, 미국에서 왔다면서요. 내 아들이 멤피스에서 가장 좋은 호텔에서 일하고 있는데, 멤피스 호텔 오리 알아요?」 나는 그 호텔을 알고, 정해진 시간에 로비 계단을 내려가는 오리들이 있다는 것도 안다. 오리 자신이나 호텔에 딱히 별 이유도 없음에도 말이다. 나는 파드마에게 집중한다.

아리트라는 통역을 계속한다. 「자신이 이런 일을 겪은 게 두 번째래요.」

관리자는 계속 말을 건네려고 한다. 「5시 정각에 오리들이 내려온대요…….」

나하가 끼어든다. 그는 차를 타고 일꾼 숙소로 가서 파드마의 노점이 얼마나 부서졌는지 보자고 제안한다. 관리자들이 다급하게 눈길을 주고받지만, 이미 너무 늦었다. 우리는 파드마와 함께 차에 올라탄다.

노점은 약탈당했다기보다는 짓밟혔다는 말이 더 어울린다. 주름 철판 벽은 콘크리트 기둥 아래 구겨져 있다. 파드마가 자고 있을 때 코끼리가 집을 부수고 들어온 적도 있다. 여기서 〈방 안의 코끼리〉는 비유가 아니다. 코끼리 농담이 결코 농담이 아닌 사례다. 〈코끼리가 울타리를 뭉갰을 때가 몇 시였나요? 아마 밤 11시쯤이었을 거예요.〉

코끼리는 채식 동물이지만, 식성이 그다지 까다롭지 않다. 곡물, 풀, 나뭇잎, 줄기, 잔가지, 나무껍질 등 식물의 대부분을 먹는다. 2017년 아삼 소니트푸르의 차 농장에서는 코끼리 세 마리가 새벽 2시에 일꾼들의 노점을 부수고 들어가 지폐를 먹어 치웠다. 지폐도 면 섬유로 되어 있으니까. 현금 통을 부수고 총 2만 6천 루피의 지폐를 먹었다.

인도코끼리가 먹지 않는 것 중 하나는 찻잎이다. 인도에서는 누구나 차를 마시는 듯하지만, 사람이든 짐승이든 간에 찻잎은 씹어 먹지 않는다. 찻잎은 너무 쓰다. 코끼리가 차밭을 지나갈 때 여기저기 짓밟으면서 어느 정도 작물이 손실을 입지만, 대체로 피해를 보는 쪽은 농장 주인이나 관리자가 아니라 일꾼들이다.

그럼에도 파드마와 이웃들은 코끼리에게는 화가 나지 않는다고 말한다. 나하가 코끼리에게 피해를 입은 마을 사람들을 조사했더니 75퍼센트는 코끼리에게 좋은 감정을 느낀다고 답했다. 북벵골에서 코끼리에게 죽거나 피해를 입는 사례의 횟수를 생각할 때, 코끼리를 보복 살해 하는 일은 놀라울 만치 드물다. 나하는 연간 3~5마리에 불과하다고 말한다.

　나는 아리트라의 도움을 받아, 미국에서는 사람을 해치거나 집을 침입한 대형 포유동물에게 어떤 일이 일어나는지 들려준다. 나는 그녀에게 주변 사람 중에 집이나 가게를 부순 코끼리를 죽이고 싶어 하는 사람이 있는지 물어본다. 그러자 그녀는 말한다. 「신을 왜 죽이려 해요?」 그녀가 말하는 것은 코끼리 머리를 한 힌두의 신 가네샤다. 「우리는 그냥 이렇게 말해요. 〈나마스테, 제발 가주세요.〉」

　파드마는 지금 수확이 이루어지고 있는 차밭으로 우리를 안내한다. 줄지어 심어진, 허리까지 올라오는 차나무들을 따라 일꾼들이 흩어져 찻잎을 따고 있다. 새로 나오는 부드러운 연두색 잎만 딴다. 일꾼들을 보고 있자니, 선 채로 미친 듯이 빠르게 두 팔을 움직이면서 스틸 드럼을 두드리는 드러머가 떠오른다. 빨리 따야 하기에 손이 빠르다. 할당량을 채우지 못하면, 일당이 줄어든다.

　나하가 허리를 굽혀 차나무 아래의 빈 공간을 보여 준다. 잎을 뜯다가 가끔 그늘에 새끼와 함께 숨어 있는 표범 암컷과 마주쳐 깜짝 놀란다는 것이다. 표범은 자다가 깜짝 놀라서 깨어나기도 하고, 구석에 몰리거나 위협을 받는다고 느끼면 일꾼을 향해 달려든다. 죽는 일은 드물지만, 부상을 입곤 한다. 북벵골에서 표범의 공격 사건 중 90퍼센트는 차밭에서 일어난다.

우리는 여성들이 일하는 모습을 지켜본다. 두 손 가득 따자마자 손을 머리 뒤로 넘겨서 이마에 걸어 뒤쪽으로 늘어뜨린 천 주머니 안으로 떨군다. 그제야 나는 앞서 파드마가 내 백팩에 무척 관심을 보인 이유를 이해한다. 관리자들이 인체 공학적으로 찻잎 따는 일에 더 적합하게 만든 가방을 구입할 수도 있지 않을까? 나는 나하에게 말해 본다.

그는 소매를 걷는다. 「저 사람들의 일당이 150루피예요.」 델리 공항에서 파는 카푸치노 값도 안 되는 돈이다. 「식민지 시대의 정신적 유산이지요. 저 사람들은 영국이 인도 중부에 들여온 바로 그 부족 노동자들이에요. 근면하고 순종적이라고 여겨서 그들을 들여온 거예요.」

나하가 동물의 근무 기록부 작성, 연금을 받는 코끼리와 목욕 서비스를 이야기할 때, 나는 처음에 감명을 받았다. 이곳 정부는 일하는 동물에게 사람 노동자에게 돌아가는 것과 동일한 혜택을 어느 정도 보장하고 있다. 그런데 지금 찻잎 채집 일꾼들이 대우받는 방식이 합법적인 것이라고 하니, 처음에 받았던 감동이 좀 가라앉는다. 인도는 종, 종교, 성별, 계급에 따라 사람보다 동물에게 더 좋은 곳일 수도 있다. 2019년 델리 당국은 시내를 자유롭게 돌아다니면서 교통 정체를 일으키는 신성한 소들이 살아가는 5대 성소 중 한 곳을 개편할 계획을 발표했다. 아마 시 당국이 시민보다 소를 더 잘 대접하고 있다는 비판에 대응하기 위해서였을 텐데, 축산국장은 이렇게 선언했다. 「우리는 고령자가 소와 함께 머물 수 있는 공존 사업을 계획하고 있습니다.」

최근에 상황은 더 극단적인 양상을 띠어 왔다. 나렌드라 모디 총리는 힌두 민족주의의 쇄도에 힘입어 권력을 잡았다. 그는 갠지스강에 인간의 지위를 부여한 인물이다. 강은 인간의 권리 보호를 누리는 반면, 파드마 같은 여성은 일당 150루피를 벌고, 무슬림은 쇠고기를 팔았다고 집단 구타를 당한다.

떠나기 위해 차로 갈 때, 부관리자가 마일라 봉지를 한 아름 안고 총총 걸어온다. 우리에게 찻잎이 450그램씩 든 봉지를 하나씩 건넨다. 아리트라는 고맙다고 말한 뒤, 차가 움직이자 나하를 보면서 말한다. 「CTC야.」 (차 가공 방법의 약자다.) 그러고는 내게 설명한다. 「가장 싸구려예요.」

오늘 밤 묵고 있는 국립 잘다파라 관광호텔은 야생 동물을 테마로 삼고 있다. 내부에 지역 야생 동물을 실물 크기로 만든 석고 모형들이 세워져 있다. 여기저기 파이고 부속물이 떨어져 나갔다. 떨어진 부속물이 아주 잘 깎인 잔디밭 위에 그대로 놓여 있어서 좀 안 어울린다. 내부 전체가 술 취한 골퍼들이 잘못 친 공이나 아마도 골프채에 석고상들이 여기저기 난타당하고 있는 소형 골프장 같은 느낌을 준다.

나는 이런 곳이 마음에 들고, 이런 초현실적인 붕괴 장면이 마음에 들고, 아침 식사를 어디에서 먹을 수 있는지, 아니 아침 식사가 제공되는지조차 모르는 직원도 마음에 들고, 모든 것이 다 마음에 든다. 내 방 발코니에 있는 쥐똥만 빼고. 나는 먹이도 전혀 없고, 집을 지을 만한 곳도 전혀 아니고, 전망조차도 그저 그런 발코니로 쥐를 끌어들일 만한 것이 무엇이었을지 상상하려고 애썼다. 그냥 쥐가 똥을 누기에 좋은 곳처럼 보였다. 잘다파라 쥐 화장실이다.

호텔은 리모델링이 예정되어 있다. 서벵골 산림 장관이 서벵골 관광 개발 주식회사와 공동으로 이웃 숲을 코뿔소 보전 구역으로 지정했기 때문이다. 나하, 아리트라, 내가 들를 바로 그 숲이다. 우리는 1년 반 전, 이 숲이 야생 동물 보전 구역으로 지정되었을 때 이곳으로 재배치된 무선 송신기를 단 〈갈등 표범〉인 26279번 표범을 추적할 예정이다. 당시 그 표범은 완전히 자라지 않은 상태였기에, 나하는 무선 송신기가 너무 꽉 끼지 않는지 확인하고 싶어 한다.

나하는 숲 가장자리에 사는 마을 사람들과 대화를 할 생각이다. 무선 송신기는 지도상에서 표범이 어디에 있는지 알려 주지만, 포식자를 마을 뒤쪽에 풀어 줄 때 어떤 문제들을 고려해야 할지는 말해 주지 않는다. 표범이 기르는 염소와 대화를 했을까? 주민들이 표범을 여기에 풀어놓아도 된다고 고개를 끄덕였을까? 나하는 입양 기관에서 일하는 사회 복지사처럼 꼼꼼히 그런 질문들을 해왔다. 그는 이 표범을 원격 추적해 왔고, 표범이 마을 가까이 다가가면 전화로 주민들에게 알려 준다.

오늘 아침에는 아쇼크라는 사람이 운전을 맡는다. 그는 대화에 거의 끼지 않고, 오로지 운전에만 집중한다. 바뀐 것이 하나 더 있다. 저번 운전자는 졸음을 막겠다며 스마트폰을 앞 유리

안쪽에 붙여 놓고서 계속 시트콤을 보고 있었다. (나하는 걱정하지 않았다. 「한쪽 눈으로는 전화기, 다른 쪽 눈으로는 도로를 보니까요.」)

우리는 포장도로에서 벗어나 비포장도로로 들어간다. 덤불이 점점 더 빽빽해지는 숲속으로 깊이 들어간다. 나뭇가지들이 차 양쪽을 긁어 댄다. 아쇼크는 더욱 말이 없어진다. 긴장한 양 보인다. 내가 뭔가 잘못 말했나? 멋지게 칠한 차가 긁혀서 걱정하는 걸까?

집 몇 채가 모여 있는 곳을 지난 뒤에, 우리는 농약 통을 등에 지고서 작은 배추밭에 농약을 뿌리고 있는 남자 옆에 차를 댄다. 나하가 차에서 내리자, 남자는 노즐을 잠근다. 한쪽 눈이 뿌옇다. 주변에 세 명이 더 있다. 아리트라는 귀를 기울인다. 보고할 내용이 전혀 없다. 그들은 표범을 본 지가 좀 되었다고 말한다.

우리는 다시 차에 탄다. 밀렵 감시대가 쓰는 감시탑을 지난다. 나하가 아쇼크에게 차를 세워 달라고 한다. 신호를 더 잘 받기 위해 감시탑에 올라갈 생각이다. 아리트라는 내게 함께 차 안에 있자고 말한다.

나하는 탑 계단을 내려와 다시 차에 올라탄다. 그는 표범이 겨우 3백 미터 남짓 떨어진 곳에 있다고 말한다.

차가 출발한다. 도로는 넓은 강에서 끝난다. 나하가 다시 내린다. 그는 안테나를 횃불처럼 치켜들고 모래로 덮인 강둑을 걷는다. 강 맞은편에서 한 무리의 사람들이 허리까지 잠기는 물속에 들어가서 너무 많이 불어난 부레옥잠을 걷어 내고 있다.

나하는 차창에 기댄 채 이제 표범과 150미터쯤 떨어져 있다고 알려 준다. 수신기에서 뚜-뚜-뚜-뚜 소리가 들린다. 그런데 표범이 강 반대편에 있어서 더 가까이 갈 수가 없다. 나하가 가리킨다. 「저 사람들 바로 뒤쪽에 있어요.」

근처에 다리가 없어서 우리는 차를 돌린다. 몇 킬로미터를 더 달리고 나서야 아쇼크가 입을 연다. 그는 나하와 힌두어로 말한다. 차에서 내린 뒤에 나는 무슨 이야기를 했는지 나하에게 묻는다.

「아버지가 표범에게 당했대요.」

그의 부친은 땔감을 모으러 숲으로 갔다. 아쇼크가 열두 살 때였다. 아버지가 집에 돌아오지 않자, 그는 친구들과 찾으러 나섰다. 그리고 강바닥에서 아버지를 발견했는데, 아직 살아 계셨다. 오늘 사람들이 일하고 있던 곳과 비슷한 지역, 즉 표범으로부터 수십 미터 떨어져 있지 않은 곳이었다. 나하는 말한다. 「그들은 부친을 병원으로 데려갔지만, 목숨을 구할 수가 없었대요. 다친 곳이 너무 많았대요. 두 눈도 없어지고 온몸이요. 아주 심하게 물어뜯긴 것이 분명해요.」

아쇼크는 다음 여정에는 함께하지 않을 것이고, 그것이 최선이다. 우리는 파우리 가르왈로 향한다. 표범 공격 사건이 많은 지역이다. 차밭의 일꾼이 나무 밑에서 자고 있는 표범을 깜짝 놀라게 하는 바람에 일어나는 유형의 공격이 아니다. 의도를 갖고 몰래 다가와서 사냥을 하는 유형이다.

4
문제 지역

왜 표범은 식인 동물이 될까?

 파우리 가르왈로 향하는 길은 미들히말라야를 지난다. 마을이 드문드문 있고 낮은 산자락과 영묘한 하얀 괴물처럼 높이 솟은 산봉우리 사이에 자리 잡은 완만한 산악 지대다. 창밖으로 펼쳐지는 경관이 빼어난 곳이지만, 사고 다발 지역이라고 적힌 도로 표지판이 계속 나타난다. 산사태가 자주 일어나기에, 멀리서 산비탈이 스키장처럼 보이는 곳들이 종종 나타난다. 차가 올라갈수록 비탈은 더 가팔라지고 도로도 더 급격하게 꺾이곤 한다. 굽이가 나올 때마다 빵빵거리고 충돌에 대비해 손잡이를 꽉 움켜쥐는 일이 되풀이된다.
 도로는 갠지스강을 따라 늘어서 있는 힌두교 성지들을 잇는 옛 순렛길을 확장한 것이다. 지난 수 세기 동안 신도들은 맨발로 이 순렛길을 걸으면서 이엉을 인 간단한 움막에서 잠을 잤다. 당시에 가장 큰 위험은 산사태가 아니라 표범이었다. 표범은 허술한 문을 통해 슬그머니 들어오곤 했다고 기록되어 있다. 정부 기록에는 1918~1926년에 표범 한 마리가 무려 125명을 살해했다고 나와 있다. 이 표범은 당시 전 세계 언론에 루드라프라야그의 식인 표범으로 알려졌다.

성지는 지금도 있고 사람들도 여전히 찾지만, 이제는 차를 타고 와서 호텔에 묵는다. 도로를 따라 소박한 숙박 시설들이 늘어서 있다. 호텔 니르바나, 옴 호텔, 긴장을 풀게 만드는 이름의 시브 호텔도 있다. 오늘의 운전사는 소한인데, 친절하고 침착해 보인다. 도로를 막는 온갖 방해물에도 태연하다. 소, 산비탈에서 굴러떨어진 돌, 과속으로 달리는 모터사이클, 누군가 도로에 내다 버린 낡은 베틀에도. 나는 그의 침착함이 깨지는 사례를 딱 한 번 보았다. 가드레일 너머로 소변보는 남자를 보았을 때였다. 소한이 너무나 운전을 잘했기에, 나는 인도 차의 뒷좌석에서 망가진 안전띠를 붙들고 안절부절못하는 모습을 더 이상 보이지 않아도 된다. 나하는 그런 내 모습을 재미있어 한다. (나하는 에어백 위에 앉아 있다. 〈당신은 그게 부풀어 오를 거라고 믿는 거야?〉)

우리는 오늘과 내일 이틀 동안 산속 마을 세 곳을 들를 예정이다. 표범 습격이 잦은 곳들이다. 시간이 남으면 루드라프라야그까지 가기로 한다. 지금은 소도시로 커져 있다. 유명한 사냥꾼 짐 코벳이 그 유명한 식인 동물을 잡은 지점에는 기념비가 서 있다. 나하는 작년에 나름의 순례 여행을 했다. 당시 살았을지도 모를 루드라프라야그 마을 사람들의 후손을 만나기 위해서다. 뒷좌석에 앉은 그는 몸을 앞으로 굽혀 사진들을 보여 준다. 코벳 기념비는 수선이 필요하다. 받침은 깨졌고, 위대한 사냥꾼의 콧수염은 떨어져 나갔다. 나하는 코벳과 함께 일했던 마을 사제의 손자를 찾아냈다. 손자는 표범이 몰래 숨어 들어와 서너 명 이상 죽였을 때 주민들이 악마가 한 짓이라고 생각했다는 이야기를 들려주었다.

나는 악마 이야기를 믿지 않지만, 표범들에게 대체 무슨 일이 있었는지가 궁금하다. 북벵골에서는 표범의 공격이 우발적인 만남에서 비롯된다. 잠시 후닥닥 난투극이 벌어진 뒤에 놀란 표범은 달아난다. 다칠 수도 있지만, 치명상을 입는 일은 거의 없다. 이곳 우타라칸드의 파우리 가르왈에서는 표범이 먹잇감으로 삼은 사람에게 몰래 접근한다. 해마다 델라웨어보다 작은 면적에서 대개 서너 명이 표범에게 죽는다. 나하는 2000년부터 2016년 사이에 표범이 159차례나 사람을 공격했다고 말한다. 이 공격은 대부분 포식성이었다.

한 종이 그렇게 식단을 바꾸게 된 원인이 무엇일까? 파우리 가르왈에서는 어떤 일이 벌어진 것일까?

코벳은 1918년의 스페인 독감 팬데믹 때문이라고 생각했다. 그는 『루드라프라야그의 식인 표범 *The Man-Eating Leopard of Rudraprayag*』에서 너무나 많은 이가 한꺼번에 죽는 바람에 얼마 동안 시신을 갠지스강으로 운반해 화장하는 힌두교 장례 풍습이 더 간편한 방식으로 대체되었다고 썼다. 타오르는 석탄을 시신의 입에 넣은 뒤 시신을 비탈 아래 강으로 굴려서 떨어뜨렸다. 표범은 사체도 잘 먹는데, 코벳은 이 파우리 가르왈 육식 동물이 이런 시신을 통해 사람 고기에 맛을 들였을 것이라고 추측했다. 마찬가지로 파나르의 식인 표범 — 짐 코벳이 추적한 또 다른 동물 — 도 콜레라가 크게 발생한 뒤에 살인 행위를 시작했다. 코벳은 자신이 잡으러 올 때까지 이 동물이 4백 명을 살해했다고 주장했다. 구자라트 산림부에서 일한 H. S. 싱은 『변화하는 경관 속의 표범들*Leopards in the Changing Landscapes*』에서 이 수치에 의문을 제기했으며, 나하 같은 이들도 마찬가지였다. 코벳은 대형 고양이류를 잡으러 슬그머니 다가갈 때뿐 아니라 책을 판매할 때에도 노련했다.

북벵골인에게 이로울 수도 있었을 한 가지 사실은 영국인 라지와 그들에게 협력한 인도 왕족들이 표범 사냥에 열을 올렸다는 것이다. 싱은 1875~1925년에 사냥당한 표범이 15만 마리에 이른다고 추정했다. 나하는 말한다. 「그래서 표범은 지금도 사람을 두려워할 수 있어요.」 내 나라의 산사자(쿠거)*는 더 이상 포상금을 건 사냥감이 아니므로, 그들은 사람을 점점 덜 경계하고 있을까? 나는 캘리포니아 산사자 연구자 저스틴 델린저

---

* 〈산사자〉, 〈쿠거〉, 〈퓨마〉는 같은 종을 가리키는 지역 명칭들이다. 플로리다에서는 〈팬서〉, 사우스캐롤라이나에서는 〈캐터마운트〉라고 부른다. 〈라우디〉라는 이름은 딱 한 마리에게만 쓰였는데, 1937년 클라크 게이블이 사냥 탐험에 나섰다가 생포한 새끼였다. 라우디는 게이블이 애인인 캐럴 롬바드를 깜짝 놀래 주려고 데려온 두 마리 중 하나였다. 롬바드는 〈들고양이 한두 마리〉를 갖다주냐고 농담으로 대응했다. 『퓨마*The Puma*』의 공저자인 스탠리 P. 영에 따르면, 라우디는 첫날 밤에 이름을 새긴 명찰을 단 새 목걸이를 단 채로 탈출했다고 한다(1년 뒤 한 사냥꾼이 의아한 기색으로 끌고 왔는데, 목걸이가 그대로 있었다). 라우디의 자매는 롬바드에게 선물로 주었고, 그 뒤 MGM 스튜디오 동물원에 기증되었다. 앞서 롬바드는 게이블에게 포장지에 게이블의 얼굴을 붙인 커다란 햄을 선물한 적이 있었으므로, 이 쿠거는 더 나은 선물을 주겠다는 삐딱한 우월 의식의 희생양이었던 것처럼 보인다.

(이 책에서 잠시 뒤에 만날 사람이다)에게 그렇게 묻는 전자 우편을 보냈다. 그는 그렇게 생각하지 않았다. 산사자는 경계심이 많다기보다는 은밀하게 행동하는 습성이 있다. 오랜 세월에 걸쳐 진화한 형질로서, 아마 그들이 뛰어난 사냥꾼인 이유가 그 때문일 것이다.

파우리 가르왈의 산은 결혼식 케이크처럼 층층의 단이 나 있는 모습이다. 이런 지형 덕분에 산비탈에 계단식 농경지가 조성되어 있는데, 농민은 전혀 보이지 않는다. 게다가 더 가까이 가서 보니 작물도 전혀 없다. 나하는 외지로 이사 간 사람이 아주 많다고 설명한다. 주민들은 일자리를 찾아 도시로 떠났다. 도시에선 어떤 일을 해도 산비탈에서 농사짓는 것보다 더 쉽고 돈을 더 많이 벌기 때문이다. 계단식 경작지는 물을 대기 어렵고, 수확할 때가 가까워지면 원숭이와 멧돼지가 들이닥치곤 한다. 2001년부터 2011년까지 10년 사이에 122개 마을이 사라졌다. 그 사실은 경관에서도 드러난다. 버려진 계단식 경작지들이 계속 보이기 때문이다. 마치 지형도 속을 운전하고 있는 듯하다. 자연 식생이 돌아오면서 경작지의 윤곽이 흐릿해지기 시작한 곳들도 많다. 이런 〈재야생화〉는 사냥할 때 표범이 몸을 숨기기에 좋은 관목림을 형성한다. 나하가 『플로스 원 PLOS One』에 발표할 논문을 쓰기 위해 인터뷰한 마을 사람들 중 거의 99퍼센트는 그 때문에 표범이 인가에 더 가까이 다가왔다고 믿는다. 파우리 가르왈에서 표범에게 공격당한 주민 중 76퍼센트는 관목이 중간 정도로 또는 빽빽하게 덮인 곳에서 공격을 받았다.

떠나는 주민이 늘수록, 지키는 사람이 없는 상태에서 풀을 뜯는 가축이 더 늘어난다. 표범의 손쉬운 먹잇감이다. 나하는 표범이 가파른 비탈에서 먹이를 추적하는 일이 사람이 가파른 비탈에서 경작을 하는 것만큼 힘들다고 지적한다. 그에 비하면 염소와 송아지는 쉬운 먹잇감이다. 사슴 같은 자연의 먹잇감에 비해, 가축은 움직임이 더 느리고 경계심도 적기 때문이다.

어린아이도 그렇다. 파우리 가르왈에서 표범 공격에 죽은 주민 중 41퍼센트는 어린아이였다. 나하의 설문 조사 자료에 따르면, 1~10세 아동이었다. 또 11~20세의 청소년도 24퍼센트에 달했다.

여기서 소한이 대화에 참여한다. 아리트라가 졸고 있어, 나하가 통역을 한다. 「그도 여기서 본 적이 있대요.」 때는 1997년이었다. 열세 살 소녀가 밭에서 혼자 풀을 베고 있었다. 오후 4시쯤이었다. 소한은 몇 미터 떨어진 차 안에서 쉬고 있었는데, 표범이 한 마리 나타났다. 「눈앞에서 순식간에 일이 벌어졌대요. 표범은 뒤에서 공격했대요. 소녀의 등으로 뛰어올라 목을 물었어요. 피가 뿜어지고 있었고요. 아주 끔찍했대요.」

나는 소한에게 표범의 몸 상태를 물어본다. 절뚝거렸나? 늙었나? 홀쭉했나? 짐 코벳은 다른 회고록에서 식인 벵골호랑이가 병들거나 다친 개체들이라는 이론을 내놓았다. 그런 상태에서 잡을 수 있는 먹잇감이 사람뿐이라는 것이다. (벤 비틀스톤을 공격한 쿠거처럼.) 나하는 말한다. 「파우리 가르왈의 표범들은 그렇지 않아요.」 그는 얼굴 옆쪽을 긁는다. 말끔하게 다듬었던 턱수

엽이 다시 무성해지는 중이다.

소한도 동의한다. 당국은 소녀의 유족에게 시신을 잠시만 그 자리에 놔두자고 설득했다. 표범은 자기가 잡은 먹이에게 돌아오곤 하기 때문이다. 그리고 사냥꾼들도 불렀다. 사냥꾼들은 시신을 쇠막대에 묶은 뒤 기다렸다. 잡은 표범의 사체를 부검하기 위해 차에 실어 산림부로 옮긴 사람이 바로 소한이었다. 표범은 총상 외에는 아무런 상처도 없었고, 깨지거나 빠진 이빨도 없었다.「완벽한 상태였어요.」

나하는 식인 동물이 새끼가 있는 암컷일 때가 많다고 설명한다. 싱은 저서에서 〈식인 동물man-eater〉이라는 용어에 반대한다고 말한다. 동물이 〈미쳤다〉고 시사하기 때문이라는 것이다. 그 말은 인류가 일으킨 변화, 즉 그들이 살던 숲과 먹이를 빠르게 없앤 것보다 표범을 비난한다. 게다가 그는 육식 동물에게 고기는 그저 고기일 뿐이라고 지적한다. 〈대형 고양이류는 모든 고기를 먹는다. 사람 고기라고 안 먹겠는가? 애초에 이 장엄한 대형 고양이류에게 이런 경멸적인 꼬리표를 붙인 이들이 누구였을까?〉 그는 그렇게 묻고 나서 대답한다. 짐 코벳이라고.

나하의 아내 슈웨타 싱도 야생 동물 생물학자인데, 이 구간에서 동행하고 있다. 부부는 함께 근무하고 있던 인도 야생 동물 연구소에서 만났지만, 슈웨타는 연구를 위해 방문한 것이 아니다. 이곳 경치가 아름답고 공기도 맑고, 이번 주가 디왈리 축제 기간이라 남편과 함께 보내고 싶어서 왔다. 슈웨타는 나하보다 더 젊고 더 유쾌하다. 부부는 자연환경을 조사하고 연구하는 일에 열정을 갖고 있다. 그녀와 나는 노점상이 나올 때마다 줄줄이 사탕처럼 포장된 화려한 색깔의 인도 간식거리를 잔뜩 사고 있다.

소한은 한 작은 도시에 차를 댄다. 우리는 차를 마시기 위해 (그리고 마살라 먼치 과자 두 봉지도 사기 위해) 내린다. 카페 유리창 아래로 갠지스강을 향해 가파른 비탈이 이어진다. 물이 빙하가 녹아 흐르는 것임을 알려 주는 양 뿌연 청록색을 띠고 있다. 여기까지 올라오니 꽤 춥다. 여성들은 사리 안에 카디건을 입고 있다.

나하는 사람을 죽이거나 피해를 입히는 표범에게 산림부가 어떤 정책을 취하고 있는지를 상세히 들려준다. 〈살처분〉하는 미국이나 캐나다와 달리, 이곳에서는 동물의 방어 행동과 포식 행동, 나하의 표현을 빌리면 유발된 행동과 유발되지 않은 행동을 구별한다. 어느 특정한 표범이 세 명 이상을 죽이거나 잡아먹었을 때에야, 그 주의 야생 동물 책임자가 공식적으로 〈식인 동물〉이라고 지정한다. 그 뒤에는 사냥꾼이나 산림부 직원이 사냥할 수 있다. 한 마리가 한 짓이라는 걸 어떻게 알까? 지역에 야생 동물 카메라를 설치하여 지역의 대형 고양이류 동물들과 각 영역을 파악한다. (털의 무늬를 보고 추적한다. 사람의 지문처럼 표범의 로제트 무늬도 개체마다 독특하다.)

식인 동물로 선포되면 재배치할 수 없다. 이 점은 북아메리카 야생 동물 당국이 생각해 볼 문제다. 표범을 재배치했는데 새로 옮겨 간 지역에서 사람을 죽인다면, 당신과 산림 당국에 책임이 돌아갈 수도 있다. 인간과 표범 갈등 연구자 비드야 아트레야는 재배치 자체가 공격 가능성을 더 높인다고 말한다. 2001년 표범 40마리가 마하라슈트라의 산림 지역으로 옮겨진 뒤 연평균 공격 횟수가 4회에서 17회로 증가했는데, 단지 그 지역에 표범이 더 늘어나서만은 아니다. 아트레야는 두 가지 요인이 증가해서라고 보았다. 첫째, 표범이 포획되어 재배치되기 전까지 사람에게 익숙해져서 두려움을 잃었고, 둘째, 포획하여 낯선 영역에 풀어놓았기에 스트레스를 받아 공격성을 더 띠었다는 것이다.

무엇보다도 흑곰의 사례에서처럼 재배치는 일시적인 해결책일 가능성이 높다. 한 표범을 그 영역에서 빼내면, 곧 다른 표범이 그 자리를 차지한다. 그리고 새로 들어오는 표범은 최근에 어미 곁을 떠난 준성체일 가능성이 높다. 이는 문제를 일으킬 수 있다는 뜻이다. 경험이 부족한 사냥꾼은 손쉬운 먹이를 뒤쫓는 경향이 있어서다.

재배치가 아니라면, 대안은? 살인을 한 번만 하거나 가축을 잡아먹은 표범을 산림 당국은 어떻게 할까? 나하는 우리 머리 위쪽 카페 벽에 설치된 TV에서 나오는 자연 다큐멘터리로 시선을 돌린다. 해설가가 땃쥐에 대해 이런저런 이야기를 하고 있다.

나하는 말한다. 「가두어서 계속 기를 수도 있지요.」 내가 어디에서 그럴 수 있는지 묻자 그는 동물원이라고 말한다. 직접 방문할 수 있냐는 질문에 그는 답한다. 「일반인에겐 공개되지 않아요.」

그렇다면 실제로는 동물원이 아니지 않나? 나는 이해하려고 애쓴다. 「울타리를 친 보전 구역 같은 열린 공간인가요? 아니면 사육장?」

나하는 손으로 머리카락을 빗는다. 열린 차창으로 네 시간 동안 바람을 맞아 머리 한쪽이 밀려나 있다. 「둘 다요. 우리에 가두었다가, 더 큰 공간에 풀어놓아 운동을 시키곤 해요.」

「감옥 같네요.」 그 말에 나하는 반박하지 않는다. 표범은 징역을 산다.

나중에 인터넷을 훑다가 나는 비슷한 장소처럼 보이는 곳을 개선하기 위한 기본 계획을 찾아냈다. 우리가 지난주에 갔던 곳에서 그리 멀지 않은 서뱅골의 사우스카이르바리 구조 센터다. 방목장과 이어진 25개의 〈밤 쉼터〉가 있다고 한다. 갈등을 일으키는 표범용이 아니라, 구조된 서커스 호랑이와 고아가 된 호랑이나 표범 새끼가 지내는 곳이다. 이 시설도 일반인에게는 공개되지 않았다.

〈고형 및 액상 폐기물 처리〉라는 제목에 내 시선이 쏠렸다. 〈배설물〉은 사체와 다르게 처리되고, 사체는 뼈 수거 설비로 보내졌다. 〈그렇게 수거된 뼈는 판매를 통해 처분된다.〉 서뱅골 당국은 〈약재용〉 야생 동물 부위의 불법 거래에 관여하는 것일까? 호랑이와 표범의 뼈가 고가에 거래된다는 점을 생각할 때, 나는 종신형 선고를 사형 선고로 바꾸려는 유혹도 있지 않을까 하는 생각을 했다.

미국에서도 그렇지만, 정부 정책에 반대하고 직접 문제를 해결하려는 이들이 있다. 그러나 캘리포니아에서는 주민들이 사냥 야생 동물국이 설치한 덫에 갇힌 곰을 풀어 주는 반면, 이곳 파우리 가르왈에서는 분노가 반대 방향으로 향한다. 마을 주민들은 〈식인 동물〉을 죽이고 싶어 하며, 두 번째나 세 번째 희생자가 나올 때까지 기다리고 싶어 하지 않는다. 주민들은 한순간 군중 심리에 휩싸일 수 있다. 우리가 지나온 길에 있던 한 산골 마을에서는 최근에 한 표범이 두 명을 살해했다. 주민들은 산림 당국에 신고하지 않고 직접 덫을 설치했다. 영어를 좀 할 줄 아는 젊은이가 우리를 덫으로 표범을 잡은 곳으로 안내했다. 「사람들은 아주 화가 나 있었어요. 그래서 표범을 불태워 죽였어요. 덫째로 불을 질렀어요.」 잠시 침묵이 깔려, 나는 기분이 울적해서 그런 것이라고 오해했다. 그런데 그가 스마트폰을 꺼내더니 말했다. 「사진 찍어도 될까요?」*

슈웨타도 이 사례를 안다. 인도 야생 동물 연구소에 있는 그녀의 법의학 연구실로 증거와 잔해 ─ 이 사례에서는 〈불탄 재와 피 묻은 돌〉 ─ 가 전달되었기 때문이다. 산림 당국은 식인 표범을 잡았는지 확인하기 위해 노력하겠지만, 마을 사람들은 덫에 어느 표범이 잡히든 죽일 것이다. 슈웨타는 말한다. 「사람들은 잡은 표범이 맞는지 아닌지 알지 못해요. 그냥 정의 구현을 하고 싶은 거예요.」 일이 순탄하게 진행된다면, 조사관은 먼저 덫에 잡힌

---

* 티베트·중국 국경에 가깝다는 것은 많은 군대가 주둔해 있다는 것이고, 그 말은 군사용 무선 중계 탑이 있다는 뜻이다. 현대 인도에서 접하는, 신기하게 대조적인 여러 모습 가운데 하나다. 부엌이 아직 바깥에 있는 집에 사는 마을 사람들이 스마트폰을 쓰고 있다.

표범의 DNA와 희생자의 피부나 손톱 밑에서 찾아낸 DNA를 비교하는 일부터 시작할 것이다. (연관성!)

나하가 카페를 둘러본다.「이런 이야기를 하기에 좋은 곳이 아니네요.」여기에 영어를 하는 사람은 거의 없지만, 우리가 무슨 말을 하는지 짐작할 수는 있을 것이다. 오늘 아침에 나는 앞 유리에 붙인 공무 수행 표찰이 사라진 것을 알았다.

두 번 또는 세 번 범죄를 저질렀을 때 처벌하도록 정한 미국 주들의 야생 동물 담당자들도 비슷한 어려움에 직면해 있다. 어떤 주가 야생 동물을 살처분하지 않는다는 정책을 편다면, 목축업자들이 직접 나서서 포식자를 죽일 가능성이 높다. 야생 동물 전문가들이 〈쏘고 묻고 입 다물기〉라고 말하는 방식이다.

여기서도 마찬가지다. 주민들이 극심한 분노에 사로잡혀 있다는 것 말이다. 애스펀에서 스튜어트 브렉은 말했다.「목축업자에게는 양이 생명 줄이죠. 양이 피해를 입으면 분노할 수밖에요.」브렉은 라마를 여섯 마리 키운다. 독자는 라마가 그의 생명 줄이라고 말하지는 않겠지만, 그는 집 뒤편으로 걸어갔을 때 동네 개 두 마리가 라마 한 마리의 목을 물어뜯고 있는 광경을 본 날을 결코 잊지 못할 것이다. 그런데 이곳 히말라야에서는 가축만이 아니라 가족도 야생 동물에게 죽고 있다.

나하가 등받이에 걸어 둔 재킷을 집는다.「갑시다.」

오후에 우리는 표범의 영역 깊숙이 들어간다. 나하는 창밖으로 열한 살짜리 아이가 학교에서 집으로 돌아오던 중에 공격을 받아 죽은 지점을 가리킨다. 마지막 8킬로미터를 가는 동안 나하가 단조로운 어조로 여기는 누가 죽은 곳이라고 말한 뒤에 침묵이 깔리는 일이 되풀이된다.

콜칸디 마을 인근의 텅 빈 도로에 있는 버스 정류장을 지나칠 때는 이렇게 말한다. 「한 노인이 저기에 앉아 있다가 표범에게 당했어요.」

다음 목적지인 에케슈와르로 가는 도로에서는 이렇게 말한다. 「여기서 두 번 습격이 있었어요. 한 번은 새벽 5시에 할머니가 당했고요. 3년 전에는 같은 지점에서 서른여덟 살의 여성이 당했지요. 둘 다 밭에서 돌아오다가요.」

에케슈와르 인근에 위치한 말레타에서 길 건너편에 숲과 접해 있는 밭이 보인다. 「저기에서 열댓 명이 풀베기를 하고 있었어요. 그때 가장 대담한 공격이 일어났지요. 한 여성을 덮친 거예요. 대낮에요.」

소한이 갓길에 차를 세운다. 에케슈와르로 들어가는 도로가 너무 좁은 탓에 우리 차가 들어갈 수 없어서다. 나하가 뒤쪽에서 가방을 꺼낸 뒤 문을 닫는다. 그러고는 마을로 뻗어 있는 비탈을 가리킨다. 「여기서 한 여성이 습격당해서 잡아먹혔어요. 늦은 저녁에요. 2015년이었지요.」

우리는 8백 미터쯤 걸어가다가 손에 낫을 들고 걷는 여성과 스쳐 지나간다. 나하는 그녀 쪽으로 살짝 고개를 기울이지만, 마을의 수다거리가 되고 싶지 않은 듯 손가락으로 가리키지는 않으면서 말한다. 「저 아줌마를 봐요. 숲으로 가고 있어요. 위험을 자초하고 있는 거예요. 혼자 풀 베러 가잖아요.」 그러나 여성에게는 선택의 여지가 없다. 곧 겨울 눈이 쌓일 것이고, 소에게 먹일 건초가 필요하니까.

파우리 가르왈 당국은 〈하향식 접근법head system〉을 취한다. 마을 촌장이나 사제의 신뢰와 지원을 받으면, 일이 훨씬 쉬워진다. 나하는 이 지역을 여러 번 오가며 그들과 신뢰를 쌓으면서, 그 효과를 보고 있는 중이다. 우리는 먼저 에케슈와르 촌장 집에 들른다. 그는 집에 없지만, 동생인 나렌데르가 우리를 맞아 준다. 그는 키가 크고 이빨이 몇 개 빠져 있고, 추운 날씨인데도 고무 슬리퍼를 신고 있다. 한쪽은 밤색, 한쪽은 회색인 짝짝이다. 그가 우리에게 들어오라고, 아니 올라오라고 한다. 해마다 이 시기에는 비가 자주 내려 옥상에서 생활한다. 햇볕에 말리기 위해 늘어놓은 빨간 고추들이 보인다. 돌로 받쳐서 똑바로 세워 놓은 위성 안테나도 있다.

슈웨타가 통역을 해준다. 「그는 표범이 자기 가축을 잡아먹곤 하지만 그래도 표범이 좋대요. 표범은 사냥을 하는 동물이니까 그 정도는 받아들일 수 있대요. 표범을 죽이는 것에 반대한대요.」 작년에 내가 만난 미국 목장주이자 동시에 산사자 보호 활동가인 사람은 이렇게 말했다. 「가축을 기를 때에는 좀 남아돌기도 하니까요.」

나하는 나렌데르에게 야생 동물 대응 팀으로 활동할 만한 주민들을 추천해 달라고 부탁했다. 나하가 북뱅골에서 창립에 앞장선 조기 대응 팀과 같은 유형의 조직이지만, 여기서 팀이 통제하는 쪽은 동물이 아니라 사람이 될 것이다. 추천받은 사람들은 대부분 퇴역 군인이다. 그들은 지역 사회의 존경을 받고 있으며, 나하의 설명에 따르자면 〈군중을 통제할 수〉 있다. 나는 대응팀의 장비 목록을 본 적이 있는데, 거기에는 〈두께 3~5밀리미터의 폴리카보네이트 시위 대응 방패〉와 〈경찰관이 쓰는 곤봉〉도 포함되어 있다.

슈웨타는 사람들의 분노가 표범 못지않게 당국을 향해 있다고 지적한다. 스쿨버스가 있다면 아이들은 표범에게 습격당할 위험이 가장 큰 시간인 어스름이 깔릴 때 3킬로미터가 넘는 길을 걸을 필요가 없을 것이다. 병원과 구급차가 있다면, 공격을 받아도 목숨을 잃을 가능성이 줄어들 것이다. 그런데 모두 없다. 표범은 분노를 배출할 편리한 대상일 뿐이다.

나하는 이런 마을 여러 곳에서 인식 캠프를 연다. 그는 통학할 때 자녀들이 함께 모여 다녀야 한다는 것을 부모들에게 강조한다. 또 독수리가 뜯어 먹도록 죽은 가축을 도로에 내놓지 말라고 말한다. 표범이 사체에게 끌리기 때문이다. 이런 작은 마을에서는 태도와 행동의 변화가 서서히 일어난다. 나하는 20년 전에는 파우리 가르왈 여성들이 밤에 볼일을 보러 덤불 속에서 쭈그려 앉아 있다가 표범에게 물리는 사례들이 있었다고 회상한다. 나중에 실내 화장실이 지어졌지만, 사람들은 처음에는 쓰지 않으려 했다. 「실내에서 볼일을 봐도 괜찮다는 것을 받아들이기까지 꽤 시간이 걸렸지요.」

나하는 앞서 방문했을 때 설치한 전등을 점검하러 간다. 〈여우 등)이 표범이 인가에 오지 못하게 막는 데 도움이 되는지를 살펴보는 연구의 일환이다. 태양력을 이용하는 전등으로, 멀리서 보면 사람이 회중전등을 들고 순찰을 하는 것처럼 비치도록 무작위로 켜졌다가 꺼진다. 설령 일시적이라고 해도 효과가 있다는 것이 드러나고 있다. 익숙해지지 않게 하려면, 전등을 간헐적으로 써야 한다. 나하는 사람들에게 이 점을 이해시키기가 쉽지 않다고 말한다. 주민들은 전등을 계속 켜두기를 원한다. 스튜어트 브렉도 플라드리fladry — 코요테와 늑대에게 겁을 주기 위해 축사 울타리에 묶어 놓은 나풀거리는 리본 — 를 시도할 때 일부 목축업자들과 똑같은 갈등을 겪는다. 플라드리가 효과가 있다는 것을 알아차리자, 그들은 새끼를 낳는 시기를 비롯하여 포식 활동이 심해지는 시기에만 플라드리를 쓰는 대신에 계속 묶어 놓고 있다.

올해에 나하는 촌장들에게 마하트마 간디 국립 농촌 고용 보증 제도에 지원금을 신청하라고 권해 왔다. 마을은 그 돈으로 사람을 고용하여 집 주변의 덤불을 베어 내고, 밤에 가축들이 안전하게 지낼 울타리를 설치할 수 있을 것이다. 더 진보적인 미국 농업부 야생 동물국은 가축이나 반려동물을 잡아먹은 산사자를 죽이고 싶어서 신고하는 이들에게 같은 제안을 한다. 야생 동물국이 이런 조치들을 제안이 아니라 필수 조건으로 바꾼다면 어떻게 될까? 더 나아가 덤불 제거나 울타리 설치 계획을 세우고 예산을 지원한다면? 진보적이지 않은 부서가 진보적인 쪽으로 돌아서는 일을 시작해야 한다면? 나는 집에 왔을 때 스튜어트 브렉에게 전화를 걸어 어떻게 생각하는지 물었다. 그는 그런 정책이 나올 것이라고 보지 않았다. 「철학에 더 가깝네요.」

나는 기분이 나빠 삐죽거리듯이 쏘아붙였다. 「그럼 야생 동물국은 입만 나불거리는 거네요?」

「그냥 서서히 변화하고 있는 것으로 말하자고요. 그래도 변하고 있는 거지요.」

이날은 높은 산 위에 있는 키르수라는 마을에서 묵는다. 야생 동물 연구소가 빌린 집이다. 가구도 없고 난방도 안 된 곳이지만, 차로 몇 시간을 달린 뒤라서 골짜기 너머의 멋진 풍경을 보니 마음이 편안해진다. 집 바로 뒤의 산비탈은 숲으로 덮여 있고, 주민들은 돌아다니는 소들이 먹지 못하도록 베어 낸 풀들을 묶어 나무 줄기 위쪽에 둘러놓았다. 아리트라는 발코니에서 내 옆에 서서 홀라 치마를 두른 나무들을 유심히 쳐다보고 있다. 사실은 무언가에 귀를 기울이는 중이다.

나하가 사촌을 바라본다. 「아리트라는 표범이 산비탈을 뛰어 내려올까 봐 걱정하는 거예요.」 그리고 집 한쪽에 드러난 모래땅을 가리킨다. 「주위에 표범이 있다면, 저기에 발자국이 찍혀 있을 거예요.」

개코원숭이처럼 건장하고 얼굴이 검은 커다란 랑구르 한 마리가 나무에서 툭 떨어져 비탈을 달려간다. 아리트라와 나는 소스라치게 놀라는데, 나하는 무표정하게 말한다. 「저게 아리트라의 〈표범〉인 모양이네요.」 그는 저녁 식사를 차리는 슈웨타를 돕기 위해 안으로 들어간다.

경치를 즐기기 위해(게다가 집 안에는 식탁도 의자도 없기에) 우리는 집 앞에 놓인 콘크리트 덩어리 위에서 식사를 한다. 슈웨타는 모닥불을 피우고 나뭇가지로 만든 꼬챙이를 위에 걸쳐 놓았다. 누군가가 갓파더 슈퍼 스트롱 맥주 캔을 딴다. 다 먹고 나니 10시가 지나 있다. 슈웨타는 모닥불을 계속 피우고, 나하는 식인 의례를 수행하는 힌두교 아고리 종파 이야기를 들려준다. 그런데 비명보다 더 크고 더 귀에 거슬리는 고함이 들리는 바람에 이야기가 끊긴다. 사람이 내는 소리지만, 사람의 소리 같지가 않다. 마치 공포 영화 사운드 효과 같다.

「표범이야, 표범!」아리트라가 말한다. 표범이 이 소리를 내고 있다는 뜻으로 한 말이 아니다. 표범이 누군가를 공격하고 있다는 의미로 한 말이다. 그렇게 확신하는 이유는 나 자신도 그 소리가 단연코 표범의 습격을 받아 죽어 가는 사람의 입에서 나오는 것이라고 상상하기 때문이다. 꽉 문 턱 때문에 성대가 짓눌린 목에서 나오는 공포와 고통이 뒤섞인 소리라고 말이다. 그 소리는 우리 바로 밑에서, 마을 가게들로부터 나오는 길이 모여 있는 집들과 만나는 산비탈 바닥에서 들려오고 있다. 「일어나, 어서!」 우리는 재빨리 일어나, 무슨 일이 벌어지는지 이해하려고 애쓰면서 흥분한 상태에서 귀를 기울인다. 표범, 미친 사람? 주정뱅이? 아고리? 아래쪽에서 다른 사람들의 목소리도 들리는데, 표범이 이웃을 살해하는 모습을 지켜보거나 막으려고 애쓰는 소리 같지 않다. 곧 소리친 사람이 앞장서는지 끌려가는지 몰라도, 목소리들이 멀어지기 시작한다.

밤은 깊고 길은 가파르고 불빛도 없다. 우리는 아침에 물어보기로 한다.

우리는 아침을 먹고 짐을 꾸려서 차가 있는 곳까지 위험한 산길을 걸어 내려간다. 집집마다 요리하는 연기가 피어오르고, 히말라야의 아침 소리들 — 여성들이 비질을 하고, 남성들이 기침을 하고, 소가 방울을 울리는 소리 — 이 울려 퍼진다. 거의 다 내려가서 나하는 문가에 서 있는 여성에게 말을 건다. 어젯밤에 무슨 일이 벌어졌는지 알아보기 위해서다.

그는 우리가 차에 다 왔을 때, 뒤따라온다. 표범도 술도 아니었다. 「악마에 사로잡힌 사람이래요.」 그가 특유의 별일 아니라는 어투로 말한다. 발목이 삐끗했다고 말하듯이 무심하게 말이다. 여기에서는 그런 일이 자주 벌어지는 것일까?

아리트라는 소한의 해치백 뒤쪽 깊숙이 침낭들을 쑤셔 넣는다. 그는 잠깐 생각하더니 답한다. 「적어도 매달 일어나지요.」

나는 루드라프라야그의 사제가 나하에게 세 번이나 사람을 죽인 표범을 뭐라고 했는지 떠올린다. 악마라고 했다. 그러니 우리는 표범을 가까이에서 접했다고 할 수 있을지도 모른다.

오늘의 목적지는 데라둔이다. 나하와 슈웨타가 사는 도시이자 인도 야생 동물 연구소가 있는 곳이다. 우리는 악마를 뒤로하고 떠나지만, 표범까지 뒤로하고 떠난다고는 할 수 없을 듯하다. 2009년 데라둔에 바짝 여윈 표범 한 마리가 나타났다. 그 동물은 열아홉 명을 다치게 한 뒤에 사살당했다.

도시에 들어오는 표범은 대부분 밤에 도시로 와서 떠돌이 개를 잡아먹거나 쓰레기를 뒤져 먹고 동이 트기 전에 숲으로 돌아가므로, 표범의 나들이는 대체로 눈에 띄지 않는다. 대형 고양이가 동이 튼 뒤까지 어슬렁거릴 때 문제가 생긴다. H. S. 싱의 책에는 〈표범이 도시에서 배회하는〉 사례 마흔세 건이 요약되어 있다. 그들은 사람이 하는 행동을 한다. 사원도 방문하고 대학 교정도 어슬렁거리고 병원도 들락거린다. 어느 날 오후 표범이 중앙 면화 연구소에 출현했다. 찬디가르 외곽 지역의 한 여성은 집에 왔는데 표범이 자기 침대에서 텔레비전을 켠 채로 잠이 들어 있는 것을 발견했다. 2007년 구와하티 안팎에서 며칠째 어슬렁거리는 표범이 목격되었다. 표범은 이윽고 고급 복합 상가 안에서 마치 현금을 뽑으려는 양 〈현금 입출기 근처에서 어슬렁거리다〉가 생포되었다.

일이 순탄하게 진행된다면, 표범은 곧바로 진정제를 맞은 뒤 인근 숲으로 옮겨진다. 하지만 발리우드 스타 헤마 말리니의 대저택 벽을 뛰어넘은 표범의 사례와 같은 상황이 전개될 때가 더 많다.

1. 표범과 처음 마주친 사람은 달아나거나 숨는다. (〈정원사와 경비원은 방에 숨어서 문을 꽉 잠갔다.〉) 반대로 표범이 침실이나 욕실에 갇히는 사례도 많다.
2. 신고를 받고 경찰관이 오지만, 진정제 총도 없고 훈련도

받지 않아서 별 도움이 안 된다. (《경찰관 하나가 집 안으로 들어가려 하자 표범이 으르렁댔고, 결국 그들은 산림부 대원이 오기를 기다렸다.》) 공정하게 말하자면, 경찰관 중에는 임기응변에 뛰어난 이들도 있었다. 델리 교외의 합판 공장에 표범이 들어왔다는 신고를 받고 출동한 경찰관은 크리켓 타격 연습용 그물을 던져 표범을 잡았다.

3. 산림부 대원이 도착하기 한참 전에(헤마 말리니의 사례에서는 네 시간이 걸렸다), 표범은 이미 달아난다. 말리니의 표범은 무사히 달아났다.

인도 야생 동물 연구소는 작은 숲의 외곽에 있지만, 나하가 여기서 떠올리는 것은 데라둔 표범이 아니다. 연구소를 돌아다니는 야생 동물은 붉은털원숭이다. 수십 마리가 돌아다닌다. 그리고 원숭이 연구자들도 돌아다니는데, 나는 내일 몇 명을 만나 볼 예정이다.

이제 데라둔까지 절반쯤 왔다. 슈웨타는 이어폰을 끼고 음악에 맞추어 고개를 끄덕인다. 아리트라는 내게 힌두교를 설명하려고 애쓴다. 산길을 따라 아래로 내려가니, 우리가 옥상과 나무 위에서 본 검은 얼굴에 황갈색 털을 지닌 랑구르는 사라지고, 분홍색 얼굴에 옅은 붉은색 털을 지닌 더 작은 원숭이들이 보인다. 붉은털원숭이다. 이 원숭이들은 도로까지 나와 있다. 차창 밖으로 내미는 먹이나 내던지는 음식 쓰레기를 기다리면서 가드레

일처럼 연석 위에 죽 앉아 있다.

인도 북부에서는 누구나 원숭이 경험담을 들려줄 수 있다. 나하는 어느 날 아침 일어나니 원숭이가 가슴팍에 앉아 있었다고 했다. 잠시 노려보다가 담요를 홱 잡아당겼고 원숭이는 달아났다. 또 원숭이가 아파트 뒷계단으로 올라와 주방 조리대로 뛰어오른 적도 있었다. 「이것저것 주워 먹고 떠날 수도 있었지만 그렇게 하지 않았지요. 인덕션 쿠커를 집어 바닥에 내던졌어요. 들어와서 그런 짓을 한 뒤 떠났어요. 자기 세상이었지요.」

나는 원숭이가 사람의 선글라스를 낚아챈다는 말을 들었다. 나하가 말한다. 「맞아요. 휴대 전화를 뺏기도 해요. 그런 뒤 나무 위에서 떨어뜨려요. 그들에게는 사람을 괴롭히는 게 삶의 목적이에요.」

슈웨타가 이어폰을 뺀다. 「보상을 받기 때문에 그런 행동을 하는 거예요. 원숭이가 휴대 전화를 뺏으면, 사람이 와서 먹이를 줘요. 그러면 원숭이가 휴대 전화를 버리고 먹이를 가져가리라는 것을 아니까요.」

나하는 받아들이지 않는다. 「여보, 그때 원숭이들이 테라스에 와서 화분 뒤엎은 것 기억해?」 그는 나를 쳐다본다. 「그리고 거기에 똥을 싸고 떠날 겁니다. 괴롭히면서 즐거워하는 거죠.」

슈웨타는 이어폰을 다시 낀다.

나하는 차창 밖을 내다본다. 「분명히 그래요.」

5
원숭이 문제
약탈하는 원숭이의 산아 제한

인도 야생 동물 연구소는 실외 보도로 연결된 콘크리트 건물들이 모여 있는 곳이다. 이 통로에는 벽이 없어서 이웃 숲에 사는 붉은털원숭이들이 이따금 들어와 사람들의 뒤나 옆에서 따라 걷는 모습을 볼 수 있다. 양쪽 종은 서로에게 별 신경을 안 쓴다. 마치 원숭이도 회의를 하고 복사를 하러 오는 듯하다. 이 무심한 공존은 인도 다른 지역들의 인간과 원숭이의 관계와 상반된다.

내가 도착한 주(週)에 『인도 타임스 *The Times of India*』에는 〈원숭이들이 아그라를 포위 공격하다〉라는 표제 기사가 떡하니 실린다. 〈원숭이 위협〉이라는 제목에 두 가지 색상의 그래픽까지 곁들인 전면 특별 기사로, 원숭이MONKEY의 영어 철자 중 O는 엄니를 번뜩이는 원숭이의 머리 모양이다. 주요 기사는 붉은털원숭이가 엄마의 젖을 빨고 있는 아기를 납치해 치명적인 부상을 입혔다는 내용이다. 곁들인 기사에는 이렇게 실려 있다. 〈더 이전에는 원숭이 무리가 72세 노인에게 돌을 던져 사망케 했다.〉『내셔널 헤럴드_The National Herald_』는 아그라의 원숭이들이 〈한 지역에서 다른 지역으로 행군하듯〉 몰려다닌다고 했다. 내가 구글에서 델리와 아그라에서 원숭이 뉴스가 나오면 알림이 뜨도록 한 11개월 동안, 인도 신문에는 원숭이가 치명적인 〈공격〉을 가했다는 기사가 여덟 건 실렸다.

지난 10년 동안 원숭이 때문에 사람들이 발코니에서 추락하는 사건도 작은 유행처럼 늘어났다. 뉴스를 검색해 보니 3년 동안에만 여섯 명이 그렇게 사망했다. 그중에 가장 유명한 사례는 2007년 델리 부시장 S. S. 바즈와가 추락한 사건이었다. 그 당시 바즈와는 바람을 쐬고 있었는데 원숭이 무리가 먹이를 찾아 집으로 몰려드는 것을 보고 깜짝 놀랐다. 그는 원숭이들을 막으려고 하다가 — 아니면 원숭이들에게서 달아나려고 하다가(목격자가 없었으니 어느 쪽인지는 모르겠지만) — 발을 헛디디며 난간 너머로 떨어졌다.

나는 공격이라는 단어를 써야 할 만치 원숭이들이 적대적인 의도를 가지고 있었는지 살짝 의문이 들긴 하지만, 원숭이 떼가 집 안으로 우르르 몰려들면 겁이 날 것이 확실하다. 최근에 우다이푸르를 방문했을 때 나는 저녁마다 도시의 많은 옥상 식당 중 한 곳에 앉아 랑구르원숭이와 붉은털원숭이 무리가 어스름이 깔릴 때 나와서 약탈을 시작하는 광경을 보곤 했다. 원숭이들은 정의를 추구하는 톰 크루즈처럼 비상계단을 달려 올라가고 건물에서 건물로 건너뛴다. 어느 날 밤에는 기억도 안 날 콩 요리를 먹다가, 랑구르원숭이 한 마리가 둥근 천장 아래 장식용 들보를 타고 내 식탁 위까지 오는 모습을 바라보았다. 종업원들이 늘 가까이 두고 있는 원숭이를 쫓아내는 막대기가 없었더라면, 그 식사는 더 기억에 남았을 것이다. 18킬로그램의 원숭이가 갑자기 천장에서 툭 떨어진다면, 자기도 모르게 몸을 피하게 된다. 그곳이 발코니나 옥상이라면, 몇 걸음 안 가서 추락할 수도 있다.

몇몇 기사에 따르면, 인도 야생 동물 연구소는 피임 백신을 연구 중이라고 한다. 『인도 타임스』에는 〈몇 분 안에 동물을《불임화할》주사가 나온다는 기사가 실렸다. 꿈같은 이야기다! 수가 너무 많고 문제를 일으키는 야생 동물에게 쉽게 처방할 수 있고 오랫동안 출산율을 억제할 수 있는 백신이라니. 인도로 가기 전에 나는 그 연구소의 연구부장인 카마르 쿠레시와 전자 우편으로 면담 날짜를 확인하려고 했지만 그럴 수가 없었다. 게다가 디왈리 축제 기간이라서 그는 휴가 중이었다. 그러나 데라둔에 돌아갔을 때 나하가 연구소를 안내해 주기로 했기에, 나는 그에게 사적으로 폐를 끼칠 수 있었다.

월요일 아침 9시 10분이다. 나는 인도 야생 동물 연구소 정문에서 나하를 기다리고 있다. 경비원이 나를 위해 햇볕이 드는 곳으로 사무실 의자를 하나 꺼내 준다. 그는 엉덩이에 술 장식이 있는 제복에 근사한 붉은 깃털이 달린 베레모 차림이다. 야생 동물학자가 아니라 왕족을 지키는 일을 맡은 사람 같다. 정문 바로 안쪽으로 철망 울타리 위쪽에 철조망이 둘러진 작은 단층 건물이 보인다. 원숭이 한 마리가 둥글게 말아 놓은 철조망 사이를 아무렇지도 않게 지나간다.

나하가 나를 맞으려고 연구소 잔디밭을 가로지른다. 함께 본관으로 걸어가면서 그는 쿠레시가 월요일 아침 회의 중이라고 설명한다. 그리고 쿠레시의 사무실로 안내하면서 내가 기다리고 있노라 알려 주겠다고 약속한다.

쿠레시의 책상 위에는 야생 동물을 주제로 한 물건들이 놓여 있다. 얼룩말 줄무늬 필통, 호랑이 줄무늬 물병도 있다. 내 왼쪽으로 테라스로 향하는 미닫이 유리문이 열려 있는데, 벌써 원숭이들이 두 번이나 들락거리면서 책상 위를 들쑤시고 서류들과 사무용품들을 공중으로 흩날리며 난장판을 만들다가 먹을 것이 없다는 것을 알자, 다시 나갔다. 이 사건들은 쿠레시 사무실 뒤쪽 책상에 앉아 있는 남자가 대부분 무언극으로 내게 전해 준 것이다. 그는 영어를 전혀 못 한다. 그가 무슨 일을 하는지는 잘 모르겠다. 그는 줄무늬 반팔 셔츠 위에 마찬가지로 줄무늬가 있는 조끼를 입고 있다. 이곳에는 줄무늬가 가득하다.

비서가 들어와 쿠레시의 책상에 결재판을 두 개 펼쳐 놓는다. 서류에는 포스트잇으로 표시가 되어 있다. 「안 그러면 아무 데나 서명을 하거든요!」 그녀가 깔깔 웃는다. 「여기 계신 거 부장님이 아세요?」

「아, 그럼요. 회의 중이라면서요.」

그녀는 좀 쯧쯧 하는 듯한 어투로 말한다. 「회의를 하면 언제 끝날지 몰라요. 운이 좋기를 바랄게요.」 그녀의 뒤쪽으로 줄무늬 남자가 몸을 기울인 채 잠들어 있다. 붉은털원숭이 한 마리가 안뜰 반대편 지붕 가장자리를 따라 점잖게 걷고 있다.

쿠레시는 11시쯤 연구원 몇 명과 함께 들어온다. 그는 마르고 큰 키에, 온화하고 사교적인 태도를 보인다. 〈안녕하세요〉라고 형식적인 인사를 하는 대신, 이렇게 묻는다. 「인도에는 어떻게 왔습니까? 음식은 입에 맞나요?」

과학적 주제를 다루기 전에, 우리는 인도와 동물 문제를 놓고 두루 이야기를 나눈다. 「전국이 거의 성지나 다름없어요.」 쿠레시는 말한다. 그는 말하면서 포스트잇이 붙은 부분들을 찾아가며 서명을 한다. 「우리 법이 아주 엄격해서 그런 것도 있어요.」 1972년에 야생 동물(보호)법이 통과된 뒤로 허가 없이, 또는 〈유해 동물〉로 국가가 선포하지 않은 상태에서 야생 동물을 죽이거나 포획하는 것은 불법이다. 쿠레시는 독서용 안경 위쪽으로 흘깃 내다보면서 말한다. 「그리고 사람들의 태도 때문이기도 하지요.」

힌두교 신은 동물의 모습이나 동물의 일부, 여러 동물 부위를 모아 놓은 모습을 취하기도 하고, 동물을 배우자로 삼거나 동물을 타고 다니기도 한다. 나는 처음 델리를 방문했을 때 겪은 일을 들려준다. 인도를 걷는데 위에서 살아 있는 쥐가 툭 내 발 위로 떨어졌다. 그러자 함께 걷던 남자가 환호성을 질렀다. 「축복을 받았네요! 쥐는 가네샤 신의 전령이에요.」

연구원들은 귀 기울여 듣고 있다. 「모든 것이 신성을 갖고 있어요!」 우달라크 빈다니라는 연구원이 코웃음을 친다. 「바질도 신성이 있어요! 비슈누의 아내 중 한 명이에요.」

「따지자면 사실 아주 좋은 일이지요. 사람들이 자연과 이렇게 깊이 연결되어 있는 거니까요.」 눈썹에 피어싱을 한, 잘 웃는 젊은 행동 생태학자 디브야 라메시가 말한다.

그러나 인도인의 인내심도 한계가 있다. 농민이라면 더욱 그렇다. 공교롭게도 인도 농업에 가장 큰 피해를 입히는 동물들도 신성한 동물들이다. 코끼리는 가네샤, 원숭이는 하누만의 화신이다. 멧돼지는 비슈누의 화신이다. 닐가이nilgai는 사실은 영양의 일종이지만 푸른 소blue bull라고도 하며, 가이는 소를 뜻하고, 소는 신성하다. 당국은 닐가이의 수를 줄이고 싶었을 때, 먼저 이름을 바꾸는 일부터 추진했다. 닐가이는 현재 로지roj, 즉 〈숲 영양〉이라고 불린다.

언론이 〈원숭이 위협〉을 끊임없이 들먹거림에도, 아그라나 델리 당국은 원숭이를 유해 동물로 선포하지 않았다. 만일 선포한다면, 박멸할 사람들을 구하기가 쉽지 않을 것이다. 「원숭이를 죽이겠다는 사람은 못 구할 거예요.」 최근에 만난 델리의 기자 닐란자나 보믹의 말이다. 델리시(市) 수의국은 현재 원숭이들을 생포해 다른 지역으로 옮기는 정책을 펴고 있는데, 그 일을 할 사람을 구하기가 쉽지 않다. 힌두교도가 아닌 사람들조차도 그 일을 꺼린다. 원숭이를 생포했다가는 조롱과 위협을 받기 때문이다.

문제를 더 악화시키는 요인이 있다. 바로 공물이다. 힌두교 신자들은 화요일과 토요일마다 하누만 사원에 가서 예배를 올린다. 그들은 사원에 있는 신상에 코코넛과 금잔화 화환을 바친다. 또 사원 바깥에서 어슬렁거리는 살아 있는 화신들에게 사모사와 망고주스를 바친다. 우리가 알다시피, 야생 동물에게 먹이를 주는 행동은 인간과의 갈등을 일으키는 가장 빠른 경로다. 먹이가 있다는 것을 알면 대개 사람을 겁내는 동물들까지 위험을 무릅쓴다. 이 위험을 무릅쓰는 행동은 보상을 받으며, 그 결과 그들은 점점 대담해진다. 조심성 대신 대담함이 들어서고, 대담함은 공격성으로 발전한다. 들고 있는 먹이를 건네지 않으면, 원숭이는 잡아챌 것이다. 쿠레시는 그때 놓지 않으려고 꽉 잡고 있거나 원숭이를 쫓으려 하면, 원숭이가 때릴 수도 있다고 말한다. 아니면 깨물거나. 『인도 타임스』는 2018년에 델리에서 원숭이에게 물려 병원을 찾은 사람이 950명이라고 말한다.

　쿠레시는 야생 동물 관련 회의에 참석하러 히마찰프라데시의 하누만 사원에 갔던 일을 떠올린다. 주최 측은 귀중품을 갖고 다니지 말라고 당부했다. 원숭이들이 빼앗은 뒤 먹이와 교환하자고 하기 때문이다. 쿠레시는 휴대 전화와 지갑을 자동차에 두고 갔다. 「한 녀석이 다가오더니요······.」 쿠레시는 일어나서 주머니를 뒤집어 보여 준다. 「정말이라니까요! 주머니에 손을 집어넣고 마구 뒤져요!」

　원숭이라면 나도 할 이야기가 있다. 라자스탄의 분디에서 덤불 사이로 난 길을 따라 도시 위쪽에 솟아 있는 14세기 요새의 유적으로 향할 때였다. 나는 거기에도 원숭이가 있다는 것을 알았다. 어스름에 홍벽을 따라서 원숭이들의 윤곽이 보였기 때문이다. 도착하니 아침이었다. 나는 바나나를 갖고 있었다. 미리 준비한 것이었다. 원숭이에게 빼앗긴다는 것이 어떤 느낌일지 알고 싶었다. 그 범죄 현장을 기록하기 위해 친구 스테프가 아이폰을 꽉 움켜쥔 채 뒤따르고 있었다. 처음 장면에는 한 손에 오렌지색 비닐봉지를 들고 발치를 내려다보며 걷고 있는 내 모습이 찍혔다. 그런데 더 자세히 살펴보니, 길 저쪽 바위 뒤에서 작은 황갈색 머리가 삐죽 나온 것이 보였다. 카메라 바깥에 다른 원숭이도 있다. 숨어서 승합 마차를 기다리는 무법자들이다. 내가 바위 가까이 다가가자, 첫 번째 원숭이가 모습을 드러낸다. 우리가 키를 재듯이 서로 마주 설 때 다른 원숭이가 내 뒤에서 덮쳐 바나나를 움켜쥔다. 스리슬쩍! 나로서는 공격이라고 부르고 싶지 않다. 너무 빨라서 전혀 두려움을 일으키지 않은 채 이루어지는 날치기에 더 가깝다.

2008년 델리시 당국은 야생 원숭이에게 먹이 주는 것을 금지하는 법을 제정했지만, 한 뉴스에 따르면 과태료를 물린 사례는 전혀 없다고 한다. 델리의 코넛 플레이스에 있는 하누만 사원 바깥에서 나는 한 남자가 원숭이 무리에게 다가가는 모습을 지켜보았다. 그는 마치 원숭이가 아니라 매춘부에게 다가가듯 주변을 곁눈질하면서 수상쩍은 기색을 보였다. 그는 재빨리 토마토가 담긴 봉지를 건넨 뒤, 살진 암컷이 쪼그리고 앉아서 노련하게 껍질을 벗겨 포장도로에 버리고 속살을 분리하는 모습을 지켜보았다. 사원 직원은 무슨 일인가 하고 지켜보다가 그냥 떠났다.

쿠레시는 직원이 그 행위의 중요성을 이해하고 있기 때문이라고 했다. 「천국에 가고 싶나요? 그러면 공양을 바쳐요. 천국에서 멋진 집과 잠자리를 예약하고 싶다고요. 그러면 먹이를 줘요.」

「그리고 그들은 이렇게 소리치는 사람들이기도 하지요. 〈이 원숭이들 좀 없애 줘!〉」 라메시가 덧붙인다.

쿠레시가 결재판을 덮고 펜을 내려놓는다. 「당신이 인터뷰를 할 때 많은 사람이 이렇게 말할 거예요. 〈그들을 죽이지 마요!〉 그냥 그들이 사라지기를 원할 뿐이에요.」 어디나 마찬가지다. 야생 동물 님비주의NIMBYism다. 공원의 다람쥐는 귀엽다. 그러나 내가 심은 식물을 파헤치는 다람쥐는 괘씸하다.

쿠레시는 정부 주도의 감축 — 여기서는 멧돼지와 닐가이를 총으로 잡는 것을 가리킨다 — 이 지닌 또 한 가지 문제가 죽이는 것까지는 허용하지만, 그 고기를 먹는 것이 법으로 금지되어 있다는 점이라고 덧붙인다. 「그리고 이곳에서는 그저 사냥하는 재미로 종(種)을 죽이는 일은 없어요. 사이코패스나 그런 짓을 하지요.」

과학이 문제를 일으키는 동물의 출산을 억제할 방법을 내놓을 것이라는 말은 큰 희망이 되고 있다. 그런데 쿠레시 연구진이 원숭이용 면역 피임 백신을 연구하고 있다는 것은 사실이지만, 『인도 타임스』에 실린 것처럼 〈몇 분 안에〉 동물을 불임으로 만든다는 말은 사실이 아니다. 게다가 다른 언론들에서 보도한 것과 달리, 입으로 먹게 하는 방식도 아닐 것이다. 쿠레시는 책상에 두 팔꿈치를 올린다. 「원숭이 피임약은 아직 머나먼 꿈이죠.」 해당 동물이 그 백신을 정기적으로 충분히 많이 먹도록 하면서, 어떤 식으로든 간에 다른 동물은 먹지 않게 만들 필요가 있다.*

구강 피임약은 통제된 조건에서 단일 종에게 쓰기에 가장 좋은 방법이다. 하수구 같은 곳이 그렇다. 시궁쥐를 퇴치하기 위해, 미국의 몇몇 도시는 콘트라페스트Contra-Pest라는 구강 피임약을 쓰기 시작했다. 두 가지 활성 성분이 들어 있는 쥐 피임약이다. VCD는 난소에서 난자를 없앤다. VCD는 원래 산업용 가소제로 쓰였지만, 인간의 건강과 안전 검사에서 내분비 교란 물질임이 드러났고 그 뒤 설치류 산아 제한용으로 쓰이게 되었다. VCD는 작용하는 데 시간이 걸리므로, 두 번째 화합물이 추가되었다. 이 성분은 수컷에게도 작용한다. 트립톨리드triptolide는 쥐가 계속 먹는 한, 정자와 난자의 발달을 저해한다. 두 성분이 믿을 만한 수준으로 쥐 집단에 영구 불임을 일으킬지는 아직 불분명하지만, 미국의 몇몇 도시에서 시도되고 있다. 그러나 식성이 다양하면서 널리 돌아다니는 원숭이에게는 적합한 해법으로 보이지 않을 듯하다.

* 영국의 연구자들도 열심히 시도하고 있다. 물론 원숭이를 대상으로 한 것은 아니지만. 국립 동부회색청서 반대 운동이라는 수십 년 동안 이어진 대중 박멸 운동과 〈이 가장 달갑지 않은 외래 침입자〉— 1937년 6월 29일 상원 회의에서 맨스필드 백작이 한 말을 인용한 표현 — 를 박멸하라는 의회 명령이 실패로 끝난 뒤, 과학이 개입하고 있다. 연구자들은 이민자인 회색청서(아메리카에서 들어왔다 — 옮긴이)에게 계속 밀려나고 있는, 영국에서 사랑받는 북방청서(우리나라의 청설모와 같은 종에 속한 변종 — 옮긴이)가 접근하지 못하도록 설계된 나무 상자에 면역 피임약을 섞은 미끼를 두는 실험을 계속해 왔다. 미끼에 남은 생물 표지로 판단할 때, 지금까지 숲에서 시험한 동부회색청서들은 대부분 적당한 용량을 섭취하는 듯하다. 영국이여, 행운이 깃들기를. 현재 영국에서 북방청서는 12만 마리가 남아 있는 반면, 아메리카에서 온 침입자는 수백만 마리가 살고 있다.

인도 야생 동물 연구소에서는 PZP(돼지 투명층 porcine zona pellucida)라는 주사하는 면역 피임 백신을 시험 중이다. 투명층은 난자를 둘러싸고 있는 투명한 단백질 막으로, 정자 수용체가 들어 있다. 암컷에게 외래(예를 들어 돼지) 투명층 백신을 주사하면 면역계는 암컷의 투명층에 결합하는 항체를 만들 것이다. 이 항체는 정자 수용체에 결합함으로써, 정자가 난자에 결합하지 못하게 만든다. 즉 수정을 방해한다.

그런데 물류 측면에서 보면, 극복해야 할 문제가 많다. 많은 백신처럼 PZP도 면역계의 활성을 유지하려면 추가 접종이 필요하다. 물론 자유롭게 돌아다니는 동물에게 추가 접종을 한다는 것은 쉬운 일이 아니다. 처음에 접종했던 동물들을 다시 모아서 접종하려면 시간과 돈이 꽤 많이 든다. 시간과 비용뿐 아니라, 추가 접종을 하려면 앞서 접종을 한 개체와 그렇지 않은 개체를 구별할 수 있도록 어떤 영구 표식 — 문신 같은 — 을 접종한 개체에게 남길 필요도 있다.

미국에서는 합성한 투명층을 써서 실험이 이루어져 왔다. 주로 지리적으로 격리된 동물 집단이 그 대상이었다. 애서티그 섬의 야생마는 좋은 후보다. 작은 섬에서 무리 지어 돌아다니므로, 한 번에 모든 개체에게 주사를 놓기가 비교적 쉽기 때문이다. 그런 뒤 3~6주 사이에 추가 접종을 하고, 그 뒤로는 해마다 한 번씩 추가 접종을 하면 된다. 그러나 인도의 도시를 돌아다니는 야생 붉은털원숭이 수만 마리에게는 시도할 생각조차 하기 어렵다.

원숭이에게 투명층 백신을 접종하는 데에는 또 다른 문제가 있다. 잉태되지 않은 암컷은 곧 다시 발정기에 들어서고, 매번 그럴 때마다 수컷들은 번식기 행동을 보일 것이다. 그럴 때마다 그들은 더 공격성을 띤다. 다른 원숭이들에게만이 아니라 사람에게도 더 공격적으로 대한다고 여겨진다. 미국에서 PZP 실험의 대상으로 삼았던 흰꼬리사슴에게서도 그런 일이 일어났다. 수컷들은 사람에게 공격성을 드러내지는 않았지만, 교미 상대를 찾아 더 멀리까지 돌아다녔고, 그 과정에서 일반 도로든 고속 도로든 가리지 않고 건넜다. 사슴과 운전자 모두에게 안 좋은 상황이었다. 이런 이유도 있기에 미국에서는 면역 피임 연구를 성호르몬의 효과를 차단하는 백신 쪽으로 초점을 맞추어 왔다. 고나콘GonaCon은 암컷의 배란 주기를 중단시킨다. 노스다코타의 시어도어 루스벨트 국립 공원에서 우글거리는 말들에게 첫 접종을 한 뒤 추가 접종을 한 차례 더 했을 때, 암말 중 92퍼센트는 7년 동안 불임 상태를 유지했다. 이 연구는 계속 진행 중이며, 불임이 영구적이기를 바라고 있다.

한 번의 접종으로 영구 불임을 가져올 수 있는 면역 피임 백신이 있을까? 미국 국립 야생 동물 연구 센터와 토지 관리국은 현재 기존의 서식지가 지탱할 수 없는 수준으로 불어난 야생마 집단을 대상으로 실험을 하고 있다. 그 백신에는 두 가지 활성 성분(BMP-15와 GDF-9)이 들어 있다. 이 성분들에 맞서 생성된 항체들은 난자가 지원하는 역할을 하는 주변 세포들과 소통하지 못하도록 차단함으로써, 난자의 성숙을 막는다. 이 백신은 접종자에게 표식을 남기거나 나중에 추가 접종을 위해 추적할 필요가 없으므로, 도시의 원숭이에게도 쓸 수 있을 듯싶다.

쿠레시는 면역 피임법, 아니 더 나아가 모든 유형의 원숭이 피임법에는 더 큰 문제가 있다고 본다. 대책을 실행하자마자 문제가 사라질 것이라고 사람들이 기대할 가능성이 높다는 것이다. 「그런데 이 방법은 동물을 죽이는 것이 아니지요. 동물들은 계속 살아가겠지요.」 도시의 붉은털원숭이는 수명이 12~15년이다. 쿠레시는 원숭이에게 시달리는 보통 사람이 효과를 알아차릴 수 있을 만치 개체 수가 줄어드는 데 7~8년은 걸릴 것으로 추정한다. 「사람들은 이렇게 말할 겁니다. 〈그렇게 많은 돈을 썼는데, 왜 문제가 사라지지 않는 거야?〉」

쿠레시는 정중하게 미안하다고 말한다. 다른 회의에 참석해야 한다. 라메시는 나와 함께 나와서 오토릭샤를 부른 뒤, 내가 묵는 호텔까지 바래다준다. 도중에 사람들이 쓰레기를 버리는 메마른 하천 바닥을 지나친다. 이곳을 지나칠 때 나는 쓰레기를 뒤지고 있는 돼지와 원숭이를 본다. 나는 콜로라도처럼 쓰레기를 억제하려는 노력이 이루어지고 있는지 물어본다.

라메시는 청소 사업이 진행 중이라고 답한다. 동네 쓰레기 투기장만 있던 곳들에 지금은 집집마다 쓰레기 수거 트럭이 다니고 있다는 것이다. 수거할 곳에 가면 수거 트럭은 쓰레기를 내놓으라고 음악을 크게 튼다.

내가 어떻게 수거하는지 묻자, 라메시는 웃음을 터뜨린다. 「건물들이 비좁고 여러 층으로 되어 있어서, 사람들은 쓰레기통에 쓰레기를 버리겠다고 밑으로 내려오지 않아요. 그냥 창밖으로 쓰레기봉투를 떨어뜨리지요.」

인간이란.

인도의 〈원숭이 위협〉 가운데 한 가지 흡족한 요소는 시달리는 사람이 상류층일 때가 종종 있다는 것이다. 도시 원숭이는 나무가 가득한 공원이나 풍광이 좋은 지역을 선호한다. 즉 부유한 이들이 사는 곳이다. 푸른 숲의 굵은 가지 위에 살던 원숭이들은 곧 지붕과 테라스로 향하는 길을 발견하고, 열린 창문을 통해 안으로 들어가는 방법까지 알아낸다. 그들은 변호사와 판사의 대저택과 사무실을 습격한다. 원숭이들은 총리의 저택도 털었고, 국회 의사당도 습격해 신문 표제 기사 작성자들을 신나게 했다.

「회의실을 마구 돌아다녀요!」 원숭이들이 들끓는 고급 주택 단지의 주민들을 대변하는 변호사 메라 바티아가 소리쳤다. 나는 델리에서 어느 오후에 바티아와 만나 커피를 마셨다. 그녀는 자신이 나렌드라 모디 총리도 다니는 회원제 헬스 클럽에 다닌다고 했다. 「새 수영장을 개장했더니, 원숭이들이 헤엄치고 있었어요!」

바티아는 자신의 주택 개발 단지를 위해 공익 소송을 제기했고, 2007년에 델리 고등 법원은 시의 수의 담당 부서가 조치 방안을 마련해야 한다고 판결했다. 당시에 그 짐은 주로 한 사람에게 지웠다. 수의학과장인 R. B. S. 탸기다. 나는 그와 30분 뒤에 만날 약속을 잡았다.

탸기의 사무실은 델리의 핵심 관공서 중 하나인 남델리 도시 공사(SDMC) 18층에 있다. 방문하기에 적절한 마음의 준비를 갖출 시간을 주려는 양, 승강기가 내려오는 데 10분이 걸린다. 열받은 공무원들이 짜증을 내면서 위Up 단추를 너무 자주 눌러 대는 바람에 고장 난 모양이다. 벽에 〈계속 누르지 마시오〉라는 알림 문구가 붙어 있다.

나는 기다린다. 청소원이 로비에서 대걸레를 밀고 있다. 그는 신부가 혼례식장에 들어가는 것처럼, 의식 행사를 거행하듯 천천히 완벽하게 줄을 맞추어 걷는다. 또 한 사람은 정문 바깥의 검은 대리석 타일을 대걸레로 닦고 있다. 델리 정부에 관해 어떤 말을 할 수 있을지 모르겠지만, 아무튼 먼지 낀 바닥을 닦는다는 점은 분명하다.

탸기가 들어오라고 손을 흔든다. 그는 자기 책상 앞에 놓인 두 개의 의자 중 하나에 앉으라고 한다. 다른 의자에는 누군가 앉아 있다. 아직 업무가 끝나지 않은 모양이다. 아니면 그저 좀 더 오래 앉아 있고 싶은 것일 수도 있다. 탸기의 뒤쪽 벽에는 코알라 사진 액자가 걸려 있다. 내가 소개도 제대로 하지 못했는데 탸기가 말을 시작한다. 「우리는 델리 고등 법원이 말한 대로 원숭이들을 덫으로 잡아 왔어요. 그런 인력이 지금 두 명 있지요. 생포한 원숭이는 아솔라바티 광산 지역으로 옮겨요. 자세한 사항은 델리 정부의 야생 동물 감시단장인 이슈와르 싱 박사에게 들을 수 있어요. 만나 봤나요?」

나는 그를 만나 볼 시도는 했다. 인도로 오기 몇 주 전부터 산림과의 웹사이트에 나와 있는 이슈와르 싱의 전화번호로 계속 전화를 걸었다. 그런데 아무리 연락해도 받지 않았다. 나중에야 나는 정부 웹사이트에 실린 전화번호를 통해 인도 공무원과 연락을 취하려고 하는 사람은 얼간이밖에 없다는 사실을 알게 되었다.

탸기와 싱 — SDMC와 산림과 — 은 여러 해 동안 서로에게 업무를 떠넘기려고 애써 왔다. SDMC는 원숭이가 야생 동물이므로 산림과에서 맡아야 한다고 주장한다. 그러나 산림과는 도시에서 사람들이 건네주는 것을 먹고 사는 원숭이는 더 이상 야생 동물이라고 할 수 없기 때문에, 자신들의 관할이 아니라고 반박한다.

나는 델리 원숭이들에게 불임 수술을 한다는 계획을 들은 바 있었기에, 탸기에게 구체적인 내용을 묻는다.

「그것도 마찬가지로 델리 정부의 야생 동물 감시단장, 이슈와르 싱 씨가 할 일입니다.」

나는 답을 알고 있었지만, 사원에서 원숭이에게 먹이를 주는 사람에게 과태료를 매긴 사례가 전혀 없는 이유를 탸기에게 묻는다.

「알다시피 원숭이 문제는 종교적인 거예요. 그 문제는 이슈와르 싱, 델리 정부의……」

나는 말을 잇는다. 「……감시단장과 논의하라는 거지요?」

「그래요. 그가 알려 줄 겁니다.」

「먹이를 주는 것은 불법이죠?」

「그 문제는 야생 동물 감시단장의 업무입니다.」〈계속 누르

지 마시오.〉

 탸기와 싱이 누구의 업무인지를 놓고 티격태격하는 동안, 델리의 부유한 주민들은 그 문제를 스스로 해결하고자 한다. 상가와 부유한 집안은 원숭이 경비원을 고용한다. 목줄을 맨 랑구르원숭이를 데리고 순찰을 하는 이들이다. 인도의 랑구르원숭이는 내가 파우리 가르왈과 라자스탄에서 본 검은 얼굴의 무시무시한 종이다. 붉은털원숭이보다 훨씬 커서 붉은털원숭이가 그들을 피한다. 내가 분디의 산길을 올라 요새까지 갈 때 붉은털원숭이를 한 마리도 보지 못한 것은 길옆에 앉아 있는 랑구르원숭이 때문이었을 것이 확실하다. 나와 눈이 마주쳤을 때, 그 원숭이는 윗입술을 들어 올리며 송곳니를 반짝 드러냈다. 외투를 젖히면서 가슴을 드러내는 것처럼, 그 몸짓도 원하는 효과를 일으켰다. 나는 눈을 내리깔고 조용히 지나갔다.

 「랑구르원숭이를 이용하는 것은 금지예요.」 다른 의자에 앉아 있던 사람이 한마디 한다! 그리고 자신을 소개한다. 탸기 밑에서 일하는 수의사 중 한 명이다. 「불법이지요.」 야생 동물(보호)법 때문이다. 메라 바티아는 자신이 속한 사회의 사람들은 어쨌거나 조용히 일을 처리한다고 말한다. 「총리의 집에 랑구르원숭이가 정확히 몇 마리나 있는지는 모르겠지만요…….」* 그러더니 그녀는 화제를 돌려 인도 의과학 연구소에 붉은털원숭이 한 마

---

* 2020년 도널드 트럼프와 멜라니아 트럼프 부부가 타지마할을 방문했을 때, 보안 팀에는 준군사 조직인 경찰 보안대와 국가 안보부 요원들뿐 아니라, 랑구르원숭이도 다섯 마리 포함되어 있었다.

리가 침입해 환자의 팔에 꽂혀 있던 수액 바늘을 빼서 아이가 탄산음료 병에 꽂힌 빨대로 홀짝거리는 것처럼 포도당을 빨아 먹었다는 이야기를 들려준다.

원숭이 경비원을 고용하는 것이 금지된 뒤, SDMC는 열 명을 고용하여 랑구르원숭이의 소리를 흉내 내도록 훈련시켰다. 인터넷에서 그들이 일하는 모습과 소리를 보고 들을 수 있을지도 모른다. 한 신문에는 그들이 랑구르원숭이 복장을 했다는 기사가 실렸는데, 사실이 아니다. (그러나 사르다르 발라바이 파텔 국제공항이 활주로에 침입하여 비행 지연 사태를 일으키는 랑구르원숭이를 쫓아내기 위해 사람을 고용하여 곰 복장을 하고 돌아다니게 했다는 말은 사실인 듯하다.)

「그런데 흉내 내는 사람들은요? 효과가 있었나요?」 나는 옆 의자에 앉은 수의사에게 직접 질문을 던진다.

「그 문제는 해결되지 않았어요. 기껏해야 동물들을 한 곳에서 다른 곳으로 보내는 거죠. 영구 해결책이 아니에요.」 조류와 영장류 전기 충격 테이프, 새총 부대, 유리창에 붙이는 뱀 스티커, 랑구르원숭이 오줌(『뉴욕 타임스 *The New York Times*』에는 〈랑구르원숭이 65마리를 데리고 다니면서 저명인사들의 집에 오줌을 싸게 했다〉는 인터뷰 기사가 실리기도 했다), 실물 크기의 〈랑구르원숭이 모형〉에도 같은 말을 할 수 있다.

탸기는 독서용 안경을 벗더니, 내가 앉은 뒤 처음으로 나를 제대로 쳐다보았다. 「말해 봐요. 인도의 이런 상황을 해결할 방안이 있다고 생각하나요?」 나는 그가 원숭이를 사랑하는 한편으로,

원숭이를 증오하는 난감한 대중을 달랠 만한 좋은 제안이든 새로운 착상이든 무엇이든 간에 진심으로 절실히 듣고 싶어 할 것이라고 믿는다.

나는 그에게 미국의 몇몇 소도시에서는 쓰레기통을 잠그는 방법을 써서 성공했다고 말한다. 그 말을 하면서도 나는 델리처럼 크고 혼란스러운 도시에서는 쓸모가 없으리라는 것을 안다. 탸기는 다시 시선을 거둔다. 「원숭이는 쓰레기통을 뒤지지 않아요. 개가 뒤지지요.」 탸기는 개 이야기라면 할 것이다. 떠돌이 개는 그의 업무에 속하니까. 델리에는 원숭이보다 개에게 물리는 사례가 더 많고, 원숭이와 달리 개는 광견병을 옮길 위험이 상당하다. 그러나 원숭이의 공격과 달리 개의 공격은 신문에 잘 실리지 않는다. (말이 나온 김에 덧붙이자면, 인도에서 동물 때문에 생기는 첫 번째 사망 원인도 아니다. 그 역할은 뱀이 맡고 있다. 인도에서는 연간 약 4만 명이 뱀에 물려 죽는다. 내 구글 뉴스 알림에는 델리의 뱀 소식이 단 한 건 있었다. 원숭이가 뱀을 부리는 사람의 뱀을 낚아채 달아나는 동영상이다.)

탸기는 다시 안경을 쓰고 책상에 놓인 인쇄물을 집어 든다. 「오늘 아침에 미국의 떠돌이 개에 관한 자료를 모으고 있었어요.」 그는 소리 내어 읽는다. 「〈떠돌이 개들은 미국 도시들에서 가장 심각한 관리 문제 중 하나가 되어 왔다…….〉」 나는 내가 아는 도시들과 그 도시들에 만연한 온갖 문제를 떠올린다.

「떠돌이 개요?」

그는 계속 읽는다. 「〈들개 떼가 미국 도시들의 시가지를 배회한다.〉사실인가요?」

신문은 『그랜드 포크스(노스다코타) 헤럴드 *Grand Forks Herald*』에 실린 북아메리카 보호 구역 문제를 다룬 기사를 인용한다. 일종의 비약이다. 놀랄 일도 아니다. 인도의 언론 매체들은 원숭이 습격 이야기를 얼마나 과장하는 것일까, 아니 꾸며 내지는 않을까? 『인도 타임스』에 실린 〈돌팔매질〉 기사를 예로 들어 보자. 다른 신문에는 경찰관의 증언이 실려 있다. 사망자가 벽돌 더미 옆에서 자고 있었는데, 원숭이들이 벽돌 더미 위로 뛰어오르는 바람에 벽돌이 무너지면서 그 밑에 깔렸다는 것이다. 그러니 원숭이가 관여한 돌 때문에 사망한 것은 분명하지만, 돌팔매질을 했다고는 볼 수 없다.

나는 언론이 이런 사례들을 과장하여 떠들어 대는 것이 아닐까 추측하지만, 원숭이가 이런 혼잡한 도시에서 삶의 질을 떨어뜨리고 있다는 것은 분명하다. 인도의 소비자 불만 게시판에서 〈원숭이〉를 검색하면 당국에 〈제발 조치해 달라〉고 청원하는 글이 여덟 건 뜬다. 46구역의 라비 초드하리가 올린 〈우리가 매일같이 접하는 문제들 중 일부의 목록〉이라는 글이 전형적인 사례다.

1. 화분 깨뜨림
2. 문, 가로등 부숨
3. 아이들 물어뜯음
4. 주택 단지를 공포에 질리게 함

5. 전선을 끊고 물탱크를 오염시킴

구역에 일시적으로 랑구르원숭이가 돌아다니도록 허용해야 함. 감사.

나는 탸기에게 연간 950명이 물린다는 통계가 정확한지 묻는다.

「원숭이에게 물리는 환자 자료는 병원에 있어요. 다른 부서의 업무예요.」

이 사람이 답을 아는 질문이 있을까? 「탸기 박사님, 원숭이를 좋아하시나요?」

「그럼요, 당연하죠. 나는 수의사예요.」

「코알라도 좋아하시나 보네요.」

탸기는 고개를 돌려 코알라 사진을 쳐다본다. 「귀여운 동물이에요. 아주 귀여워요. 2010년에 오스트레일리아에 갔을 때, 찍었어요.」 그 기억에 좀 기분이 좋아지는 모양이다. 그는 종이에 뭔가를 적은 뒤, 그 부분을 찢어 반으로 접어서는 내게 건넨다. 친절한 행위처럼 느껴져서 마음이 살짝 누그러진다. 나는 종이를 펼친다. 델리 정부 야생 동물 감시단장 이슈와르 싱의 휴대 전화번호다.

12년 동안 탸기의 원숭이 포획자들은 원숭이 2만 1천 마리를 생포해 델리 남쪽의 버려진 소석고용 석회석 광산으로 보냈다. 그곳에는 아솔라 바티 야생 동물 보호 구역이라는 이름이 붙었고,

유리 섬유로 벽을 세웠다. 원래는 원숭이들이 따 먹을 과일나무도 심을 예정이었지만 실현되지 않았고, 대신에 트럭으로 먹이를 들여온다. 나는 헐벗은 땅에서 먼지를 뒤집어쓴 원숭이들이 우글거리면서 썩어 가는 먹이를 허겁지겁 집어삼키는 광경을 상상한다.

이 원숭이 보호 구역은 비공개 지역이다. 들어가고 싶다 해도 갈 수 없다. 온갖 서류를 작성하거나 연줄이 없다면. 나는 오토릭샤를 타고 SDMC를 떠날 때, 앞서 만났던 기자인 닐란자나 보믹에게 문자를 보냈다. 〈여행하고 싶지 않아요?〉

그녀는 그 도전 과제에 끌린다. 우리는 무작정 찾아가 들어갈 수 있는지 알아보기로 한다. 직원들은 난감해하면서 이리저리 떠넘긴다.「통로 맞은편으로 가서 숲 담당자에게 말해야 해요.」「자연사 센터의 프라사드 부인한테 가야 해요.」「진흙 때문에 도로가 폐쇄되었어요.」닐라는 마주치는 모든 사람에게 기꺼이 다가가서 계속 묻는다. 다시 관리동 밖으로 나오자, 주차장에서 한 여성이 온통 하얀색을 띤 우아해 보이는 남성을 가리킨다. 하얀 튜닉과 반바지를 입고, 하얀 터번을 쓰고, 끝을 마치 멋들어지게 흘려 쓴 글자처럼 말아 올린 콧수염을 기른 사람이다. 그는 구르지라고 자신을 소개한 뒤 묘목장으로 가야 한다고 말한다. 묘목장은 원숭이 보호 구역에서 멀지 않다. 우리는 얼른 차에 올라탄다. 차가 가는 동안 닐라가 통역을 한다.

구르지는 묘목장에서 일하지만, 전에는 3년 동안 원숭이들을 돌보았다. 탸기가 말하려 하지 않은 것들을 구르지는 기꺼이 들려준다. 시 당국은 원숭이에게 먹이를 제공하는 데 하루에 4만 루피를 쓴다. 사과, 옥수수, 오이, 양배추, 방울양배추, 바나나를 준다.「바나나는 늘 들어가요.」

10킬로미터쯤 가자 원숭이 보호 구역이 나온다. 도로는 깊이 패어 있고, 실제로 진흙투성이다. 보호 구역은 키 작은 메스키트 나무들과 아카시아 덤불이 무성하게 자라는, 아름답고 넓은 공간이다. 우리는 닐가이와 액시스사슴 무리를 지나친다. 원숭이에게 좋은 곳처럼 보인다. 아직 원숭이를 한 마리도 보지 못했지만 말이다. 구르지는 닐라에게 원숭이들을 돌볼 때가 좋았다고 말한다.

「친구였나 봐요.」그녀가 말하자, 구르지는 가볍게 웃음을 터뜨린다.

「원숭이는 친구가 될 수 없어요. 그냥 와서 먹이를 가져갈 뿐이에요. 그게 다예요.」

우리는 바닥을 조금 높인 곳 옆에 차를 댄다. 원숭이 먹이를 갖다 놓는 곳이다. 가장자리에서 여섯 마리가 앉아 옥수수와 양배추를 먹고 있다.

보호 구역의 벽은 원숭이들을 가둬 놓는 곳치고는 엉성하다. 원숭이들은 쉽게 기어올라서 주변 동네 사람들을 짜증 나게 만든다. 먹이와 지낼 공간이 충분한데, 왜 밖으로 돌아다닐까? 재배치 때 으레 일어나는 문제다. 동물은 아무것도 없는 곳으로 옮겨지는 것이 아니다. 풀어놓는 곳에는 이미 다른 동물이 살고 있다.

「그곳에 있던 원숭이들은 새로 온 원숭이들과 싸워요. 멀리 쫓아내지요. 약한 녀석들은 쫓겨나요.」구르지의 말이다.

우리는 구르지를 태우고 묘목장으로 향한다. 한 칸짜리 건물을 랑구르원숭이 한 마리가 지키고 있다. 먹이를 주는 시간이다. 옥수수와 오이를 준다. 랑구르원숭이는 오이를 외면하고 옥수수를 허겁지겁 먹는다. 입 양쪽으로 옥수수알들이 튀어나온다. 구르지가 길 맞은편의 단순한 건물들이 모여 있는 곳으로 안내한다. 예전에 광부들이 살던 곳인데, 지금은 작은 마을이 되어 있다. 건장한 수컷 한 마리가 밖으로 나가려는 듯 유리 섬유 벽을 기어오른다. 낮게 달린 눈썹과 노려보는 표정을 보니 호아킨 피닉스가 떠오른다. 약해 보이지 않는데, 왜 보호 구역을 떠나고 싶어 할까?

「모두 드나들곤 해요. 우리 마을에서는 빵조차도 마음 놓고 먹을 수가 없어요. 원숭이가 와서 채가니까요.」구르지는 어깨를 으쓱하면서 덧붙인다. 「원숭이잖아요. 뭐라고 말할 수 있겠어요?」

이슈와르 싱은 세 번째 걸었을 때야 전화를 받는다. 델리의 원숭이들에 대해 산림과가 어떤 계획을 갖고 있는지 묻자, 그는 대답한다. 「복강경 불임 수술이요!」그는 마치 특별 손님을 소개하듯 과장하는 어조로 말한다. 그리고 전화를 끊는다. 내 평생에 가장 짧은 인터뷰다. 나는 다시 전화를 걸고, 문자를 보내고, 전자 우편도 보낸다. 아무 응답도 없다. 나는 정자다. 그리고 그는 면역 백신 접종을 받은 난자다. 모든 수용체가 차단되었다.

나는 인도 야생 동물 연구소의 지인들에게 연락을 취한다. 연구원 사나스 물리야가 흥미로운 답을 내놓는다. 그는 델리에서 원숭이에게 불임 수술을 할 계획이 있는지 전혀 모르지만, 복강경 정관 절제술과 자궁관묶기가 히마찰프라데시와 우타라칸드 양쪽의 원숭이 불임화 센터 여덟 곳에서 이루어져 왔다고 알려 준다. 2006년 (비공식적으로) 〈유해 동물〉로 지정된 이래, 총 15만 마리에게 묶고 꿰매고 문신 — 신원 확인이나 검사 확인 표시나 다른 어떤 용도든 간에 — 을 새기는 작업이 이루어졌다. 15만 마리라면 꽤 많다고 여겨지는데? 산림과는 그렇게 생각하지 않는다. 2013년 3월 히마찰프라데시 산림과의 보전 책임자는 원숭이 불임화 센터 담당자에게 쪽지를 보냈다. 〈원숭이 불임화 속도가 미흡하다는 지적이 계속 나오고 있습니다.〉 담당자는 〈각 불임화 센터에 하루 90~100마리에게 불임 수술을 하도록〉 촉구하는 지시를 내렸다.

히마찰프라데시 원숭이 불임화 센터가 온라인에 올린 사진에는 동시에 수술을 진행할 수 있는 수술대 두 개가 놓인 사진이 있다. 하루에 여덟 시간을 일한다고 가정할 때, 이곳 수의사들은 시간당 여섯 마리씩 수술을 하고 문신을 새기는 일을 해야 한다. 10분에 한 마리씩이다!

그러나 속도를 늦추는 쪽은 수의사들이 아니었다. 그 쪽지는 산림과에 수의사가 아니라 원숭이 포획자들의 활동량을 세 배로 늘릴 것을 지시한다. 그러나 원숭이 포획단이라는 그럴듯한 이름을 붙여도, 아무도 그 일을 하려고 나서지 않는다. 그러자 당국은 원숭이 한 마리당 5백 루피를 주겠다면서 일반 대중을 대상으로 포획을 유도하고자 했다. 반발이 이어졌다. 한 활동가는 BBC 특파원에게 이렇게 말했다. 「원숭이를 아무렇게나 잡을 겁니다. 많은 원숭이가 다칠 수 있어요.」

물리야는 정관 절제술 자체에도 대중이 이의를 제기한다고 말한다. 「비인간적이라고 생각해요.」 게다가 원숭이는 절개한 자리를 긁어 대서 실밥이 터진다. 「그래서 우리는 PZP를 대안으로 살펴보게 된 거죠.」 그는 전자 우편에 그렇게 썼다.

내가 집으로 돌아온 지 6개월 뒤에 『힌두스탄 타임스』에 새로운 접근법이 제시되었다는 기사가 실렸다. 〈원숭이 위협을 막기 위해, 델리 정부 산림과는 주사할 수 있는 피임약에 모든 희망을 걸고 있다.〉 그러나 그 피임약은 PZP나 다른 어떤 백신도 아니었다. 정관에 젤을 주입하여 정자의 통로를 차단하는 가역적 정자 억제(RISUG)라는 방법이었다. 기사는 〈델리 산림과 야생 동물 감시단장 이슈와르 싱이…… 델리 고등 법원에서…… 리수그는 NGO가 복강경 불임 수술을 시도하여 세 번 실패한 뒤에 쓸 만한 대안이 될 것〉이라고 선서했다고 인용했다. 복강경 불임 수술! 그 감탄하던 기색은 어느새 사라진 모양이다.

『힌두스탄 타임스』는 리수그의 장점이 주사로 놓는 것이라고 했다. 따라서 긁어서 뜯어낼 실밥도 없을 것이다. 하지만 그 말은 사실이 아니었다. 사나스는 산림과가 공식적으로 그 방법을 기술한 자료를 내게 보냈다. 〈그리고 그 자리는 봉합할 것이다〉

라는 말로 끝났다. 리수그가 정관 절제술보다 나은 점은 가역적이라는 것이다. 물론 인도의 원숭이에게 쓸 때는 결코 이점이라고 할 수 없지만, 인간 남성(그리고 현재 임신할 생각이 없는 여성)에게 쓸 때는 이점이다. 리수그가 붉은털원숭이에게 효과가 있다는 것을 우리가 아는 이유는 최근에 나온 인체용 리수그가 원숭이를 대상으로 임상 시험을 거친 것이기 때문이다.

그 임상 시험을 한 여성은 캘리포니아 국립 영장류 연구 센터의 생식 내분비학 및 불임 분과장 캐서린 반데부르트다. 우리는 전화로 이야기를 나누었는데, 그녀는 절개가 필요하다고 확인해 주었다. 나는 원숭이 이야기를 하려고 통화를 했지만, 앞으로 (인간) 남성의 피임법이 어떻게 발전할지 호기심이 동했다. 리수그의 한 방식은 현재 미국에서 임상 시험이 진행 중이다. 사람들이 믿고 쓸 수 있을까?

반데부르트는 전망이 매우 밝다고 보았다.「원숭이 수컷의 생식력을 차단할 수 있다면, 유망해요.」남성이 한 번 사정할 때 나오는 정자는 수천만 마리인 데 비해, 원숭이는 수억 마리다. 「그리고 원숭이 정자는 사람 정자와 비교했을 때 제트 추진기를 달고 있는 것처럼 보여요. 사람의 정자 검사를 하는 사람들을 연구실로 불러 원숭이 정자를 보여 준 적이 있어요. 맙소사, 셀 수조차 없어, 너무 빨라! 이런 반응을 보였어요.」* 다시 말해 원숭이에

---

* 반데부르트 연구진은 원숭이 정액을 채취하기 위해 저자극 음경 전기 사정기를 개발했다. 그냥 바이브레이터를 쓰면 안 될까? 「어휴, 써봤지요. 맙소사. 발기는 잘되는데 사정을 하지 않았어요.」 인공 질을 갖춘 인형을 써서 사정을 유도하려는 시도도 했다.

게 먹힌다면, 사람에게도 먹혀야 한다.

하지만 야생 동물의 개체 수를 줄이는 방법으로서의 모든 수컷 피임 방법은 미흡하다. 피임 조치를 받지 않은 왕성한 수컷 한 마리는 같은 집단에서 불임이 된 개체들로 빚어진 빈자리를 놀라울 만치 많이 채울 수 있다. 수컷 불임화가 야생 개체군에 상당한 영향을 미치려면, 수컷의 99퍼센트에게 불임 조치를 취해야 한다. 반면에 암컷이라면 약 70퍼센트만 조치를 취하면 된다.

어느 정도는 바로 이 때문에, 성호르몬 억제제인 고나콘은 암컷에게만 쓰이고 있다. 또 다른 이유들은「흰꼬리사슴 수컷에게 GNRH 백신 고나콘을 적용한 관찰 사례」에 나와 있다. 수컷의 테스토스테론이 억제되자, 음낭이 줄어들고 뿔이 아주 괴상하게 자라고, 〈발정기 성숙한 수컷의…… 근육질 모습〉이 발달하지 않았다. 목이 굵은 대조군 수컷과 함께 찍힌 사진을 보면 정말 볼품이 없다. 사슴도 모멸감을 느낄까? 나는 국립 야생 동물 연구 센터에서 부소장으로 일하면서 번식 통제 연구 과제들을 총괄하는 더그 에커리에게 이 질문을 했다. 그는 현명하게 답했다.「나도 몰라요.」

나는 물리야에게 히마찰프라데시가 지금까지 갈등 지역에서 원숭이 암컷들을 불임화한 노력이 어느 정도로 달성되었는지

실패했다.「원숭이는 우리가 무엇을 원하는지 이해할 만큼 영리하지는 않지만, 인형과 섹스를 하지 않을 만큼은 영리하죠.」그녀는 그 기구에 다치거나 화상을 입는 일이 없다는 점도 강조했다. 오히려 정반대였다. 그녀는 자신의 목소리를 들으면 달려오곤 했던 오랑우탄 이야기를 들려주었다. 잊히지 않을 만큼 거북했다.「장치를 설치하는 동안 오랑우탄이 갈망하는 표정으로 계속 쳐다보고 있었거든요.」

물었다. 그는 모른다고 답했다. 개체 수를 추적한 사람이 아무도 없었기 때문이다. 나는 문을 두드리거나 질문지를 발송하지 않고 개체 수 조사를 하는 방법이 뭐가 있을지 상상하고자 애썼다. 같은 개체를 두 번 세지 않았다는 것을 어떻게 알 수 있을까? 샌프란시스코 주민들이 사람들의 목격담을 근거로 자기 시의 프리시디오 숲에 코요테 수백 마리가 살고 있다고 믿으며 불안해하는 것과 같지 않을까?* 사실 그곳에는 암수 한 쌍과 그 새끼들이 넓은 영역을 돌아다니고 있을 뿐이다. 어떻게 하는 것일까?

---

* 그리고 그들은 들은 내용을 근거로 삼았을 가능성도 높다. 2017년 R. 카일 브루스터 연구진은 코요테 1~4마리가 울부짖고 으르렁거리는 소리를 녹음해 실험 대상자들에게 들려준 다음, 몇 마리인지 추측해 보라고 했다. 배경(도시, 시골, 교외)에 상관없이, 실험 대상자들은 코요테의 수를 두 배쯤 과대평가했다. 그럼으로써 〈코요테가 실제보다 더 많다는 착각〉을 하고 걱정이 되어 정부를 향해 으르렁대는 사례가 많이 발생할 가능성이 높다.

6
날랜 쿠거
볼 수 없는 것을 어떻게 셀까?

57년 동안 캘리포니아 산사자의 머리에는 포상금이 걸려 있었다. 목축업자는 산사자가 가축을 죽인다는 이유로 불만이었고, 사냥꾼은 산사자가 사슴을 잡아먹는다고 싫어했다. 그리고 주 당국은 그들의 말에 귀를 기울였다. 1906년부터 1963년까지 캘리포니아는 주 정부 청사로 산사자의 가죽이나 머리 가죽 또는 귀 한 쌍을 가져오거나 어류 사냥감 위원회에 우편으로 보낸 사람에게 포상금을 지급했다. 지급 내역은 가죽 장정의 업무 일지에 볼펜으로 꼼꼼히 적었고, 그 일지는 현재 새크라멘토의 주 기록 보관소에 있다. 각 일지의 표지 안쪽에는 누군가가 계산한 그해의 총계가 연필로 적혀 있고, 카운티별로 잡힌 개체 수를 적은 지도도 들어 있다. 캘리포니아는 죽은 산사자 집계를 내는 쪽으로 뛰어났다.

그러나 살아 있는 산사자의 수를 세는 일은 늘 더 까다로웠다. 누 떼나 해변에 올라온 바다코끼리 무리라면 상공을 날면서 사진을 찍을 수 있겠지만, 산사자에게는 그 방법을 쓸 수 없다. 차를 몰고 가면서 눈에 보이는 사슴의 수를 세거나 직선으로 횡단하면서 나무늘보의 수를 세거나 오듀본 협회의 〈크리스마스 조류 개체 수 세기〉처럼 자원봉사자들을 모집해 숲을 돌아다니며 세게 할 수도 있겠지만, 고양이류는 거의 눈에 띄지 않는다. 쿠거는 몸을 숨긴 채 홀로 생활하는 동물이다. 쿠거의 존재는 주로 〈표식〉을 통해 알 수 있다. 발자국과 배설물 등 그들이 땅에 남긴 독특한 흔적을 통해서다. 캘리포니아 역사상 가장 많은 산사자를 잡은 제이 브루스는 주 당국이 포상금을 내건 기간에 쿠거를 5백 마리 넘게 잡았지만, 사냥개들에게 쫓기지 않는 상태의 쿠거를 자신이 직접 눈으로 보고 잡은 것은 단 한 마리였다. 1970년대까지 포상금 지급 일지와 카운티별 사살 지도는 캘리포니아 전역의 쿠거 개체 수 조사 자료에 가장 가까운 것이었다. 잡힌 쿠거가 적은 지역은 쿠거가 거의 살지 않는 지역이었다.

역설적이게도 현재 야생 동물 담당 관청은 자기 관할 지역에 쿠거가 몇 마리나 사는지 알고 싶을 때, 예전에 쿠거를 잡는 데 썼던 그 전문가를 쓸지도 모른다. 유일하게 산사자 사냥을 금지하는 캘리포니아주가 사냥개를 모는 사냥꾼을 여전히 고용하고 있는 이유가 바로 그 때문이다. 쿠거를 잡기 위해서가 아니라, 쿠거의 개체 수를 세기 위해서다. 이때 쓰이는 기술은 같다. 표식을 탐색하고 새로 지나간 발자국을 찾으면 사냥개들에게 쿠거가 나무에 남긴 냄새를 맡게 한다. 달라진 점은 쿠거를 찾았을 때 개들이 뒤로 물러나고 쿠거가 나무에서 내려와 달아나게 놔둔다는 것이다. 캘리포니아는 쿠거의 지역별 개체 수뿐 아니라 유전적 건강을 평가하고 서식지 이용 양상을 추적하기 위해, 지역별로 몇 마리를 대상으로 GPS 목걸이를 달고 DNA 시료도 채취한다.

캘리포니아 어류 야생 동물과는 주 전역을 대상으로 캘리포니아 산사자 계획Mountain Lion Project을 실행하고 있다. 더 구체적으로 말하자면, 저스틴 델린저가 맡고 있다. 델린저의 직함은 동물에 푹 빠진 열 살짜리에게 커서 무슨 일을 하고 싶냐고 물었을 때 들을 법한 말처럼 들린다. 산사자와 회색늑대 연구자. 그의 명함에 적힌 직함이다. 델린저는 야생 동물학으로 박사 학위를 받았지만, 그가 이 일을 맡은 것은 학위가 있어서만이 아니다. 자란 환경 때문이기도 하다. 그는 숲에서 자랐다. 사우스캐롤라이나에서 그는 숲속을 돌아다니거나 조부모의 마구간에서 시간을 보냈다. 그의 고향은 아주 작았기에 그는 마음에 드는 소녀가 생기면 먼저 가까운 친척인지 부모에게 물어야 했다. 그는 집안에서 처음으로 대학에 들어감으로써 부모에게 자부심과 약간의 우울함의 원천이 된다. 그는 〈유전적 목적을 위해 부모와 떨어져 살아야 했기〉 때문이라고 설명했다.

나는 어류 야생 동물과의 야생 동물 조사 연구소에서 델린저를 처음 만났다. 거기에 그의 책상이 있긴 하지만 그는 이따금 들를 뿐이고, 책상 앞에 앉아 있는 것을 그리 좋아하지 않는다. 그의 행방을 찾는 데 시간이 좀 걸리기에 나는 대기 구역에 앉아 있었다. 이름에 어류, 야생 동물, 사냥감, 숲이라는 단어가 들어가는 모든 정부 기관에서 으레 마주칠 것이라고 예상한 박제 표본들과 함께였다. 안내대 위쪽으로 튀어나온 가짜 바위에는 산사자가 이빨을 드러내며 웅크리고 있었다. 매는 사냥 정보가 적힌 판 옆에서 내려앉으려는 모습을 하고 있었다. 갈고리발톱을 마치 홍보물을 움켜쥐려는 양 뻗은 채. 이윽고 누군가가 나를 델린저의 사무실로 데려갔다. 잡다한 물건들로 비좁은 데다 리놀륨 바닥 위에 사슴류 뿔들이 뒤엉켜 있어 더욱 그랬다. 그는 산사자의 살육 자리에서 이런 자잘한 야생 동물 잔해들을 발견한다. 산사자가 먹이를 게걸스럽게 먹어 치우는 곳이다. 델린저는 노획물 사냥꾼trophy hunter이 아니라 노획물 청소자다. 그는 선반을 장식하기 위해 수사슴을 사냥하는 일은 〈좀 이해가 안 되는〉 짓이라고 말한다. 그는 야외에서 발자국을 추적하고 〈냉동고를 채우기 위해〉 사냥을 한다. 자신이 먹을 조류와 포유류를 도축장 사람들이 잡도록 허용하는 누군가처럼, 나도 그의 활동을 존중한다.

지금 델린저가 먹고 있는 고기는 페퍼로니다. 오후 4시 반에 문을 여는 캘리포니아 앨투러스에만 있는 식당에서 파는 피자에 올려진 고기다. 오후 4시 반에 저녁 식사를 하는 것은 오전 3시 반에 아침을 먹고 점심은 곡물 바와 귤로 때웠을 때다. 오늘 아침부터 그의 옷과 얼굴에는 검댕이 묻어 있다. 까맣게 탄 소나무 숲에서 쿠거를 따라다니고 있었기 때문이다. 그가 얼굴을 씻고 옷을 갈아입을 시간이 없었던 것은 아니다. 나는 그냥 그에게 그런 생각 자체가 떠오르지 않았을 것이라고 본다.

비록 델린저는 텐트에서 생활하는 것이 편하지만 — 아마 텐트에서 지낼 때 가장 행복할 것이다 — 결코 은둔자가 아니다.

그는 문명을 거부하지 않는다. 그저 문명에 별 매력을 못 느낄 뿐이다. 그의 집은 샌프란시스코에서 두 시간도 안 떨어져 있지만, 집에서 지낸 적이 없다.

주문을 하고 기다리는 동안, 나는 델린저에게 어떻게 개체 수를 세는지 설명해 달라고 한다. 나는 수학이 나올까 봐 마음의 준비를 한다. 고전적인 동물 개체 수 추정법인 포획-표지-재포획법은 비율과 단어 퍼즐 문제를 푸는 수준의 인내심에 의지한다. 생물학자가 숲에서 우드척다람쥐의 수를 알고자 한다고 하자. 먼저 덫을 설치한 뒤, 잡은 우드척다람쥐의 다리에 띠를 묶어서 표지mark를 단다(M). 50마리를 잡았다고 하자. 그녀는 잡은 개체들을 다시 숲에 풀어 준다. 일주일 뒤에 다시 덫을 놓아서 몇 마리나 잡히는지capture 기록한다(C). 이번에는 41마리라고 하자. 그중에서 다리 띠가 있는 다시 잡힌 개체, 즉 재포획된recapture 개체가 몇 마리인지를 센다(R). 27마리라고 하자. 이번에도 다 풀어 준다. 그리고 계산기를 꺼낸다. M×C÷R이라는 공식에 대입하면, 숲에 우드척다람쥐가 몇 마리나 사는지 추정할 수 있다.* 이 사례에서는 76마리다. (이 방법의 더 첨단 기술 판본에서는 동작 감지 카메라라는 덫을 써서 찍은 동물의 영상이 포획되고 재포획되는 개체에 해당한다.)

캘리포니아 산사자 계획은 더 정성적(定性的)인 조사이므

---

* 우드척다람쥐woodchuck가 나무wood를 몇 번이나 두드리는지chuck 계산하는 공식은 ⟨0×⟩다. 이 이름은 사실 알곤킨족Algonquian의 우착wuchak이라는 단어가 영어로 변형된 것이다.

로, 델린저는 독특한 방법을 쓴다. 그는 〈목걸이와 뒤따르기collar and foller〉라고 부른다. 뒤의 영어 단어는 팔로follow를 사우스캐롤라이나 말투로 발음한 것이다. 그는 음식을 먹으면서 어떻게 세는지 설명한다.

「우리가 산사자 수컷 한 마리를 여기서 발견했다고 쳐요.」 그는 가상의 지도에 손가락을 찍는다. 그 수컷에게 추적 목걸이를 단다. 「이제 다른 수컷 발자국을 발견했다고 쳐요. 추적 장치를 켜서 첫 번째 수컷이 어디 있는지 확인해요. 주변에 없다면, 여기 있는 것은 다른 수컷이 분명하죠. 다음 날 암컷 발자국을 발견해요. 그럼 여기에는 적어도 세 마리가 있는 거예요.」 그런 식으로 개체 수를 센다.

「솔직히 몇 가지 표지 추적 장치와 기초적인 추론을 이용하면, 굳이 목걸이를 달 필요도 없어요. 이 등성이에서 수컷 발자국을 찾는다고 해요.」 기름과 식초가 든 통과 식탁 가장자리 사이의 등성이다. 「이제 산등성이를 다섯 개쯤 넘는다고 해요.」 내 의자 뒤쪽으로다. 「사냥개 담당자가 다른 수컷 발자국을 찾았는데, 같은 방향을 향하고 있지 않아요. 둘 다 어젯밤에 생긴 거고요. 그러면 수컷이 두 마리일 가능성이 높지요.」

표지 탐색에 노련한 사람에게는 표지가 없는 것도 정보다. 델린저는 한 지역에 도착하자마자 산사자가 있는지 여부를 알아차린다. 산사자가 없으면, 다른 지역으로 향한다. 그래도 주 전역을 조사하려면 8년이 걸릴 것이다. 나는 왜 도와줄 사람을 더 구하지 않는지 묻는다. 종업원이 와서 샐러드 접시를 치운다.

「다시 말해 줄래요? 잘 못 들었어요.」 남은 피자 조각을 집느라 정신이 팔려서다. 「남기지 말아야죠.」

주 당국이 산사자 추적 인원을 더 고용하지 않는 이유는 사람이 없기 때문이다. 현재 그 일을 맡고 있는 사냥개 담당자 외에, 그 일을 할 만한 사람은 델린저가 아는 한, 주 전역에서 단 두 명뿐이다. 둘 다 80대 노인이다. 야생 동물학자라면? 「아마 그들 중 2퍼센트는 이 일을 할 수 있겠지요.」

나는 〈이 일〉에 관해 이것저것 묻는다. 발자국을 보고 어떻게 산사자의 성별을 알 수 있을까? 어디에서부터 시작해야 할지 어떻게 알까? 발자국이 어제나 지난주에 생긴 것이 아니라 지난 밤에 막 생긴 것인지 어떻게 알 수 있을까?

이런 의문들의 답은 말로 듣는 것보다 직접 보는 편이 더 쉬울 것이다. 그래서 나도 오전 3시 반에 아침을 먹기로 한다.

나는 야생 동물을 추적한다는 말을 들을 때면 뭔가 숨겨진 비밀을 찾아 나서는 듯한 느낌을 받는다. 누군가가 고도로 신경을 집중하고 고개를 숙인 채 깊은 숲속을 걷는 모습을 떠올렸다. 샘 옆에 한쪽 무릎을 대고 부러진 나뭇가지를 살핀다. 신발도 닳아 있을 것이다.

아직까지는 더 시끄럽고 덜 푸르다. 델린저는 ATV의 운전대를 잡고 비포장 임도를 따라 천천히 가면서 흔적이 있는지 살핀다. 차량을 모는 편이 걷는 것보다 빠르고, 발자국은 입자가 고운 비포장도로에서 잘 드러난다. (겨울의 눈도 발자국을 찍는 빈

캔버스가 된다.) 우리는 숲 깊숙이 들어와 있지만, 소나무들은 까맣게 타서 헐벗은 모습이다. 작년에 모독 국유림 8천만 제곱미터가 불에 탔는데, 델린저는 이번 주에 이곳에서 산사자를 찾고 있다.

내 눈에는 생물이 전혀 살지 않는 달 표면 같은 곳에서, 까맣게 탄 나무줄기들만 보이는 곳에서 델린저는 불난 뒤에 바닥까지 닿는 햇빛을 받아 돋아나는 파릇파릇한 싹들을 본다. 부드러운 새싹은 사슴이 좋아하는 먹이이고, 사슴은 산사자가 좋아하는 먹이다. 델린저는 산사자를 〈사슴 전문가〉라고 부른다. 산사자의 명함에 그렇게 적혀 있을 것이다.

델린저는 산사자를 찾으려면, 우선 산사자가 좋아할 만한 곳으로 가야 한다고 말한다. 산사자는 먹이와 물 — 자신과 먹이가 마실 — 이 있고, 영토를 힘들이지 않고 돌아다닐 수 있는 곳을 원한다. 쿠거 수컷은 밤에 사냥을 하고 암컷들을 단속하면서 약 20킬로미터를 돌아다닐 수 있다. 언덕 사이의 고개나 꼭대기를 따라 이어지는 등성이는 영역을 더 쉽고 더 빠르게 이동할 수 있는 통로다. 델린저는 쿠거가 게으르다고 말을 꺼냈다가 정정한다. 쿠거는 효율적이다. 특히 암컷은 열량을 낭비할 여유가 없다. 암컷은 거의 언제나 임신하고 있거나 먹이를 챙겨야 할 새끼가 있다. 어린 수컷은 어미에게서 떠날 무렵이면 어미보다 더 커진다. 「한배에 몇 마리를 낳느냐에 따라서, 먹이를 매일 잡아야 할 수도 있어요. 정말 힘겨운 삶이죠.」 델린저는 새 지역에 다다르자 등고선이 그려진 지형도를 꺼내 고개, 등성이, 골짜기를 찾아본다.

그리고 국유림 임도도. 그는 어깨 너머로 나를 쳐다보면서 말한다. 「이런 길은 꽤 곧아요. A 지점에서 B 지점까지 꽤 빨리 갈 수 있어요. 아마 그럴 거예요. 이 임도는 저쪽 물길 가장자리로 이어지니까, 산사자가 사냥터로 삼기 좋지요.」 국유림에 왜 벌목용 임도가 있을까? 국유림이 본래 국가가 쓸 목재를 공급하는 용도로 관리되었기 때문이다. 지금도 어느 정도는 그렇다. 1897년의 유기물 관리법Organic Administration Act을 인용하자면 어느 정도는 〈미국 국민들의 이용과 필요를 위해 목재를 지속적으로 공급하기 위해〉 마련했다. (또 소가 자유롭게 풀을 뜯을 공간을 위해서. 오늘 아침 여태까지 내가 숲에서 본 동물은 소밖에 없다.)

우리 오른쪽으로 해가 등성이에서 모습을 드러내고 있다. 잘 가, 초승달과 니베아 색깔의 파란 하늘아. 새들이 지저귀는 소리가 들리고 캘리포니아 야생 세계에 기다랗게 햇살이 뻗으면서 새벽이 밝아 온다. 델린저는 이 멋진 광경을 놓치고 있다. 그는 오로지 길만 살피고 있다. 오늘 그는 평소보다 더 많이 멈춘다. 뒷좌석에 앉아 있는 도시민에게 흥미로운 발자국들을 보여 주기 위해서다. 그는 오소리 발자국을 보여 주려고 멈춘다. 아메리카오소리는 족제빗과 중에서 약삭빠르지 않은 종류다. 땅다람쥐의 굴을 파헤쳐서 잡아먹는 쪽으로 적응해 있다. 땅을 파는 데 쓰는 길고 억센 발톱을 지니고 있고, 발자국이 영화 「가위 손」에 나오는 에드워드의 손 같다. 야생 동물의 흔적을 찾아다니며 아침을 보낸다는 것은 동물계에서 온갖 초현실적인 걸음과 춤의 흔적들을 보면서 경이로움에 사로잡히는 것과 같다. 앞서 우리는 노새사슴이 깡충 뛴 발자국도 보았다. 깡충 뛰다stot는 공중으로 탁 튀어 올랐다가 네 발을 동시에 디디면서 내려앉는 것을 가리킨다. (사슴과 영양이 왜 깡충 뛰는지에 대해서는 여러 이론이 나와 있으며, 이 행동을 가리키는 영어 단어도 몇 가지가 있다. 나는 프롱킹pronking이라는 단어를 선호한다.)

    델린저가 다시 멈춘다. 이번에는 가장자리가 작은 톱니처럼 보이는 땅다람쥐의 발톱 자국이다. 사방으로 갈팡질팡 다니면서 찍어 놓았다. 아마도 팀 버튼의 영화 주인공처럼 한바탕 예술적 충동에 사로잡혔던 모양이다. 땅다람쥐는 깡충 뛰기의 사촌 격에 해당하는 행동도 한다. 폴짝 뛰었다가 네 발을 하나로 모아서 내려앉는다. 그러면 큰 발바닥 하나가 찍힌 것처럼 보이는 발자국이 남는다. 델린저는 사람들이 땅다람쥐의 발자국을 보고 산사자의 흔적이라 여기고 추적하는 모습을 본 적이 있다고 말한다. 그의 상사는 정기적으로 〈보조 인력〉을 보낸다. 그러면 그는 대개 그들을 쿠거가 살지 않는다는 것을 알고 있는 지역으로 흔적을 찾아보라고 보낸다. 알아보지 못한 채 발자국을 짓이기거나 차로 뭉개지 못하게 하기 위해서다. 내가 처음 델린저에게 따라다녀도 괜찮겠냐고 전자 우편을 보냈을 때, 그는 이렇게 답장했다. 〈추적하는 법 알아요?〉 답장에는 사진 두 장이 첨부되어 있었다. 산사자가 비포장도로에 남긴 발자국을 알아볼 수 있는지 사례를 제시한 것이다. 축척을 보여 주기 위해 레더맨 휴대용 공구도 함께 찍혀 있었다. 나는 처음에 훑어보았을 때 발자국을 전혀 찾을 수 없어 좀 당황했다. 그냥 레더맨 공구를 찍은 것처럼 보였기 때문이다.

내가 오늘 배운 바에 따르면, 나는 이제 사슴과 오소리의 발자국을 알아볼 수 있다. 또 소의 발자국도 확실히 알아볼 수 있다. 그리고 코요테와 여우의 발자국을, 붉은스라소니와 쿠거의 것을 구별할 수 있다. 갯과 동물의 발자국은 더 길쭉하고 발톱 자국까지 찍혀 있을 수 있다. 고양잇과와 달리, 갯과는 발톱을 움츠릴 수 없기 때문이다. 쿠거나 붉은스라소니의 발자국은 중앙의 커다란 발바닥 뒤쪽으로 양쪽 끝이 뚜렷하게 튀어나와 있어 알아볼 수 있다(전문가들은 이 부분을 〈클릿cleat〉이라고 한다). 돌이 더 많은 길에서처럼 발자국이 일부만 찍혀 있어도 이 부분이 드러날 때가 많다. 우리 신발의 미끄럼을 막기 위한 고무 밑창도 클릿이다.

델린저는 천천히 멈춘다. 그는 내게 내리지 말라고 말한다. 그 말은 산사자 발자국을 발견했으며, 내가 차에서 내려오다가 그 발자국을 짓밟을까 봐 걱정하고 있음을 시사한다. 그는 한쪽 무릎을 땅에 대고 도로에 얼굴을 가까이 갖다 댄다. 옷 주머니에서 귤이 종양처럼 불룩 튀어나와 있다.

정말로 산사자다. 델린저는 그 옆에 작은 줄자를 놓는다. 쿠거 발자국의 성별 파악은 단순히 크기 측정의 문제다. 발자국 폭이 4.8센티미터를 넘으면 수컷이다. 그보다 작으면 암컷임을 시사한다. 그런데 암컷인지 덜 자란 수컷인지 어떻게 구별할 수 있을까? 주변에 쿠거가 더 있는지를 살피면 된다. 덜 자란 수컷이라면 주변 어딘가에 어미의 발자국이 찍혀 있을 것이다. 이 발자국은 수컷이다.

델린저는 내가 비교할 수 있도록 발자국 옆에 자신의 주먹 옆쪽을 대고 누른다. 「이 자국이 훨씬 더 선명하지요?」 막 새로 찍은 주먹 자국 말이다. 습기가 많은 흙에는 발자국이 아주 잘 찍힌다. 가장자리를 비교하면, 모래성의 모래와 모래시계의 모래만큼 다르다. 뜨거운 여름에는 오전 10~11시쯤이면 전날 밤 이슬에 젖었던 흙의 습기가 거의 다 날아가고, 선명했던 발자국의 윤곽도 흐릿해질 것이다. 이것이 오전 3시 반에 잠자리에서 일어나는 또 다른 이유다. 이유는 또 있다. 이른 아침에 해가 지평선에서 떠오를 때면 발자국의 눌린 부분에 옆으로 그림자가 생기면서 윤곽이 드러난다. 그러나 한낮에 다시 간다면, 델린저도 발자국을 알아차리지 못할 것이다.

델린저는 이 발자국이 지난주에 이 근처에서 추적 목걸이를 매단 수컷의 것이라고 믿는다. 오늘의 목표는 델린저가 어제 놓친 암컷을 찾아서 목걸이를 매다는 것이다. 그래서 우리는 차량에 다시 올라타고 임도를 계속 살피며 나아간다.

델린저가 우리 앞쪽의 도로를 가리킨다. 「저 굽은 곳에 다다를 때 발자국에 어떤 일이 벌어지는지 살펴봐요. 발자국 사이의 거리가 넓어지는 거 보이나요? 모퉁이를 빠르게 돌고 있는 거예요.」 흔적을 읽을 수 있다면, 발자국의 양상을 보고 동물의 의도를 추론할 수 있다. 산사자가 먹이를 뒤쫓고 있다면, 발자국은 흐트러지고 짓이겨지고 일부가 겹치기도 한다. 어떤 목적지를 염두에 둔 채 천천히 걷고 있다면, 발자국은 뚜렷하게 일정한 간격으로 찍힌다. 이 산사자는 보폭이 더 짧다. 「그냥 느릿느릿 돌아다니는 거예요.」먹을 것이 있는지 살펴보면서다.

나는 쿠거가 사람을 공격한 사례가 극도로 드물다는 통계를 상세히 알고 있었지만, 이 발자국을 보니 약간 불안한 느낌이 든다. ATV에 타고 있는 지금이 아니라, 30분 뒤 소변을 보기 위해 임도를 떠나 나무 사이로 들어갈 때 말이다. 델린저는 전혀 걱정하지 않는다. 그의 표현을 빌리면 이렇다. 〈우리는 차림표에 없어요.〉 게다가 그는 쿠거와 마주치는 사례가 늘어나고 있다고도 보지 않는다. 「캘리포니아 주민들은 이렇게 말하죠. 〈지금은 산사자가 어디에나 있어!〉」 그러나 늘어나고 있는 것은 산사자가 아니라 주택 보안 카메라다. 현관 카메라는 야생 동물학의 유방 촬영 사진에 해당한다. 델린저는 깊이 팬 곳이 나오자 속도를 늦춘다. 「한마디로, 변하는 것은 기술이에요.」 누군가가 현관 카메라에 찍힌 쿠거 사진을 인터넷에 올린다. 그 사진은 인기를 끌면서 여기저기에 계속 올라간다. 이윽고 뉴스에까지 등장한다. 온 동네가 그 이야기로 떠들썩해진다. 한 번의 목격담이 다섯 번의 목격담이 된다.

델린저는 쭉 뻗은 구간이 나오자 속도를 올린다. 「쿠거는 늘 있었어요. 우리가 보지 못했을 뿐이죠.」 그는 캘리포니아에서는 매일 적어도 여섯 명은 산사자가 덮칠 만한 거리까지 다가가지만 결코 알아차리지 못한다는 쪽에 내기를 걸겠다고 말한다.

지금은 오전 10시쯤이다. 산들바람이 계속 불고 있지만, 나는 더

워서 재킷을 벗는다. 막 생긴 발자국을 찾아낸다고 해도, 냄새는 열기와 바람에 이미 흩어져서 사냥개가 추적할 수 없을 것이다. (사냥개 담당자는 다른 임도를 가고 있다. 그와 델린저는 휴대 전화로 계속 연락한다.) 태양이 공기를 달구면서 냄새 분자는 점점 더 많은 에너지를 지님으로써 서로 부딪치고 흩어진다. 냄새 분자들은 점점 희석되어 넓게 퍼지는 구름처럼 변한다. 바람은 냄새를 더욱 흩어 놓는다. 냄새를 추적할 수 있는 이상적인 상황에서도 사냥개가 냄새의 흔적을 놓치는 지점이 많이 있을 것이다. 냄새의 위치를 다시 찾으려면, 사냥개는 냄새를 맡을 때까지 좌우로 왔다 갔다 뛰어다닐 것이다. 나도 작업실 근처 거리에서 시도해 본 적이 있다. 액스 보디 스프레이 향기를 풍기는 젊은이와 지나쳤을 때였다. 나는 그가 모퉁이를 돌아 사라지는 것을 보고, 다시 몇 분을 더 기다렸다. 그런 다음 사냥개처럼 좌우로 왔다 갔다 하면서 향기를 따라 그를 추적할 수 있었다. 다음 블록의 치즈 스테이크 식당이었다.

델린저는 오늘은 이쯤에서 그만하려고 한다. 내일이 있으니까. 그런데 내일은 아니다. 그는 〈늑대 회의〉에 참석하러 내일 레딩에 가야 한다는 것을 깜박 잊고 내게 말하지 않았다. 나는 커다란 갯과 동물들이 정장 차림으로 모인 회의장을 상상한다. 내가 실망하는 기색을 눈치챘는지, 델린저는 나무 타는 장비를 써서 나무 위로 달아난 산사자를 내려오게 하는 법을 시범으로 보여 주겠다고 한다. 산사자가 없으므로, 약간 흥미가 동할 뿐이다. 그러자 그는 어제 발견한 〈공동체 긁은 흔적community scrape〉 장소를 보여 주겠다고 한다. 수컷들의 영토가 겹치는 곳, 즉 언덕을 오가는 데 이용하는 길들이 만나는 곳에서 산사자들이 각자 들렀음을 남기는 명함에 해당한다. 우리 동네에 있는 많은 개가 우리 뜰에 있는 불행한 관목에다가 똑같이 오줌을 갈기고 가듯이, 쿠거들은 뒷발로 낙엽 더미를 발길질해서 소나무 낙엽을 비롯하여 숲 바닥에 쌓인 것들에 자기 냄새를 묻힌다. 델린저는 커다란 나무들 아래에서 그런 긁은 흔적을 찾는다. 나무가 클수록, 낙엽은 더 깊이 쌓인다.

우리는 현장에 도착해 몇몇 긁은 흔적들을 살펴본다. 눈에는 평범해 보이지만, 긁은 흔적은 그 암호를 아는 이들에게는 흥미로운 것을 드러낸다. 산사자는 낙엽 더미를 긁을 때, 대개 자신이 가고 있던 방향을 바라본다. 산사자를 추적하는 이에게는 유용한 지식이다. 그리고 발자국과 마찬가지로 긁은 흔적이 얼마나 최근에 생긴 것인지도 알아볼 수 있다. 여기서는 그 위에 새로운 바늘잎이 얼마나 떨어져 있는지를 통해 안다. 델린저는 〈긁은 흔적의 성별을 알아내는〉 방법을 설명한다. 암컷은 두 뒷다리를 함께 모아서 발길질을 하기 때문에 낙엽 더미에 나란히 두 줄기 흔적을 남기는 반면, 수컷은 한 번에 한쪽 발로 바깥쪽으로 비스듬하게 발길질을 한다. 「해부학적 구조 때문이죠.」〈수컷의 음낭〉을 가리킨다. 델린저는 최근에 언론 인터뷰에서 경솔한 용어를 써서 한 소리를 들었다. 무엇보다도 그는 허겁지겁 나무 위로 달아난 쿠거를 나무에서 내려오게 만드는 과정을〈술에 떡이 된 친구를 택시에 태우려는데 친구가 두 손으로 문을 꽉 잡고 안 타겠다며 버티는〉 상황에 비유한 바 있다.

나는 이런 식으로 자연 세계를 읽을 수 있는 사람들이 부럽다. 나는 내 책의 중국판을 뒤적거리면서 숲속을 걸어다니는 것 같았다. 무슨 의미인지 전혀 단서도 잡을 수 없는 모양과 패턴을 보고 있다. 앞서 델린저는 임도의 한쪽 끝에서 반대쪽 끝까지 죽 그어진 선을 보여 주었다. 마치 아이가 막대기로 죽 그은 듯했다. 실제로 〈끌린 자국〉이었지만, 이곳을 지나다니는 아이는 없다. 그 선은 산사자가 죽은 새끼 사슴을 입에 문 채 더 안전하게 먹을 곳으로 끌고 갈 때 발굽이 끌린 자국이었다. 물론 나는 그 자국을 알아보지 못했다.

델린저를 처음 만났을 때, 나는 산사자 계획이 현대 야생 동물학이면서 그 근원에 자연사가 있다는 점에 흥미를 느꼈다고 말했다. 초기 자연사학자들은 한 번 나가면 몇 주 동안 밖에서 지내면서 새로운 종을 발견하고 추적하고 관찰하고 행동을 해독했다. 그들이 학술지에 발표한 논문의 제목을 보면, 그들이 얼마나 흥분했는지를 느낄 수 있다. 〈두 산토끼의 전투 일화〉, 〈잔지바르에서 발견한 새로운 다이커영양〉. 나는 「아시아상자거북(돌거북과 상자거북속)의 보전 계통학: 미토콘드리아 유전자 이입, 핵 미토콘드리아 DNA 서열, 여러 핵 유전자좌로부터의 추론」의 저자들도 분명히 어떤 흥분을 느꼈을 것이라고 보지만, 야생에서 장기간 눈부시게 이어진 그 흥분에는 못 미칠 것이다.

델린저는 최신 흐름도 알지만, 내심으로는 옛날 방식을 선호한다. 앞서 한 사슴의 뼈대 위에 서서 그는 캘리포니아의 덜 건조한 지역에 사는 산사자들이 잡은 사슴을 먹기 전에 창자를 꺼내 떼어 놓는다는 사실을 알아차렸다고 말했다. 반면에 더 건조한 지역에 사는 산사자는 그런 행동을 하지 않는 듯하다. 발굽 동물의 창자에는 식물체를 분해하는 세균이 가득하다. 델린저는 산사자가 사체의 부패를 늦추기 위해 창자를 떼어 놓는 행동을 하는 것이라는 이론을 세운다. 고기가 더 일찍 상하는 습한 기후에서 생존 확률을 높이는 전략일 수 있다는 것이다.

자연사학자는 최초의 생물학자였고, 사냥꾼과 덫사냥꾼은 최초의 자연사학자였다. 어떤 종에 관한 지식에 생계가 걸려 있는 사람이야말로 그 종을 가장 잘 알았다. 그들이야말로 그 종이 먹이와 경쟁자 및 짝과 관련지어 언제 어디로 왜 돌아다니는지를 가장 잘 파악하고 있었다. 최초의 자연사 박물관은 카벨라 상점*의 디오라마와 아주 흡사해 보였다. 자연사가 나름의 분야로 자리매김을 하고 과학이 봉급을 받는 직업이 되자, 경쟁심과 분노도 들끓었다. 1941년 앞서 말한 사냥꾼 제이 브루스는 어류 사냥감 위원회의 상관에게 자신의 새 보고서 「쿠거의 이웃 관계」를 공유하지 말라고 요청하는 편지를 썼다. 〈자연사학자들은 내가 발견한 것들을 이미 아주 많이 훔쳐 가고도 한 번도 내 공적을 인정한 적이 없습니다……. 그들이 알고 있어야 했음에도 몰랐던 그 모든 것을 자신들이 알아낸 척해 왔어요.〉

---

* 캐나다 아웃도어 전문점으로, 갖가지 동물 박제를 전시하고 있다는 점이 특징이다 — 옮긴이.

야생 동물학은 언제나 엿보면서 여기저기 돌아다니는 분야였다. 감시 카메라를 설치해 동물을 지켜보고 무선 목걸이를 달아 추적하기 오래전에, 과학자들은 야생 동물의 배설물을 쩔러 보면서 돌아다녔다. 사람의 첩보 활동처럼, 그 활동도 질문을 할 수가 없기 때문에 이루어졌다.* 동물에게 무엇을 먹는지, 얼마나 건강한지, 얼마나 스트레스를 받고 있는지 물을 수는 없다. 그러나 배설물을 살펴보면 때로 답을 얻을 수 있다.

배설물 분석은 1930년대에 시작되었다. 그 10년 동안 교양 있는 사람들이 숲의 흔한 동물들의 화장실을 엿보는 사례가 꾸준히 증가했다. 해밀턴은 큰갈색박쥐, 뮤리는 코요테, 디어본은

* CIA 과학 기술국장이었던 세이어 스티븐스는 대통령을 만나려는 귀빈들이 묵는 영빈관인 블레어 하우스의 화장실 아래 배관에 덫을 설치했다. 소련의 니키타 흐루쇼프 서기장이 묵을 때였다. 포획한 배설물은 CIA 의료 첩보를 담당하는 의사들에게 전달되었고, 그들은 어떤 정보를 알아낼 수 있을지 조사했다. 이집트 국왕 파루크와 인도 대통령 수카르노(이 사례에서는 항공기 화장실에서 채취한 소변)의 배설물도 마찬가지로 수거하여 검사했다. 임상 DNA 분석이 등장하기 이전에 실행되었던 이런 방법을 통해 실제로 얼마나 많은 첩보를 얻을 수 있었을까? 갈색 배설물로 무엇을 알아낼 수 있었을까? 나는 의사이자 『국제 정보와 방첩 논총 International Journal of Intelligence and Counterintelligence』의 기고가인 조녀선 D. 클레멘트에게 물었다. 그는 현대 의학이 기밀 작전을 지원한 역사를 연구하고 있다. 별것 없다는 답변이 돌아왔다. 「배설물에서 피를 조사했어요. 아마 기생충도 조사했겠지요. 과연 유용한 정보를 얻었을지 의심스러워요.」클레멘트는 CIA 의사들이 외국 정상들이 치료를 받으러 오던 뛰어난 의료 시설에 가명으로 근무하곤 했는데, 오히려 그쪽에서 더 유용한 정보를 얻었을 것이라고 했다. 당사자와 그 의료 기록을 직접 접할 수 있는데 굳이 똥을 조사할 필요가 있을까? 클레멘트가 아는 한, 적의 화장실에서 중요한 정보가 나온 사례는 단 한 번뿐이다. 그는 미국의 군사 연락 대표부가 러시아 군인들의 야영지를 정탐한 이야기를 들려주었다. 한번은 휴지가 떨어지는 바람에 군인들이 암호첩을 뜯어 닦기 시작했다. 연락 대표부 요원들은 휴지통을 뒤져서 얻은 갈색으로 물든 종이를 의기양양하게 국가 안보국으로 보냈다.

여우와 밍크와 코요테, 해밀턴은 또 스컹크, 에링턴은 오소리와 족제비의 배설물을 뒤적거려 무엇을 먹는지 알아냈다. 그전까지는 동물이 무엇을 먹는지 알고 싶을 때, 수백 마리의 위장을 열었다. 확실한 결론을 내리려면 창자를 아주 많이 모아야 하므로, 그 일이 대다수 생물학자에게, 그리고 분명히 모든 동물에게 인기가 없었을 것이라고 충분히 짐작할 수 있다. 앨버트 켄리치 피셔가 1900년에 쓴 「비명올빼미 255마리의 위장 내용물 요약」이라는 논문은 나를 진저리 나고 슬프게 만들었지만, 저자가 「12일의 크리스마스」 노래와 비슷한 양식으로 적고 있어 명절 분위기도 살짝 모호하게 풍긴다. 〈위장 91개에는 생쥐가 들어 있었고…… 위장 100개에는 곤충이 들어 있었고…… 위장 9개에는 가재가 들어 있었고…… 위장 2개에는 전갈이 들어 있었고…….〉 배설물은 더 온건하고 덜 피곤한 대안을 제공했다.

과학자들은 지금도 그렇게 한다. 델린저의 석사 학위 논문 주제는 회색늑대의 식성이다. 앞서 그는 이렇게 회고했다. 「정말 많은 시간을 똥을 찾아 돌아다니면서 보냈죠.」 (〈똥〉이라니! 캘리포니아 어류 야생 동물과가 다시 지적하고 나설 듯하다.) 오래된 습관은 끊기 어렵다. 우리가 사슴 살육 자리를 돌아볼 때 그는 몸을 숙여서 무언가를 집는다. 「붉은스라소니 똥이네요.」 그는 그것을 내게 건네려다 멈칫하더니, 그냥 떨어뜨린다.

이윽고 누군가가 똥 덩어리의 수를 세어 종의 개체 수를 추정한다는 개념을 떠올렸다. 싸놓은 것을 싸는 동물의 대리물로 삼자는 것이다. 이 방법에는 분변 개체 수 조사 pellet census라는 이름이 붙었다. 이제 생물학을 알고 야생으로 나가 땅을 바라보면서 돌아다니는 이들이 더 늘어났다. 조사자가 오래된 배설물과 새 배설물을 구별할 수 있고 조사하는 종이 하루에 평균 몇 차례나 배설을 하는지 안다면, 해당 지역에서 몇 마리가 배설을 하는지 알아낼 수 있다. 그러나 쉽지는 않을 것이고, 아마 그리 정확하지도 않을 것이다.

먼저 조사자는 각 종의 똥을 구별할 줄 알아야 한다. 예를 들어 미국너구리의 똥은 냄새를 통해 주머니쥐의 똥과 가장 확실하게 구별이 된다. 후자는 악취를 풍긴다. 발굽 동물의 배설물은 조사하기가 난감하다. 그들은 떼 지어 돌아다닐 뿐 아니라 걸으면서 똥을 싸기 때문이다. 따라서 두 마리가 싸놓은 것인지, 아니면 분변학자 어니스트 톰프슨 시튼의 말마따나 〈돌아다니는 배변자〉 한 마리가 싼 것인지 구별하기가 어렵다.

게다가 막 싸놓은 똥과 오래된 똥을 구별하는 것도 쉬운 일이 아니다. 이 점을 가장 잘 알고 있는 이들은 쥐 수색자들이었다. 〈쥐의 습성을 파악하는 특별한 훈련을 받은〉 그들은 무엇보다도 영국의 항구에 정박한 배에 올라 신선한 분변의 수를 세어서 배에 〈쥐가 들끓는 정도〉를 추정하는 일을 했다.* 아주 쉬운 일처럼 들리지만, 그렇지 않다. 뜨거운 엔진실에 막 싸놓은 배설물은 금

---

* 그리고 그들은 인상적일 만치 쫙 빼입은 옷차림으로 그 일을 했다. 1930년에 찍은 한 사진을 보면, 서인도 제도의 쥐 수색자는 청동 단추 여덟 개가 달린 더블브레스트 재킷에 여객기 조종사 하면 으레 떠올리는 것과 비슷한 모자를 쓴 차림이다. 그는 멋진 금속 상자를 들고 있다. 그 안에 쥐가 들었는지 샌드위치가 들었는지는 모르겠지만.

방 쪼그라들고 말라서 오래된 것으로 착각할 수 있고, 젖은 갑판에 싸놓은 오래된 배설물은 불룩해서 막 싼 것처럼 보일 수 있다. 곰팡이도 믿을 만한 지표가 아니다. 1930년 리버풀 항구의 의무관이 입증한 바 있다. 해바라기씨와 왕겨 등을 먹고 싼 분변에서는 24시간이 지나기 전에 곰팡이가 자란 반면, 〈다른 먹이를 먹고 싼 배설물은 거의 비슷한 조건에서 며칠이 지나도 곰팡이가 자라는 징후가 전혀 나타나지 않았다〉. 그리고 배에 어떤 종류의 식품이 실렸는지에 따라, 쥐의 배설물과 다른 동물의 배설물을 구별하기가 까다로울 수도 있었다. 쌀을 먹은 쥐의 작고 단단한 검은 똥은 생쥐의 똥으로 착각하기 쉬웠다. 이런 온갖 복잡한 문제들이 있긴 했어도, 쥐 수색자들이 추정한 개체 수는 훈증 처리를 통해 쥐들을 몰살한 뒤에 센 개체 수와 비교했을 때 인상적일 만치 정확했고, 그 결과 곧바로 〈양쪽 업계 사이에 건강한 경쟁〉이 벌어졌다.

    한 종의 하루 배설 횟수를 파악하는 일도 나름의 문제가 있었다. 일부 연구자는 〈대변 띠 fecal harness〉를 고안해 여러 동물에게 착용시키는 실험을 했다. (대변 띠에는 〈대변 주머니〉를 달았다. 말의 머리에 매다는 먹이 주머니를 반대 용도로 쓴 것과 비슷하다.) 그런데 미처 예상하지 못한 문제들이 발생했다. 한 연구자가 관목을 뜯어 먹는 염소에게 대변 띠를 채웠는데, 몸의 움직임을 너무 제약한다는 것이 드러난 것이다. 염소는 뒷발로 일어선 자세로 더 높이 달린 잎을 뜯어 먹는 것을 좋아하는데 그 자세를 취할 수가 없었다. 그래서 한 염소 식성 연구자는 개량한 대변 띠를 내놓았다. 가죽끈 열아홉 개를 엮어 만든 것이었지만, 염소는 뒷다리로 일어설 수 있었다. 그래도 사소한 문제가 하나 있었는데, 대변 띠를 차지 않은 염소들이 다른 염소들의 대변 띠를 잘근잘근 씹어 먹었다는 것이다. 염소니까. 과학은 결코 단순하지 않다.

한 가지 대안은 시간을 들여 야생에서 동물들을 엿보는 것이다. 그런데 이 방법도 생각만큼 단순하지 않았다. 데이비드 웰치는 1982년 〈거주자 평가 똥-부피법〉을 연구한 논문에서 배변 빈도가 하루 중 시간에 따라, 그리고 계절에 따라 다르다고 주장했다. 웨일스의 토끼는 먹이가 풍부한 4월에는 하루에 평균 446개의 똥을 싸지만, 1월에는 376개밖에 싸지 않는다. 이 횟수는 동물이 먹는 먹이에 따라서도 달라진다. 내가 내 대변 주머니를 살펴보고 말하는 것이 아니다. 리버풀 연구에는 쥐에게 다양한 먹이를 먹인 결과, 대변이 〈엄청나게〉 달라진다는 사실이 상세히 적혀 있다. 쌀을 먹인 쥐는 하루에 평균 21개의 똥을 싸고, 왕겨를 먹인 쥐는 하루에 평균 128개(〈담황색의 아주 큰 원통형 덩어리〉)를 쌀 것이다.

이 무렵에 내 노트북 화면에 전자 도서관 JSTOR 팝업이 떴다. 〈최고의 분변 전문가들과 연결하고 싶습니까?〉 그럴 마음이 좀 있긴 했다. 그들은 어떤 사람들일까? 몇 명이나 있을까? 나도 그중 한 명일까?

똥 과학의 미래는 밝다. 똥을 유전적으로 분석하는 쪽이 포획-표지-재포획 방법보다 훨씬 빠르고 비용이 덜 든다. 표지를 단 동물이 몇 마리나 재포획되는지를 세는 대신에, 채집한 똥으로 유전적 지문 분석을 해서 같은 지문들이 얼마나 많이 다시 나오는지 알아보면 된다. 델린저가 개체 수 조사를 하는 지역에도 머지않아 개들이 산사자의 똥 냄새를 맡으면서 돌아다닐 것이다. 그 개를 데리고 다니는 이들은 개가 찾아낸 똥을 채집하고, 그 똥은 CDFW 야생 동물 조사 연구소로 보내져 유전학적 분석이 이루어질 것이다. 또 똥은 쿠거들의 지역별 건강과 유전적 다양성도 알려 줄 수 있다.

유전학적 연구를 통해 나온 개체 수 자료가 델린저가 추적하여 목걸이를 매다는 연구를 통해 얻는 것과 비슷하다면, 똥을 찾아내는 개와 유전자 서열 분석을 앞으로 그 분야에서 믿고 쓸 수 있다는 의미다. 모든 일이 바라는 대로 진행된다면, 똥 무더기가 저스틴 델린저를 대체할 것이다.

나는 그가 이곳을 떠나면 섭섭해하지 않을까 생각한다. 그는 아니라고 말하지만. 그는 괴롭히기 등을 통해 산사자와 사람을 떼어 놓는 방법을 연구하는 데 시간을 더 많이 할애할 수 있을 것이라고 말한다. 적어도 캘리포니아에서는 양쪽이 서로 마주칠 때마다 열띤 논란이 벌어지기 때문이다. 델린저는 이렇게 말한다.「어떤 사람들에게는 열 마리도 아주 많지만, 어떤 이들에게는 1만 마리도 부족하지요.」흥미롭게도 캘리포니아에서 산사자 제거(살해)를 허용하라고 요구하는 이들의 대다수는 기업형 목축업자가 아니다. 텃밭을 가꾸면서 가축 몇 마리를 기르는 농민이 70~90퍼센트를 차지한다. 2~10마리를 기르는 이들이다. (캘리포니아에는 대규모 기업형 목장이 거의 없다.) 멀리 내가 사는 지역의 많은 이가 쿠거를 죽이는 것이 염치없는 짓이라고 여긴다. 자기 동물들이 밤에 안전하게 지낼 울타리를 세우면 되잖아! 반려동물은 집 안에 둬! 야생에 사는 산사자의 생명보다 비글이나 염소의 생명이 어떻게 더 가치 있다고 할 수 있지? 로스앤젤레스 도로망 때문에 한 지역에 고립된 쿠거들을 선정적으로 보도하는 매체들을 통해 주민들이 받는 인상은 분란을 더욱 부채질하는 역할을 한다. 실제로는 그 도로망 때문에 서식지가 조각나면서 주 전체에서 그 종 전체가 위협을 받고 있는데 말이다. 캘리포니아의 쿠거는 멸종 위험이나 위기에 처해 있지는 않다. 그러나 쿠거는 몸집이 크고 아름다우며, 사람들이 가장 힘들게 맞서 싸우는 동물에 속한다. 카리스마 넘치는 커다란 동물을 둘러싼 논란은 결코 끝나지 않을 것이다.

    그리고 거대한 식물도 그렇다. 나무가 클수록 낙엽도 더 깊이 쌓인다. 또 다른 것도.

7
나무가 떨어져 내릴 때

〈위험 나무〉 조심

더글러스전나무는 무엇을 하든, 아주 느리게 한다. 거기에는 죽는 것도 포함된다. 아마 9백 년에 걸친 그들의 생애에서 가장 덜 매력적인 특징은 죽는 데에도 한 세기나 두 세기가 걸린다는 점일 것이다. 죽은 뒤 썩는 데에도 다시 한 세기쯤 걸린다. 그러니 나무는 더 죽다deader라는 비교급을 적용하는 것이 적절할 때가 많은 희귀한 생물이다. 최근에 죽은, 즉 〈죽어 단단한〉 상태의 침엽수는 〈죽어 송송 뚫린〉 상태를 거쳐 가지와 우듬지가 썩어서 떨어지는 〈죽어 부드러운〉 상태가 되었다가, 마지막까지 서 있던 줄기가 흔들리다 최종 분류 단계인 〈죽어 쓰러진〉 상태가 된다. 이 기나긴 황혼기의 어느 시점에서 도로나 길 또는 건물 가까이 서 있는 나무는 새로운 분류 단계에 접어들 수 있다. 바로 〈위험 나무〉 단계다. 그 나무가 떨어진다면, 누군가는 깔려서 아주아주 짧은 시간에 죽을 것이기 때문이다.

나무 살인의 희생자는 가해자와는 달리 아주 어릴 수 있다. 『오스트레일리아 야외 교육 학회지*Australian Journal of Outdoor Education*』는 1960년 이래로 학교 캠핑 여행을 갔다가 떨어진 나뭇가지나 나무에 아이가 죽은 사례들(교사도 두 건 있었다)을 요약해서 실은 바 있다. 여섯 명은 텐트에서 자다가, 한 명은 유칼립투스 숲 옆에서 헤엄치다가, 또 여섯 명은 등산하다가 나무에 맞아 사망했다. 부러져서 산길을 따라 굴러 내려온 물푸레나무 우듬지에 부딪쳐 죽은 10대 청소년도 두 명 있었다.

바람은 흔한 공모자다. 『내추럴 해저즈*Natural Hazards*』에 실린 기사에 따르면, 1995~2007년에 미국에서 강풍에 쓰러진 나무에 죽은 사람이 약 4백 명에 달했다. 우리 부부도 약 6미터 차이로 비슷한 운명을 맞이할 뻔했다. 바람이 거센 날 이른 아침, 거대한 참나무 가지가 우지끈 부러져서 우리 텐트 옆으로 떨어지는 바람에 깜짝 놀라 일어난 적이 있다.

일부 나무는 정상적인 삶을 살아가는 과정에서 누군가를 죽이기도 한다. 콜터소나무는 볼링공만큼 무거운 솔방울을 떨군다. 〈코코넛 야자와 관련된 상해를 가장 폭넓게 검토〉했다는 문헌에 따르면, 1994~1999년에 솔로몬 제도 주민 열여섯 명이 떨어진 코코넛에 맞아 사망했다. 발리에서는 두리안나무 밑에서 시신이 발견되었다는 기사가 최근 들어 세 차례 실리기도 했다. 두리안나무 열매는 탁월한 살인 무기가 된다. 크고 무거운 데다 단단한 가시로 덮여 있다. 〈용의자〉는 나무이기에 무기를 숨길 수 없다. 희생자의 머리 옆에 피 묻은 열매가 놓여 있다. 당국이 주의나 경고를 주기도 쉽지 않다. 〈솔방울 낙하 주의〉라는 표지판이 있어도, 대다수는 그냥 갈 길을 갈 테니까.

〈위험 나무〉라는 용어 자체는 살짝 웃음을 자아낸다. 〈위험 손모아장갑〉과 비슷하다. 하지만 이곳 〈고목〉인 침엽수 숲이 있는 밴쿠버섬 맥밀런 주립 공원의 직원들에게는 전혀 우습지 않다. 가장 나이 많은 나무가 가장 키가 크고 가장 장엄하기 때문이다. 사람들이 자기 돈을 써가면서 차를 타거나 걸어서 보러 오는 나무들이자, 대중이 가장 베기를 원치 않는 나무들이기도 하다. 바로 그 점이 난제와 때때로 비극을 일으킨다.

2003년 앨버타에서 온 부부가 거센 눈 폭풍이 불어닥치는 가운데 맥밀런 주립 공원의 대성당 숲을 지나고 있었다. 수백 년 된 거대한 침엽수들이 자라는 숲이다. 그들은 도로 옆에 차를 세우고 폭풍이 지나가기를 기다렸다. 그때 무겁게 쌓인 눈 때문에, 썩어서 약해진 오래된 전나무가 쓰러지면서 차를 덮쳤다. 두 사람은 목숨을 잃었다.

그 뒤로 맥밀런 주립 공원은 공인 자격증을 가진 위험 나무 평가사와 계약을 맺었다. 딘 맥고프는 15년 동안 연간 2회씩, 그리고 큰 폭풍이 지나간 뒤에 숲을 돌아다니면서 위험한 노쇠 징후를 찾는다. 오늘은 반년마다 이루어지는 조사를 하는 날이다. 온종일 다니면서 딘은 조치가 필요해 보이는 나무에 표시를 할 것이다. 가지나 우듬지가 기울어져 있거나, 더 심한 모습을 보이는 나무들 말이다. 통계적으로 볼 때 살인은 대부분 그런 곳에서 일어난다. 대체로 나무에 가장 자주 죽는 이들은 나무나 나무의 일부를 떨어뜨리는 사람들이다. 수목 관리사, 이 지역에서 사슬톱쟁이라고 부르는 이들의 근무 중 사망률은 일반 직장인보다 65배 높다. 이들은 내 할머니가 주머니에 늘 휴지를 넣고 다니듯이, 주머니에 늘 압박 붕대를 넣고 다닌다. 케블라를 섞은 면직물로 된 옷을 입는 이들이다. 그러나 이들을 죽이는 것은 톱날이 아니다. 바로 나무다. 자신이 자르고 있던 나무에 죽기도 하지만, 옆에 서 있는 나무에 죽을 때가 더 많다. 쓰러지는 나무에 걸려서 옆 나무의 가지가 크게 휘어졌다가 새총처럼 치명적인 속도로 돌아온다. 가지에 걸려 있던 다른 나무의 부분들 ─〈흔들리는 가지〉나〈불안하게 걸려 있는 가지〉─ 이 갑자기 수목 관리사를 덮칠 수도 있다. 브리티시컬럼비아에는 숲 안전 위원회가 있으며, 오늘 여기에 두 사람이 와 있다. 명함에 낙하 안전 관리자라고 적혀 있다. 오늘 더 이전에는 낙하 감독관도 만났다. 낙하라는 단어는 벌목업계에서는 왠지 진지한 분위기를 풍긴다. 누군가가 오래전에 그 일을 그만둔 이를 언급하면, 다른 동료는 이렇게 말할 것이다. 「그 사람 아직도 떨어지고 있대?」

　넘어갈 위험이 가장 큰 나무는 당연히 위험 나무다. 건강한 목재를 지닌 건강한 나무는 어느 방향으로든 쓰러지게 만들 수 있다. 방법은 이렇다. 줄기를 그냥 죽 베는 대신, 한쪽에서 어느 정도까지만 벤 뒤에 반대편에서 쐐기를 잘라 내듯 기울여서 베어 낸다. 쐐기 모양으로 자른 조각을 빼내면, 나무는 그 방향으로 기울어지다가 쓰러질 것이다. 그러나 썩어 가는 나무는 이런 식으로 방향을 통제하기가 어렵고, 쓰러지는 방향을 정확히 예측하기가 불가능하다. 침엽수가 위에서부터 썩어 가고 있으면, 나무가 기울어지기 시작할 때 약해진 부위가 부러지면서 수목 관리사를 덮칠 수 있다. 그리고 썩은 줄기 전체가 선 자세 그대로 풀썩 내려앉을 수도 있다. 또는 줄기의 썩은 부분이 갑작스럽게 바스러지면서 쓰러지는 방향이 바뀔 수도 있다. 골다공증에 걸린 노인의 뼈에 구멍이 너무 많이 생겨 어느 날 체중을 옮길 때 엉덩뼈가 내려앉을 수 있다는 점을 생각해 보라. (예전에 이 숲의 소유주였던 목재업체가 주 정부에 숲을 기증한 것도 이 모든 〈과대 성숙〉 나무들 때문일 수 있다. 속이 썩은 목재가 많으니까.)

나무가 쓰러질 때는 위험 나무 근처에 아무도 가까이 가지 않는 것이 이상적이다. 아주 높고 아주 오래되고 아주 위험한 나무를 베지 않고 폭파시키는 이유가 바로 그 때문이다. 폭발물은 아기 장난감이 아니지만, 멀리 안전한 거리에서 폭발을 일으킬 수 있다. 따라서 무엇이 어떤 방향으로 넘어지든 간에, 어떤 수목 관리사도 덮치지 않을 것이다.

딘이 조사를 마치면, 나무 폭파 전문가인 데이브 〈데이지〉 웨이머가 일을 시작할 것이다. (중간의 별명은 20대 때 얻은 것인데, 꽃이 아니라 잡초와 관련이 있다.) 데이지는 현재 68세인데 35년째 나무를 폭파하는 일을 하고 있다. 그의 부친과 조부도 벌목공이었다. 그는 벌목지에서 자랐다. 「뭐, 벌목공이 될 운명이었지요.」 나는 유튜브 영상에서 그를 처음 보았다. 현악기와 케틀드럼이 끊임없이 시끄럽게 울려 퍼지는 가운데 폭발과 울부짖는 사슬톱이 활약하는 모습을 담은 영상이었다. 그 동영상을 보려면 귀를 보호할 필요가 있다.

대성당 숲의 바닥은 전혀 바닥 같지가 않다. 썩어 가는 나뭇가지와 통나무가 널려 있는 장애물 코스다. 그것들은 축축한 스펀지 같은 이끼와 고사리로 뒤덮여 모호하게 윤곽만 알아볼 수 있다. 발이 언제쯤 바닥에 닿을지, 그리고 닿았을 때 무슨 일이 일어날지 예측하기가 어렵다. 통나무를 밟을 수도 있고, 통나무처럼 보이지만 사실은 속이 다 바스러지고 윤곽만 남은 곳을 디디는 바람에 발이 쑥 꺼질 수도 있다. 그러면 허우적거리다 넘어지겠지만, 다치지는 않을 것이다. 그냥 축축하게 젖을 뿐이다. 축축한 낙하다.

조사를 하는 동안, 딘과 데이지는 내게 나무의 기본적인 해부학을 속성으로 가르친다. 나는 나무가 사람과 조금도 다르지 않다는 것을 배운다. 나무의 중심을 채운 더 오래되고 더 단단한 목재는 나무를 지탱하는 뼈대 역할을 한다. 이 〈심재heartwood〉라는 뼈대를 〈변재sapwood〉가 감싸고 있다. 변재는 나무의 피인 수액이 느리게, 아마도 다른 동사를 써야 할 만치 아주아주 느리게 흐르는 살 부위다.

나무껍질은 물론 나무의 피부다. 살을 보호하고, 우리 피부처럼 병원체가 침입하는 곳이자 면역계의 일부다. 침엽수의 껍질은 수지(나뭇진)를 분비한다. 상처를 막고, 나무좀을 가두고, 병원체를 죽이는 진하고 끈적끈적한 액체다. 우리와 비슷한 점은 또 있다. 나이를 먹을수록 나무도 수관이 듬성듬성해진다. 그리고 나무줄기 중 둘레가 가장 큰 부위는 밑동인데, 영어 단어로 말하면 엉덩이butt다. 나무와 사람을 비교하는 일은 이만하자.

「저기 내가 폭파한 나무가 있네요.」 데이지는 필요할 때면 충분히 멀리까지 보내는 깊은 목소리를 지니고 있다. 나무들이 우거진 숲에서, 또는 사슬톱이 윙윙거리는 가운데 대화를 나누기 때문에 그럴 때가 많다. 그는 더글러스전나무를 가리키고 있다. 이 나무는 껍질만 보아도 다른 나무들과 구별할 수 있다. 껍질이 두껍고 수직으로 깊게 갈라져 있다.

3미터쯤 떨어진 곳에서 바라볼 때 폭파되었다는 전나무는 주변의 온전한 고목들과 전혀 구별이 안 된다. 위쪽 3분의 1만 사라지고 없으며, 그전에 키가 55미터에 달했던 위쪽 3분의 1을 보려면 목을 뒤로 한껏 빼서 길게 젖혀야 했을 것이다. 위쪽 3분의 1만 제거해도 나무는 더 가볍고 더 안정되며 — 덜 위험해지며 — 동시에 중세 셔우드 숲의 분위기를 보존할 수 있다. 관광 전문가들이 〈관광 매력성visitor attractiveness〉이라고 부르는 것 말이다. 눈높이에서 따지면 살아 있는 나무, 죽은 나무, 폭파된 나무는 똑같아 보인다. 모두 이끼로 덮인 거대한 나무줄기들이니까. 데이지의 말처럼. 「똑같은 아름드리나무가 아니라는 사실을 모를 겁니다.」

늙은 나무들은 데이지가 하는 일을 더 미묘한 방식으로 직접 한다. 단축이라는 것이다. 나무의 줄기 둘레와 뿌리는 계속 자라지만, 키는 더 이상 자라지 않고 수관의 가지들은 죽어서 떨어진다. 그럼으로써 위쪽의 무게가 줄어든다. 더 중요한 점은 바람을 덜 받는다는 것이다. 즉 바람을 받는 표면적이 줄어들면서 수관이 덜 흔들리게 되고, 강한 돌풍에 나무가 뿌리째 뽑혀 나갈 위험이 줄어든다.

나는 데이지가 그 전나무에 한 일을 보려고 몸을 뒤로 젖힌다. 그러다가 발이 삐끗하는 바람에 통나무에서 뒤쪽으로 넘어진다. 데이지가 재빨리 손을 뻗는다. 나이에 비해 유달리 주름이 없다. 아마 야외에서 주로 시간을 보냈지만, 대개 장갑을 끼고 있어서 그럴 것이다. 다른 수목 관리사들이 이 대목을 읽는다면 그는 자신의 사랑스러운 손을 창피해할 것이 분명하지만, 나는 데이지라는 이름을 지닌 사람이라면 충분히 대처할 것이라고 믿는다.

위험 나무를 그루터기만 남기고 베어 내지 않는 이유가 하나 더 있다. 죽어서 썩어 가는 나무는 살아 있는 젊은 나무보다 훨씬 더 많이 야생 동물들에게 살아갈 곳을 제공한다. 썩어서 속이 빈 나무줄기는 곰의 안식처가 된다. 죽은 나뭇가지는 맹금류가 사냥하기 위해 앉는 홰가 된다. 썩어 가는 부드러운 변재는 딱따구리를 비롯하여 나무 속에 둥지를 짓는 이들이 쉽게 파낼 수 있다. 이런 이유로 〈위험 나무〉는 종종 〈야생 동물 나무〉라고 불리기도 한다. 나무의 위쪽 3분의 1을 폭파하는 방식은 이 과정을 촉진한다. 울퉁불퉁 남은 벌어진 끝부분, 즉 폭발이 일어나서 남겨진 부분을 통해 남은 줄기 안으로 빗물이 스며들게 함으로써 부패를 촉진한다. 데이지는 나를 위해 나뭇가지를 잡아서 제친다. 내가 빠져나갈 때 그가 말한다. 「생물학자들은 폭파된 우듬지를 좋아해요.」 즉 어떤 동물이 둥지를 짓는 시기에 폭파를 하지 않는 한, 그렇다.

딘은 작업할 커다란 더글러스전나무에 표시를 했다. 그는 나무껍질에서 원반 모양으로 튀어나와 있는 여섯 개쯤 되는 가죽질 원반을 하나 부러뜨린다. 「잔나비버섯이에요.」 그러고는 애매한 웃음을 지으면서 내게 건넨다. 딘은 계속 살짝 웃음을 머금고 있다. 실제로 즐거운 것 같지는 않지만. 잔나비버섯은 썩은 면적이라는 차원에서 보면, 빙산의 끝부분이다. 균류의 감염 증상은 감염이 상당히 진행될 때까지는 드러나지 않을 때가 많다. 잔나비버섯이 나무 밖으로 뻗어 나올 무렵이면, 이미 나무 속은 많이 썩어 있다.

그러나 실제로 서둘러 조치를 취할 필요는 전혀 없다. 이 나무는 딘이 조사를 시작한 15년 동안 내내 버섯이 나 있었다. 양초 옆으로 촛농이 흘러내리듯이, 이 나무의 껍질은 세로로 쉽게 벗겨진다. 딘은 줄기를 한 조각 뜯어내 손가락으로 눌러 부순다. 곤충은 이런 썩은 부위로 파고들어 알을 낳는다. 그럼으로써 썩는 과정을 더욱 촉진한다. 「이 흰 가루 보여요? 곤충의 똥frass이에요.」 딘이 말한다. 내가 좋아하는 새로운 오늘의 영어 단어를 얻었다. 원래는 나무의 잘린 자국을 가리키는 커프kerf를 오늘의 영어 단어로 택할 생각이었는데 바꾸자.

딘은 위쪽에서 나뭇가지들이 뻗어 나간 맨 가장자리까지 걸어간다. 대개 땅속에 있는 나무의 뿌리도 거기까지 뻗어 있다. 그는 뿌리의 무게가 한쪽으로 들리기 시작하는 지점을 보여 준다. 나무가 기울어지고 있기 때문이다. 위험 나무다. 딘은 이 나무를 내일 작업 목록에 추가한다.

최근에 대성당 숲의 나무들은 지하로 퍼지는 아밀라리아 뿌리썩음병에 시달리고 있다. 서로 맞닿은 나무뿌리 사이로 곰팡이가 계속 퍼지면서 뿌리를 썩게 만드는 병이다. 주로 삼나무류가 피해를 입고 있다. 이런 나무는 뿌리를 썩게 하는 많은 곰팡이에 저항하는 화학 물질을 갖고 있다(그 때문에 이 목재를 지붕널과 실외 가구에 널리 쓴다). 숲의 현재 상황은 삼나무류에 딱 맞는다. 삼나무류는 꽤 많은 빛을 필요로 하므로, 저항력이 떨어지는 이웃 나무들이 뿌리썩음병에 걸려 쓰러질 때 새로 들어오는 햇빛의 혜택을 본다. 딘은 모든 것이 순환된다고 말한다. 어느 시기에는 가뭄 때문에 삼나무류가 죽어 갈 것이고, 그러면 그 자리에서 다른 종들이 번성할 것이다.

딘은 나무 속이 얼마나 썩었는지 알아보기 위해 여기저기 두드리면서 소리를 듣는다. 그는 내가 미처 철자를 적을 수 없을 만치 빠르게 라틴어 이름들을 읊는다. 데이지는 단순하게 말한다. 심재 썩음, 밑동 썩음, 뿌리 썩음. 예전에 딘과 데이지는 함께 낙하 안전 강좌를 열었다. 데이지는 기술 쪽, 딘은 법규 쪽을 강의했다. 데이지는 첫 강의 때 학생들을 편하게 하기 위해 비속어를 던지곤 했다. 딘은 욕설을 내뱉는 사람이 아니다. 그는 옷차림도 말끔하고, 서류도 알아볼 수 있는 글씨로 빠르게 작성한다. 사람에게 쓰러질 만한 2톤짜리 나무 수십 그루의 유지 관리 업무를 맡기고 싶은 바로 그런 사람이다.

두 사람은 서로 딴판이지만, 수목 관리사라는 말에 내가 으레 떠올리는 전형적인 모습에 그다지 들어맞지 않는다는 점에서 비슷하다. 몇 분 전에 이들은 식단을 비교하고 있었다. 딘에게는 케토 식단으로 18킬로그램을 뺐다는 친구가 두 명 있다. 〈유행에 뒤떨어지는 방식으로〉 베이컨을 잔뜩 먹어서다.

「나도 할 수 있었는데.」 한 낙하 안전 관리자가 꿈꾸듯이 말했다.

데이지는 심장에 좋다는 이유로 고지방, 저탄수화물 음식을 실천하고 있지만, 베이컨을 멀리한다고 말했다. 「아보카도를 주로 먹으려고 애써요. 생선도요.」

「생선도 좋지.」 딘도 동의했다.

딘은 내일 아침에 폭파할 나무 여섯 그루에 꼬리표를 달았다. 우리는 이쯤에서 그만하고 내일 만날 시간을 정한다. 아무도 맥주를 마시러 가지 않는다. 탄수화물 같은 것들이니까.

폭발물은 비포장 임도를 따라 8킬로미터 들어간 숲속의 아무런 표식이 없는 은색 창고에 보관되어 있다. 창고shed라는 말이 좀 안 맞긴 하다. 폭발물 저장 시설을 가리키는 전문 용어는 〈화약고magazine〉*다. 이 화약고는 벽 두께가 15센티미터이고 자갈로 채워져 있다. 그래서 실력이 떨어지는 동네 사람이나 사냥꾼의 총알이 꽂혀도 주변 숲을 쑥대밭으로 만드는 일은 일어나지 않

---

* www.explosivestoragemagazine.com. 이런 구조물에 관한 모든 정보가 있는 웹사이트다. 나는 처음에 화약고에 관한 온라인 정기 간행물로 생각했다. 하지만 그저 비슷한 사이트다. 그러나 그 업계는 자체 정기 간행물을 발간한다. 『폭발 기술자 협회지 *Journal of Explosive Engineers*』는 내가 제목만 보고 정기 구독을 한 잡지다.

는다.

　오전 5시 정각이다. 하늘은 아직 컴컴하고, 은하수가 우유를 흘린 듯 하얗게 빛나고 있다. 트럭의 불빛을 받으며 도로에서 여섯 명이 오스틴 화약 주식회사라고 찍힌 자루를 운반하고 있다. 데이지가 레드-D라고 적힌 〈막대〉 다섯 개를 트럭 바닥에 넣고 있다. 플라스틱 관에 들어 있고, 다이너마이트가 아니라 쿠키 반죽처럼 보인다. 캐나다의 많은 폭발물 제품처럼, 오스틴 화약 제품도 프랑스어와 영어로 적혀 있다. Explosif, Explosive. 프랑스어가 더 짧은 희귀한 사례. 나는 동네 슈퍼마켓에서 포장지에 〈nourriture pour oiseaux sauvages〉라고 적힌 상품을 본 적이 있다. 새 모이의 프랑스어다. 데이지는 트럭 운전석 앞에 형광 표지를 내건다. 〈위험물 운송.〉 이제 우리가 숲으로 가는 도중에 심한 충돌을 일으킨다면, 구급 요원은 거리를 알 수 있을 것이다. 우리가 도착하니 누군가의 트럭 앞에서 아침 회의가 열리고 있었다. 딘과 낙하 안전 관리자들, 우듬지를 잘라 떨어뜨리는 일을 하는 사람들도 있다. 고속 도로가 가까이 있으므로, 원뿔 표지와 깃발을 써서 차선과 교통을 통제하는 일을 할 사람들도 있다.

　데이지는 나무 타는 장비를 착용하고 첫 나무에 오를 준비를 한다. 전나무다. 정강이에 승족기를 찬다. 승족기로 나무의 좌우를 차례로 꽉 박으면서 줄기를 타고 오른다. 상체는 나무줄기에 둘러 허리에 연결한 플립 라인으로 지탱한다. 그는 몇 차례 발을 옮긴 뒤, 플립 라인을 써서 몸을 줄기에 가까이 당긴 다음 늘어진 플립 라인을 30센티미터쯤 더 위로 옮긴다. 그런 과정을 되풀이하며 폭약을 채울 구멍을 뚫을 지점까지 올라간다. 데이지는 높은 곳을 결코 두려워하지 않으며, 지금까지 떨어진 적이 없다. 그가 말한다. 「내게는 평생에 한 번 일어날 일 같아요.」

가랑비가 내리고 햇빛이 거의 들지 않는 추운 날이다. 한 안전 관리자가 내게 긴 작업복을 빌려준다. 주머니에 나뭇조각들이 들어 있다. 딘의 무전기를 통해 신호수들이 수다를 떠는 소리가 들린다. 그들은 작업 구간 양쪽 끝에서 깃발을 흔들어 신호를 하면서 교대로 한쪽 방향으로만 차들을 보낸다. 한쪽 무전기에서 다른 무전기로 말이 간다. 「어이, 여기 네 여자 친구가 왔어.」

데이지가 밧줄을 늘어뜨리자, 한 낙하 안전 관리자가 사슬톱을 묶는다. 「아마 특수한 매듭이 있겠지만, 우리는 쓰지 않을 거예요.」

사슬톱이 올라가고, 데이지는 매듭을 푼 뒤 밧줄을 다시 늘어뜨려 우리에게 알린다. 톱밥과 소음이 위에서 뿜어지기 시작한다. 구멍을 뚫을 때가 되자, 사슬톱 라푼젤이 내려오고 폭약이 들어 있는 배낭이 올라간다.

15분 뒤 데이지의 작업은 끝난다. 그는 도화선을 늘어뜨리면서 내려온다. 딘은 도화선을 90미터 떨어진 기폭 장치가 있는 곳까지 끌고 간다. 우리도 따라간다. 신호수들이 양쪽 방향의 차량 통행을 막았다고 무선으로 알리자, 딘은 에어혼을 분다. 열두 번을 불어서 폭발이 일어나는 것을 알린다. 나는 객원 기폭자다. 기폭 장치를 밟는다. 그러자 충격파관 도화선을 따라 즉시 작은 폭발이 연쇄적으로 일어난다. 그리고 쾅 소리와 함께 나무 윗부분이 두 쪽이 나면서 옆 나무의 가지들을 뭉개고 아래로 떨어진다. 이윽고 천둥 같은 소리를 내면서 땅에 떨어진다. 딘을 제외한 모든 사람이 흥분한 소리를 낸다. 숲에서 나무가 쓰러지는데 아무도 그 소리를 듣지 못한다면, 정말로 굴욕적일 것이다.

데이지는 폭파 지점으로 우리를 데려간다. 〈절단과 추락〉의 산물들이 주변에 널려 있다. 사슬톱을 든 이들이 떨어진 우듬지를 자른다. 남아 있는 나무는 올려다볼 때 그저 이끼와 고사리로 덮인 부분만 보이므로 전과 다를 바 없다. 물론 이전과는 다르다. 더 안전하다.

안전 관리자는 여전히 웃음을 머금고 있다. 나도 그렇다. 나는 왜 커다란 (통제된) 폭발이 사람을 그토록 즐겁게 하는지는 잘 모른다. 우리는 극단적인 것에 끌리는 듯싶다. 거대하고, 크고, 시끄러운 것에. 우리는 경이로움에 혹한다. 그것이 우리가 고래에게는 신경을 쓰고 청어에게는 별로 신경을 안 쓰는 한 가지 이유다.* 사람들이 나무를 껴안고 토끼풀은 밟고 다니는 이유다.

그러니 이 숲에서 데이지의 작업이 때때로 항의 시위를 불러오는 것도 놀랄 일은 아니다. 예전에 그는 한 시위자에게 이 나무들이 죽어 가고 있으며, 가만 놔두어도 조만간 쓰러질 것이라고 설명하면서 대화를 시도한 적이 있다. 시위자는 이렇게 대꾸

---

    * 아브라우민물청어Abrau sprat는 멸종 위기에 처한 어류 455종에 속하지만, 보전하자는 모금 운동을 벌이는 이는 아무도 없다. 여덟줄가미먹장어eightgill hagfish는 누가 구할까? 레이저백서커razorback sucker와 델타스멜트delta smelt는 누가 관심을 가질까?

했다. 「나무는 자신이 언제 쓰러져야 할지 알고 있겠지요.」 물론 나무를 쓰러뜨리는 것은 지식이 아니라, 바람과 중력과 손상과 부패의 어떤 치명적인 조합이다.

　나는 판단을 내릴 수 없다. 우리 모두는 생명의 나무라는 진화 계통수의 특정한 가지와 정서적 유대감을 지니며, 그 가지 중 일부는 나무다. 우리는 자신이 유달리 유대감을 갖는 종에 비합리적으로 집착한다. 나는 문어의 지능이 높다는 이유로 문어를 먹지 않는 사람을 안다. 그러나 그는 돼지고기를 먹고, 끈끈이 쥐덫을 산다. 쥐와 돼지 역시 지능이 매우 높은데도 말이다. 그들의 SAT 점수를 본 적이 없으므로 추측에 불과하긴 하지만, 내 생각에 문어보다 지능이 더 높을 것이다. 그렇다면 왜 누구를 구할지를 판단할 때 지능을 척도로 삼는 것일까? 아니면 몸집을? 단순하면서 작은 생물은 살아야 할 권리가 더 적은 것일까?

　나무, 특히 고목은 지키고 옹호하려는 충동을 불러일으키는 듯하다. 아마 나무 스스로 그렇게 할 수 없기 때문일 것이다. 아니면 우리가 쉽게 알아볼 수 있는 방식으로 하지 않기 때문이거나. 나무는 딱정벌레보다 더 큰 것에 맞서 달아나지도, 맞서 싸우지도 못한다. 나무는 취약하고, 평화롭고, 순진하다. 전반적으로 식물은 대부분 그런 분위기를 풍긴다. 속지 말기를.

8
무시무시한 콩

살인 공범으로서의 콩

미국 농업부도 FBI처럼 강력 범죄자 명단을 갖고 있다. 나는 연방 유해 잡초 목록Federal Noxious Weeds List과 가장 중요한 침입종 목록 등을 훑어보다가, 홍두(상사자rosary pea, 인도에서는 jequirity bean, *Abrus precatorius*)라는 식물을 접했다. 내 눈을 사로잡은 것은 그 식물의 씨 사진이었다. 밑동이 검고 나머지는 새빨간 씨였는데, 나는 한눈에 알아보았다. 내 책상 위에 두 알이 놓여 있기 때문이다. 트리니다드에서 우림을 산책할 때 얻은 것이다. 안내인은 이 씨를 점비 구슬jumbie bead이라고 부르면서 지역민들이 악령을 쫓기 위해 착용한다고 말했다. 그가 말하지 않은 것, 아마도 몰랐을 것은 홍두의 예쁜 씨가 아브린abrin의 원천이라는 것이다. 아브린은 지구에서 가장 치명적인 식물 독소phytotoxin로, 미국 보건 복지부의 생물 작용제와 독소 선정 목록Select Agents and Toxins에서 리신ricin, 에볼라 바이러스와 같은 등급에 놓인다. 아브린을 1그램 이상 지니는 것은 연방 범죄다.

그러나 홍두는 합법이다. 인터넷에서는 수천 가지의 홍두 목걸이와 팔찌가 팔리고 있으며, 직접 만들고자 하는 사람들에게 홍두를 판매하는 공예용품 웹사이트들도 있다.* 나는 책상에 놓인 홍두를 볼 때마다 아기들을 떠올렸다. 아장아장 걷는 아기가 집어서 삼키면 어떻게 될까?

아무 일도 일어나지 않을 가능성이 높다. 홍두 씨는 껍질이 단단해서 위액에 녹지 않은 채 그대로 창자를 따라 통과한다. 다행히도 걸음마를 막 떼고 〈구강 탐험〉 단계를 거치는 아기는 아직 어금니가 나지 않은 상태다. 눈에 띄는 모든 것을 입에 넣으려고 하는 단계 말이다. 홍두를 입에 넣은 아기의 부모는 똥을 싼 기저귀에 공예 재료가 보이기 시작할 때에야 알아차릴 수 있다.

버지니아 록사스덩컨은 미 육군 감염병 의학 연구소의 선임 생물학자다. 생물학전 대응 방안을 연구하는 곳이다. 그녀는 『생물 테러 및 생물 방어회지 *Journal of Bioterrorism & Biodefense*』에 아브린에 관한 글을 쓰면서 필리핀에서 어릴 때 홍두를 갖고 놀았다고 했다. 한번은 친구가 홍두를 몇 개 먹었다고 했다. 〈설사를 했지만, 다음 날 멀쩡해져서 다시 놀았다.〉

홍두를 씹어 먹은 사람도 별 탈이 없을 가능성이 높다. 인도 남부 시골에서는 홍두를 먹고 자살을 시도하는 사례가 드물지 않다. 홍두는 구하기 쉽지만, 다른 자살 약물은 구하기 어려워서다. 2017년 『인도 중환자 의학회지 *Indian Journal of Critical Care*

---

* 그런데 이상하게도 홍두rosary-pea로 만든 묵주rosary는 없다. 그리고 판매 목록에 딱 하나 있는 것도 있다. 〈1931년 홍두 주머니, 먹으면 중독됨.〉

Medicine』에는 홍두로 자살을 시도한 사례 112건을 검토한 논문이 실렸다. 여섯 명은 결국 사망했지만, 14퍼센트는 아무런 증상도 없었다.

아주까리씨(피마자)의 이야기도 매우 비슷하다. 아브린보다 더 널리 알려진 리신의 원천이다. 홍두처럼 피마자도 합법적으로 쉽게 구할 수 있고, 둘 다 식물과 씨 모두 농원에서 원예 식물로 판다. (워싱턴에서 어느 수상쩍은 사람이 그랬듯이 모조리 사들인다면, 직원이 FBI에 신고할 수도 있겠지만.) 『임상 독성학 *Clinical Toxicology*』에는 10년 동안 미국 중서부의 한 중독 관리 센터에서 피마자를 먹었다고 보고된 사례를 분석한 논문이 실렸는데, 총 84건이었다. 40퍼센트는 자살 시도였고, 평균 열 알을 먹었다. 나머지 60퍼센트는 실수로 먹은 사례인데, 섭취량이 평균 한 알이었다. 아마 기저귀를 찬 용감한 구강 탐험가들이었을 것이다. 60퍼센트는 씨를 짓이기거나 씹어서 삼켰다. 사망자도, 심하게 앓은 사람도 전혀 없었다. 대개 구토와 설사를 겪었다.

이상하게도 피마자가 아니라 순수한 리신을 삼키는 쪽이 치명적인 피해를 입을 가능성이 더 낮은 듯하다(생쥐 자료를 토대로 할 때). 몬태나 주립 대학교의 생화학자 세스 핀커스는 이 독소를 치료제로 쓸 수 있을지 연구하며, 이 물질에 노출된 사람들을 치료할 방법도 개발하고 있다. 그의 실험에서는 우리로 치면 콜라 한 병에 해당하는 양의 농축된 리신을 생쥐가 먹어야 사망했다. 핀커스는 입안의 세균이 이 순수한 독소를 흡수하고, 위의 산과 효소가 나머지를 분해하기 때문일 것이라는 이론을 내놓았다. 반면에 피마자 가루를 먹는다면, 식물성 물질이 일종의 흡수 지연 효과를 일으켜, 입과 위장에서 리신이 파괴되지 않고 창자까지 온전히 도달한다.

말이 나온 김에 덧붙이자면, 피마자유가 효과적인 설사제인 것은 리신 때문이 아니다. 국제 피마자유 협회의 웹사이트에는 피마자에서 기름을 추출할 때 리신이 제거된다고 안심시키는 내용이 실려 있다. 설사와 탈수 증상을 일으켜 죽이겠다는 의도를 품고 있지 않다면, 피마자유는 살인 무기로는 쓸모가 없다.* 케이시 커틀러는 2005년 여름에 리신을 추출할 목적으로 피마자유를 사기 위해 애리조나의 앨버트슨즈 점포로 향하기 전에 국제 피마자유 협회의 웹사이트를 찾아보지 않았다. 글로벌시큐리티(GlobalSecurity.org)의 선임 연구원 조지 스미스는 레지스터(theregister.com)에서 그 사례를 상세히 다루었다. 커틀러는 한 마약상에게 빚을 졌는데, 마약상이 수금하러 오면 리신을 마약인 척 내놓을 계획을 세웠다. 커틀러가 피마자유를 만지작거리고 있을 때, 그의 룸메이트가 앓기 시작했다. 룸메이트는 리신에 중독된 것이 아닐까 겁이 나서 응급실로 향했다. 다행히 그냥 독감이었지만, 리신을 언급하는 바람에 의료진은 테러 가능성이 있다고 신고를 했고, 피닉스 특수 기동대가 아파트를 덮쳤다. 커

---

* 무솔리니의 검은 셔츠단이 선호한 방법이다. 정치적 정적들에게 강제로 대량의 피마자유를 먹였다. 칼럼 〈스트레이트 도프The Straight Dope〉에 따르면 약 1.1리터까지 먹였다고 한다. 누가 그런 짓을 할까? 그리고 왜? 탈수 작용으로 죽이기 위해서? 치욕을 주기 위해서? 나는 만족할 만한 답을 찾을 수 없었다. 국제 피마자유 협회에도 여러 차례 전자 우편을 보냈는데, 전혀 답장이 없었다.

틀러는 3년 형을 받았다. 사실상 범죄 의도를 갖고 설사제를 소지한 죄였다.

커틀러는 한 가지 측면에서는 옳았다. 리신을 팔에 주사로 놓는다면 — 실제로 리신이 담긴 주사기가 있다고 할 때 — 가장 확실한 죽음을 가져온다. 주사할 때의 치사량(생쥐)은 약 1백만 분의 1그램이다. 1978년 불가리아의 반체제 인사인 게오르기 마르코프는 혼잡한 런던 버스 정류장에 서 있을 때 리신이 들어 있는 스파이 우산에 허벅지를 찔려 암살당했다.

아브린 주사를 이용한 암살은 적어도 19세기까지 거슬러 올라간다. 인도 남부에서는 많은 소가 죽었는데, 가죽 가공업자들의 짓임이 드러났다. 그들이 쓴 방법은 『파머코그래피아 인디카: 인도의 영국 통치 시기 식물에서 추출한 주요 약물의 역사 *Pharmacographia Indica: A History of the Principal Drugs of Vegetable Origin, Met With in British India*』에 상세히 실려 있다. 홍두 가루를 반죽해서 튼튼한 바늘 모양으로 만드는데, 이를 수타리sutari라고 했다. 이 바늘을 햇볕에 말린 뒤 잘 갈아서 막대기에 꽂았다. 소가 쓰러질 때 이 끝부분이 몸속에 꽂힌 채 부러지면서 범죄의 흔적이 남았다.*

---

* 몇몇 수타리 제작자들은 돈을 받고 살인까지 했다. 1890년 인도의 『경찰관보 *Police Gazette*』에는 〈흉악한 독살자〉 둘리 차마르가 체포되어 〈평생 교통〉 선고를 받았다고 적혀 있다. 인도에서 평생 대중교통을 타도록 하는 형벌이라니, 나름 납득이 가기도 한다. 하지만 그 말은 그런 뜻이 아니라 종신 유형에 처해졌다는 뜻이다. 또 언급된 유형 장소도 처음에 읽으면 혼란스럽다. 안다만과 니코바르 제도의 하얀 모래밭이라니. 하지만 관광지가 되기 전에 그 제도에는 유형 시설이 있었다. 영국 식민 통치자들은 그곳에서 인도 철도부에서 자행한 것보다 훨씬 더 극악한 고문 기법들을 시험했다.

그리고 이제야 나는 테러범의 통신을 감청한 내용에 왜 리신이나 아브린이 든 자살 폭탄을 터뜨린다는 계획이 언급되곤 하는지를 이해한다. 파편은 작은 수타리 역할을 해서, 본래는 부상만 입고 살아남을 수 있는 상처에 독물을 주입한다.* 『디플러매트 The Diplomat』 온라인판에는 이런 기사도 실렸다. 〈기존 폭탄에 더하여 치명적인 피해를 입히기 위해.〉 그런데 문장이 거기서 중단되고 구독하라는 글이 떠 있다. 〈이 기사가 마음에 드셨나요?〉 나는 독극물이 묻은 파편으로 무고한 이들을 대량 살상한다는 내용의 기사를 마음에 들어 할 사람이 과연 있을지 의문이 든다고 말하지 않을 수 없다.

독자는 이렇게 생각할지도 모르겠다. 테러범은 무고한 이들에게 이 독소를 흡입하게 만들려는 의도였겠지? 아마 그럴 것이다. 이런 식으로 주입된 리신은 주사만큼 치명적이다. 핀커스는 자진해서 설명했다. 「대규모로 폐부종이 일어나요. 자기 체액에 익사하는 거죠.」 그러나 이 방법으로 많은 사람을 죽이려면, 테러범은 극도로 작은 리신 에어로졸 구름을 만들어 낼 수준의 장비와 전문 지식을 갖추어야 할 것이다. 크기가 1~2마이크론보다 크지 않은 것이 이상적이다. 그렇지 않으면, 연무가 다수의 사람을 위협할 만큼 공중에 오래 떠 있지 못할 것이다. (방울에 비해

---

* 서양의 여러 나라 군대에서 때때로 이런 실험들을 했지만, 수타리라고 부르지는 않았다. 〈화살탄flechette〉이라고 했다. 독을 묻힌 작은 화살을 많으면 3만 5천 개까지 폭탄에 쟁여 넣었다. 캐나다와 영국은 동물을 대상으로 화살탄을 시험했다. 결과는 인상적이었지만, 아마도 여성 위생용품처럼 들리는 이 발사체가 조금 위험하다는 생각이 들었는지, 두 나라 모두 이 병기를 채택하지 않았다.

미세한 에어로졸은 폐로 더 깊이 침투한다. 즉 더 위험하다는 이야기다. 나는 이 사실을 코로나 팬데믹을 겪으면서 알았는데, 마찬가지로 그다지 마음에 들지 않는 기사를 통해서다.) 어쨌거나 해당 테러 단체들 — 아라비아반도의 알카에다(리신)와 자마 안샤루트 다울라(아브린) — 은 정교한 에어로졸 분산 시스템을 갖추지 못했다. 그들은 몸에 폭탄을 감았는데, 그런 폭탄은 독소를 분산시키기보다는 태워서 없앨 가능성이 더 높다.

이 집단들이 그저 공포를 일으키려는 단순한 목적으로 폭탄에 리신이나 아브린을 넣을 계획을 논의했던 것일 수도 있다. 테러범이니까. 터뜨린 리신으로 얼마나 많은 사람이 피해를 입든 간에, 그보다 1백만 명이 더 넘는 이들에게 두려움을 퍼뜨릴 것이기 때문이다.

〈올바른 정보가 자신을 지켜 줍니다.〉 대중의 인식을 제고하는 활동에는 으레 이런 찜찜한 문구가 따라붙는다. HIV, 뎅기열, 지카 바이러스에 관한 정보를 제공하는 웹사이트들에 들어가 보라. 납 중독, 신원 도용, 데이트 강간, 독성 콩TOXIC BEANS도.

여기서 대문자는 내가 쓴 것이 아니다. 이 단어는 유타주의 요식업 종사자 검사 및 인증 사이트에 실린 것이다. 거기에서 말하는 위험한 콩은 홍두나 피마자를 가리키는 것이 아니다. (게다가 사실 피마자는 콩과가 아니라 대극과 식물이다.) 흰색이나 빨간색의 강낭콩, 잠두, 리마콩을 말한다. 우리가 흔히 먹는 이 식품들은 적어도 10분 이상 삶지 않으면, 위장에 상당한 고통을 줄 수 있다. 일본의 한 TV 방송에서는 1천 명이 넘게 시청하는 가운데 하얀 강낭콩을 커피 분쇄기에 넣고 갈아서, 3분 동안 불에 달군 다음 밥 위에 뿌려 먹으면 아주 맛있다고 추천하는 내용이 방영되었다. 〈일본의《하얀 강낭콩 사건》〉이라는 제목의 잡지 기사에 따르면, 그렇게 먹은 사람 중 1백 명이 입원했다고 한다.

덩굴강낭콩이 사람에게 끼치는 피해를 더 알고 싶은 독자를 위해, 「방광의 이물질(강낭콩): 특이 사례 보고」를 소개한다. 2018년 인도 자이푸르의 한 젊은 남성은 〈성적 만족을 위해〉 요도에 강낭콩들을 밀어 넣었다. 이런 사례들에서 종종 일어나듯이, 강낭콩은 쉽게 빼낼 수 없는 지점까지 죽 밀려 올라갔고, 당혹스러움을 넘어 몸이 불편해지자 남성은 의사를 찾았다. 초음파 검사 결과를 보니 강낭콩들이 방광 안에서 둥둥 떠다니고 있었다. 콩은 밤새도록 오줌에 푹 담겨 있었기에, 통통 불어서 꺼내기가 쉽지 않았다. 논문에는 〈조각내어 빼낸 강낭콩들〉의 사진도 실려 있다. 스테인리스 그릇에 부서지고 약간 으깨진 콩들이 놓여 있다. 수술 기구인 집게로 빼낸 대부분의 이물질에 비하면 더 맛있어 보이지만, 오줌에 담겨 있었으므로 그다지 맛있지는 않을 것이다.

콩이 유달리 위험할까? 나는 최근에 데이비스에 있는 캘리포니아 대학교에서 퇴직한 식물학자 앤 필머에게 물었다. 그녀는 답장할 때 자신이 독 있는 원예 식물들을 모아 놓은 웹사이트도 알려 주었다. 나는 1군(심한 독성: 〈중증이나 사망을 일으킬 수 있는〉)에 속한 112종 가운데 9종이 우리 집 뜰에서 현재 자라는 또는 최근에 자란 식물들이라는 것을 알고 깜짝 놀랐다. 협죽도, 란타나, 야래향, 로벨리아, 철쭉, 아잘레아, 토욘, 돈나무, 헬레보어다. 또 내 사무실의 오렌지색 도자기 화분에는 크로톤이 자라고 있었다.

다시 말해, 위험한 것은 콩이 아니다. 식물이다. 너희가 달아날 수도 후려칠 수도 총을 쏠 수도 없을 때, 진화는 너희에게 먹히지 않을 더 조용한 방식을 제시함으로써 도움을 줄 수 있다. 긴 세월이 흐르는 동안 주둥이를 너희에게 향하던 동물들은 모두 너희를 기피하기에 이른다.

치명적인 원예 식물이 놀라울 만치 많다는 점을 생각하면, 좀 의문이 든다. 왜 리신만 그렇게 언론의 주목을 받은 걸까? 테러범과 암살범이 다른 식물들에서 독소를 추출하지 않는 이유는 뭘까? 두 번째 질문의 답은 첫 번째 질문에 놓여 있을 가능성이 높다. 즉 리신이 언론의 관심을 독차지해서다. 마르코프 살인으로 리신은 테러범의 레이더에 환하게 빛나면서 깜박거리는 것이 되었다. 그저 그런 테러범과 괴짜 생존주의자들이 으레 찾는 독극물이 된 것이다. 피마자에서 리신을 추출할 방법을 찾겠다고 다크 웹을 뒤질 필요가 전혀 없다. 구글 검색만 해도 금방 찾을 수 있다. 반면에 은방울꽃에서 독소를 추출하는「브레이킹 배드」시즌 4의 주인공 월터 화이트처럼 화학자이면서 범죄자인 이들을 제외하고, 아마 다른 식물들을 살인 공모자로 만들 장비와 전문 지식을 갖춘 사람은 거의 없을 것이다.

악명에 힘입어 리신은 다른 식물 독소가 갖지 못한 사악한

후광을 지니게 되었다. 누군가가 테러 단체에서 신뢰를 얻으려 한다면, 철쭉에서 무언가를 추출하려고 애쓴다는 말보다는 리신을 제조하고 있다고 말하는 편이 더 믿음직하게 들릴 것이다. 대테러 전문가이자 『방사능과 핵 테러 Radiological and Nuclear Terrorism』의 저자인 앤디 카람이 내게 알려 준 것이다.

그래도 미흡하다. 리신과 아브린이 왜 미국 보건 복지부의 생물 작용제와 독소 선정 목록에 들어 있는 유일한 독극물인 이유를 설명하는 내용이 없기 때문이다. 그 답은 세스 핀커스가 내놓았다. 그는 리신과 아브린이 〈무차별적인〉 독소라 그렇다고 설명했다. 리신은 모든 종류의 살아 있는 세포의 표면에 있는 탄수화물인 갈락토스에 결합하면서 문제를 일으킨다. (피부 세포의 가장 바깥층은 죽은 세포들이므로, 리신 가루를 만져도 위험하지 않을 것이다. 우편물을 이용한 암살범이 되려는 이들이여, 우푯값을 아끼도록.) 반면에 콜레라 독소나 보툴리늄 독소 등 다른 치명적인 독소들은 대부분 큰창자의 세포나 신경 세포처럼 오로지 특정 신체 부위만을 난장판으로 만든다.

나는 핀커스에게 중국의 한 화학 물질 공급 업체의 웹 페이지를 알려 주었다. 〈리신 재고 있음, 가장 저렴한 가격으로 공급 가능.〉(내 나름으로 짐작하면, 순도 99퍼센트의 리신 1킬로그램을 150달러에 팔겠다는 말이 아닐까.) 아브린도 비슷한 가격으로 나와 있었다. 화학 물질 정보 서비스 Chemical Abstracts Service 번호를 통해 독소를 검색해도 그런 사이트가 여섯 곳은 뜬다. 한 업체는 재고 물품 중 상당수의 무료 샘플을 제공한다는 광고도 한다. 리신이나 아브린까지는 아니지만, 〈말 지라〉까지도.

핀커스는 그 웹사이트를 몰랐다. 그는 텍사스 대학교의 연구자에게 리신을 구했다. 리신이 생물 작용제와 독소 선정 목록에 추가되자, 그 물질을 연구하려면 온갖 번잡한 절차를 거쳐야 했기에 그 연구자는 리신을 내놓기로 결심했다. 그녀는 자신이 가지고 있는 리신 — 아마도 10~20그램 — 을 생물 방어와 신종 감염병 연구 보관소에 넘기겠다고 했다. 핀커스는 회상했다. 「그들은 말했죠. 〈대단하십니다, 곧 사람을 보낼게요.〉 정말 대단했어요. 거대한 장갑 트럭에 호위하는 경찰차 같은 차들까지 몰려왔지요. 그런데 그보다 백 배나 되는 양을 그냥 인터넷에서 살 수 있다는 겁니까?」

나는 말했다. 「그런 것 같아요. 한번 물어볼게요!」 다음 날 전자 우편 두 통이 도착했다. 한 통은 붉은 글자로 적혀 있었다. 화학 물질 공급 업자를 찾는 일을 도와주는 룩켐LookChem에서 보낸 것이었다. 〈국제법이나 국내법에 위배되는 모든 정보는……룩켐에 게시할 수 없습니다. 그런 정보가 발견되면, 우리는 국가 기관에 보고할 의무가 있습니다.〉 그런데 두 번째 전자 우편을 읽으니, 충격이 좀 가셨다.

카이모시 화학사의 판매 담당자인 캐시가 보낸 것이었다. 룩켐의 누군가가 내 전자 우편을 그쪽으로 전달한 모양이었다. 〈연락 주셔서 감사합니다. 귀하와 사업 관계를 맺을 기회가 와서 기쁩니다.〉 캐시는 현재 리신 재고가 없다고 사과하면서 내가 원하는 만큼 제공하겠다고 했다. 그녀는 나를 안심시키려 했다. 〈우리 제품은 완성된 기술, 좋은 품질, 저렴한 가격이 장점입니다. 또 전 세계로 수출되고 있으며 널리 호평을 받고 있습니다.〉 캐시는 얼마나 필요하고, 언제 받고 싶은지 알려 달라고 했다.

그 전자 우편을 보여 주자 핀커스가 말했다. 「얼마나 믿어야 할지 모르겠네요.」 그의 연구실에는 FBI 요원이 종종 들르곤 했다(그는 연구실 구석에 아주까리를 키우고 있었는데, 연방 수사국 요원은 알아차리지 못했다). 그냥 말만 주고받는 거죠.

나는 조지 스미스에게 FBI가 이런 웹사이트들을 감시하고 있는지 물었다. 그는 그렇다고 말했지만, 아마 이 사이트는 오래전에 목록에서 제외되었을 것이라고 짐작했다. 그러고는 카이모시의 리신 페이지에 적힌 글을 지적했다. 〈건랭소에 보관.〉 그는 정제한 단백질은 냉동 보관해야 한다고 말했다. 「갖고 있는 게 있다면, 아마 피마자를 빻은 거겠지요.」 한마디로 내가 〈아무 가루나 킬로그램당 1백 달러에 팔려는〉 누군가와 거래를 시도했을 가능성이 높다는 뜻이다.

리신을 에어로졸화하는 문제와 전형적인 〈아주까리씨 배달부〉(스미스의 표현)의 약간 어리숙한 면모를 생각할 때, 미 연방 정부는 리신이 대량 살상 무기가 될 가능성을 크게 걱정하지 않을 것 같기도 하다.

그러나 핀커스는 걱정해야 한다고 본다. 비록 공기나 식품을 통한 리신 테러를 말하는 것은 아니지만. 그가 걱정해야 한다고 주장하는 이유는 이런 사실 때문이다. 「리신 유전자를 분리해서 인플루엔자 같은 감염성이 강한 바이러스에 집어넣을 수 있어요.」그러면 수백만 명을 감염시킬 뿐 아니라 수백만 명을 죽일 수 있는 수단을 손에 넣게 된다. (물론 그 전에 먼저 자신이 죽이고 싶지 않은 수백만 명을 보호할 백신을 확보하고 싶겠지만.) 「국방 쪽 사람들은 이렇게 말하곤 해요. 〈아, 우리는 어떤 유전자가 상업적으로 합성되든 간에 계속 관리하고 있어요, 어쩌고저쩌고.〉」핀커스는 전혀 안심하지 못한다. 그는 다른 이야기와 관련지었다.

「치료제 개발을 이유로 리신의 독성을 일으키는 유전자를 합성해, 그것을 사람의 세포에서 발현시키려 했다는 점을 생각해 봐요. 누군가가 그런 일을 알아보고 있다는 것만 알아도 많은 경각심을 가져야 해요. 그런데 지금은 주문하면, 2주 뒤에 그 유전자를 받을 수 있어요. 그러니 생물 작용제와 독소 선정 목록이 영리한 테러범으로부터 우리를 지켜 준다고 생각한다면…….」나는 그를 대신해 이렇게 문장을 끝내고 싶다. 〈말 지라 더미를 잔뜩 배달받는 것이나 다름없어요.〉

테러범만? 불량 국가의 군대는? 미국은? 제1차 세계 대전이 시작되었을 때 그리고 제2차 세계 대전이 벌어지고 있을 때, 미군은 리신 실험에 엄청난 예산을 쏟아부었다. 수류탄 안에 리신을 섞어 넣기도 했다. 1.8킬로그램짜리 공중 투하 리신 폭탄도 개발했다. 녹인 리신(때로는 그냥 피마자 가루)을 분사하는 장치도 개발했다. 그 어떤 것도 기대하는 효과를 발휘하지 못했다.

결국 군(軍)은 남은 리신 중 일부를 콜로라도와 메릴랜드에 있는 국립 야생 동물 연구소로 보냈다. 쥐한테 써보라고 말이다.

역사적으로 전쟁과 유해 동물 퇴치는 으레 보조를 맞추곤 했다. 어쨌거나 둘 다 효율적으로 적을 없앨 방법을 추구하니까. 핵 시대에 이르기 전까지, 인간의 적을 대상으로 삼은 모든 새로운 치명적인 무기는 털과 깃털이 난 적들에게도 시도되는 경향이 있었다. 한 예로, 유엔이 아프리카의 홍엽조에 기울인 방제 노력을 요약한 대목은 군사 무기들을 연대순으로 적은 것처럼 읽힌다. 〈총, 폭발물, 화염 방사기, 네이팜탄, 접촉 독극물.〉

제2차 세계 대전 때 화학전 분야의 전문가들과 농업 유해 동물 방제 분야의 전문가들은 공동의 적 앞에서 힘을 모으기로 했다. 바로 갈색쥐였다. 노르웨이쥐, 시궁쥐, 집쥐 등 갖가지 이름으로 불리는 쥐다.

덴버 야생 동물 연구소의 보도 자료를 인용하자면, 갈색쥐는 〈이 나라에서 활동하는 히틀러의 특급 요원〉이었다. 전쟁으로 기존 쥐약에 원료를 공급하는 경로가 끊기면서, 전국에서 쥐들이 들끓었다. 〈…… 공장 설비를 망가뜨리고, 우리 동맹국들에 필요한 식량을 먹어 치우고, 군대에 질병을 퍼뜨렸다.〉 설치류를 적의 동조자로 묘사한 사례는 전부터도 있었다. 제1차 세계 대전 때의 캘리포니아 땅다람쥐 박멸 포스터에는 다람쥐가 뾰족뾰족한 못이 달린 작은 독일 헬멧을 쓴 모습으로 그려져 있다. 〈다람쥐 부인〉은 독일 제국군의 최고 명예 훈장인 철십자 훈장을 목에 걸고 있었다.

1942년 6월, 색다른 전시 동맹이 결성되었다. 미국 과학 연구 개발국의 국방 연구 위원회(NDRC) 9과(화학 무기 담당)는 덴버 야생 동물 연구소(지금의 NWRC)와 힘을 모아 새로운 쥐약(살서제)을 개발하는 일에 나섰다. 전자가 병기고에서 어느 독소가 쓸 만하다고 제시하면, 후자는 반역자인 척추동물에게 그것을 시험했다. 〈화합물 W〉*라는 암호명으로 불린 리신도, 사린도 후보 물질이었다. 1944년 6월에 실시된 첫 실험 때 탁월한 효과를 보인 쥐약은 9과 사람들이 1080이라 부른 것이었다. 값싸면서 생쥐를 빠르게 죽이는 물질이었다.

1080은 미국 전쟁부와 농업부가 알아차리기 훨씬 전부터 아프리카 시골에서 쓰였다. 천연 식물 형태로였다. 당시에도 설치류와 사람 모두 표적이 될 수 있었다. 이 독소는 거의 아무런 맛도 나지 않기에, 공격자는 그냥 이 식물을 짓이겨서 짜낸 즙을 적의 우물에 떨어뜨리면 되었다. 나는 원래 식물체가 과연 얼마나 영향을 미쳤을지 의심스럽긴 하지만, 나중에 연구자들은 이 독소의 치명적인 성분을 분리했다. 불화 아세트산fluoroacetate으로 TWS라는 암호명으로 불렸다.

TWS는 폴란드 화학자들이 우연히 발견했고, 나중에 연합국 정보기관들이 공유했다. 이제는 기밀 해제가 된 9과의 1945년 4월 20일 자 문서에는 한 불화 아세트산 화합물을 〈수원

---

* 사마귀 제거제인 컴파운드 W의 제조사는 제품에 이름을 붙일 때 이 사실을 몰랐을까? 컴파운드 W의 제조사인 〈프레스티지 브랜즈Prestige Brands〉가 답장을 하지 않아 나도 모른다. 그 회사는 온라인 질의를 해도 무응답이고, 트위터 계정도 없으니까. 하지만 부적절한 이름이라는 말이 나왔으니, 프레스티지 브랜즈가 내놓은 명품 상표들을 살펴보자. 플리트 관장제, 이 잡는 닉스, 배부름증 치료용 비노, 우리스탯, 노스트릴라 충혈 제거제, 여름밤 관수기, 보일이즈, 에퍼던트 틀니 세정제, 보드로 기저귀 발진 연고.

오염 물질)로 고려하긴 했지만, 실제로 쓰인 적은 없다고 적혀 있다. 문서에 언급된 요원들은 중독된 개의 동영상을 보았고, 〈극도로 역겨운 광경〉이라고 했다. (1080은 쥐보다 개에게 17~35배 더 치명적이다.) 1080과 TWS 모두 이렇게 〈끔찍한〉 방식으로 죽음을 가져오는 작용제라면 〈어느 문명국가에서도 가장 야비한 유형의 적에게조차 쓰지 못할 것〉이라고 여겼다.

이에 덴버 야생 동물 연구소는 쥐에게 그 물질을 실험해 보기로 했다. 연구소의 한 보도 자료에는 뉴올리언스의 대형 곡물 창고 회사에 들끓는 쥐를 대상으로 1080을 실험한 결과가 적혀 있다. 이 화학 물질을 물에 녹여서 쥐가 다니는 길을 따라 설치류 다과회용 크기의 컵에 약 15밀리리터씩 담아 놓았다. 보도 자료에 따르면, 24시간 사이에 쥐 3,690마리가 죽었다고 한다.* 1945년 NDRC 설치류 퇴치 소위원회가 내놓은 〈1080 현장 실험 보고서 요약집〉에는 규모는 덜하지만 마찬가지로 인상적인 수의 생쥐가 죽은 사례도 나와 있다. 몬샌토의 화학자들은 약 1.5톤의 1080을 만들어 쥐가 들끓는 육군과 해군 기지 및 공중 보건 부서들로 보내 현장 실험을 수행했다.

요약집에는 죽은 쥐의 수뿐 아니라 각 지점에서 미끼로 무엇을 썼는지까지 상세하게 나와 있다. 보리, 귀리, 고구마, 코코

---

* 정말로 엄청나게 쥐가 들끓는 상황이다. 곡물 엘리베이터 및 가공 협회 (GEAPS, 〈세계 곡물 취급과 가공의 지식 자원〉)의 대변인은 말했다. 「엄청나지요.」 그는 전자 우편을 통해 저장 시설이 열악한 저개발 국가들에서도 〈그렇게 많은 쥐가 들끓는 사례는 극도로 드물 겁니다〉라고 썼다.

넛, 초콜릿, 땅콩버터 등 일반적으로 쓰는 쥐 미끼에서부터 더 먹음직하게 만든 창의적인 미끼까지 다양했다. 괌 해군 기지는 1080에 말린 달걀 부스러기, 식용유, 신선한 베이컨 기름을 섞었고, 9군 사령부는 말고기와 빵 부스러기를 섞어서 구운 것에 1080를 뿌렸다. 1군 사령부는 전투 식량에 1080을 섞었다. 텍사스 보건부의 미끼 재료는? 팝콘과 닭고기였다. 요약집을 쓴 저자들은 자신들이 선호하는 미끼 제조법도 몇 가지 제시하면서 구체적인 순서까지 적었다. (〈1080을 밀가루와 섞는다. 이 혼합물을 잘게 자른 채소 위에 뿌리면서 계속 흔든다.〉)

그러나 만족할 만한 결과가 나온 사례는 전혀 없었다. 개도 그 미끼를 먹었다. 더욱이 개는 미끼를 먹고 죽었거나 죽어 가는 설치류를 먹기도 했다. 그리고 앞서 말했듯이, 개는 1080에 유달리 민감하다. 한 곳에서는 개 50마리가 죽었다고 했다. 정부 기관들은 머리를 맞대고 고심했다. 이윽고 난국을 타개할 기발한 착상이 나왔다. 1080을 코요테를 없애고 싶어 하는 목축업자들에게 살수제로 보급하는 것이었다.

이제 목축업자들은 새로운 문제에 직면했다. 살수제가 사람의 가장 좋은 친구 제거제가 되지 않도록 막을 방법을 찾아내야 했다. 특히 설치류 퇴치 소위원회 의장 저스터스 워드의 말에 따르면, 코요테는 살수제를 먹고 달아나다가 〈채 소화되지 않은 독이 든 먹이를 매우 넓은 지역에 걸쳐서…… 꽤 많이 게워 낸다〉. 목축업자의 개는 그것을 집어 먹곤 했다.

워드는 국방부 에지우드 병기창의 화학 무기 전문가 C. P.

로즈 대령에게 연락을 취했다. 워드는 1080의 살수제 형태를 언급하면서 정중하게 부탁했다. 「아마도 대령께서는 1080에 혼합하여 코요테가 토하는 성향을 줄여 주는 약물을 알고 계시지 않을까요?」 그리고 1080의 쥐약 형태에는 정반대 역할을 하는 약물이 있지 않을까? 즉 구토 유발제, 〈독이 든 미끼를 개가 먹었을 때 1080이 흡수되면서 일으키는 구토보다 훨씬 더 일찍 토하게 만드는 것〉 말이다. 하지만 그 약물은 쥐에게도 구토를 일으켜 독을 게워 내게 하지 않을까? 그러면 쥐는 살아남을 테고? 그럴 리가 없다. 당시 미국 과학 연구 개발국의 국방 연구 위원회의 버드 세이 렌쇼의 기밀 자료에 따르면, 〈쥐는 토할 수 없다〉.

제2차 세계 대전은 끝났지만, 독소 선별 사업은 계속되었다. 45년 동안 덴버 야생 동물 연구소는 약 1만 5천 가지의 독물과 기피제 후보 물질을 검사했다. 환경과 동물 복지 단체들의 압박이 심해짐에 따라, 화학자들은 점점 더 신중을 기했다. 그들은 저렴하면서 치명적일 뿐 아니라, 퇴치하고자 하는 동물에게만 작용할 법한 독물을 찾으려 애썼다. 이윽고 찾아낸 DRC-1339는 어느 모로 보나 그 조건에 딱 맞는 듯했다. 찌르레기사촌, 찌르레기, 탁란찌르레기, 긴꼬리찌르레기사촌 등 큰 무리를 지어 작물을 먹어 치우는 새들은 모두 이 화학 물질에 극도로 민감했다. NSA가 흥분을 불러일으키는 소식이었다. 전국 해바라기 협회 National Sunflower Association 말이다.

NSA는 40년 동안 해바라기 경작자들의 이익을 대변해 왔다. 그들의 경작지는 대부분 노스다코타와 사우스다코타에 있다. 수천만 마리의 찌르레기사촌과 그보다 좀 적은 규모의 새 떼들의 이주 경로에 놓인 지역이다. 그러니 그들이 어떤 어려움에 처해 있는지 짐작할 수 있다. 그들은 새들이 씨를 먹지 못하게 막으려고 애쓴다. 2008~2010년에 찌르레기사촌이 노스다코타 해바라기 밭에 얼마나 피해를 끼쳤는지 조사했는데, 평균 약 2퍼센트의 면적에 해당하는 것으로 나왔다.

국립 야생 동물 연구 센터의 노스다코타 파고 지부는 해바라기 문제에 몰두해 왔다. 좀처럼 해결이 안 되는 난제다. 그들은 기피제들을 개발했지만, 실제로 적용하는 데 문제가 있다. 〈익을수록 고개를 숙이는〉 해바라기의 독특한 자세 때문에, 공중에서 살포하면 씨에는 닿지 않고 꽃의 뒷면에 뿌리는 꼴이 된다. 또 그들은 새들이 빼먹을 수 없도록 씨들이 아주 빽빽하게 열리는 잡종 식물도 개발했지만, 씨의 지방 함량이 낮았다. 해바라기 경작자에게는 몹시 안 좋은 단점이다. 해바라기의 진정한 수익은 씨앗이 아니라 씨앗에서 짠 기름에서 나오기 때문이다. (새 모이 업체들은 해바라기씨를 적당량 섞어서 모이를 제조한다. 좋은 일이다. 애조가들만 쓰는 제품을 만들기 위해 조류를 박멸한다는 역설을 피하기가 어려워지기 때문이다.)

그 기간 내내 NSA는 계속해서 독물을 써야 한다고 고집했다. 그러다 2006년 프리토레이가 주요 제품인 감자칩을 튀길 때 트랜스 지방이 전혀 들어 있지 않은 해바라기 품종인 누선NuSun의 씨에서 추출한 식용유를 쓰겠다고 발표하면서, 난감한 상황이 벌어졌다. 그 수요를 충족시키려면 해바라기 경작자들은 수억 제곱미터의 밭에 새 품종을 심어야 했고, 당연히 씨를 먹을 새들도 줄여야 했다. NSA는 찌르레기사촌의 연간 〈허용 제거량〉을 늘리겠다면서 허가를 받으려 했다. 그러나 사우스다코타 사냥 어업 공원과는 반대했다. 인기 있는 사냥감인 꿩도 DRC-1339에 민감하다는 사실이 드러났기 때문이다. 국립 야생 동물 연구 센터는 2003년에 DRC-1339의 표적이 아닌 새 수십 종이 그 독물에 얼마나 민감하게 반응하는지를 담은 상세한 자료를 발표했다. 원래의 선별 검사 사업에서는 갖고 있지 않았던 자료였다. 조사를 했음에도 발표하지 않았던 자료도 있었다. 꿩뿐 아니라 홍관조, 어치, 개똥지빠귀, 메추라기, 종달새, 흉내지빠귀, 참새, 원숭이올빼미도 DRC-1339에 매우 민감했다. 이 정보를 접하고나서 큰 봉지에 든 짭짤한 간식을 맛볼 때의 내 즐거움이 좀 줄어들었다. 감자칩에는 피가 묻어 있다!

해마다 북부 평원에 내려앉는 7천만 마리의 찌르레기사촌 중 1백만~2백만 마리를 죽이는 것은 제빙기로 지구 온난화를 해결하려는 것과 비슷하다. 독을 푸는 행동은 유해 조류 퇴치보다는 앙갚음 행위에 더 가까워 보였다. 즉 연구 결과를 토대로 벌이는 활동이 아니라, 좌절과 분노에서 비롯된 행동이었다. 2002년 NWRC 연구진이 수행한 개체군 모델링 연구는 이주하는 찌르레기사촌의 연간 허용 제거량을 2백만 마리로 늘릴 때 해바라기 경작자들이 얻는 혜택은 〈무시할 수 있는 수준일 가능성이 높다〉고 결론지었다. 그러나 살해는 계속되고 있다. 2018년 미국 농업부 야생 동물국은 붉은죽지찌르레기 51만 6천 마리, 긴꼬리찌르레기사촌 20만 3천 마리, 탁란찌르레기 40만 8천 마리를 죽였다.

역설적인 것은 해바라기 경작자들이 가장 좋은 방법이 무엇인지를 오래전부터 알고 있었다는 사실이다. 1970년대에 NSA의 협회지인 『선플라워 The Sunflower』에는 효과 있는 비살상 접근법들을 추천하는 기사들이 실렸다. 〈주로 서식지와 작물 관리〉 기법들이었다. 새들에게 마찬가지로 맛있는 먹이를 주자. 저렴한 〈미끼 작물〉을 전략적으로 배치해 심자. 또 수확한 뒤에 그루터기만 남은 밭을 갈아엎는 대신, 그냥 놔두어서 새들이 다른 경작자의 밭으로 가지 않고 떨어진 씨앗을 주워 먹게 하자. 새들이 오기 전에 더 일찍 수확할 수 있도록 건조제를 뿌리자. 찌르레기사촌이 좋아하는 서식지인, 부들 같은 식물들이 빽빽하게 자라는 습지 근처에는 해바라기를 심지 말자. 다시 말해, 새로운 해바라기 품종의 이름처럼 들리는, 끝없이 인용되는 일반적인 조언을 따르라는 것이다. 지피지기.*

최근에 서식지 관리는 부들을 없앤다는 의미가 되어 왔다. 예전에 1080을 공급했듯이, 몬샌토는 그 독물도 공급했다. 논란 많은 제초제인 글리포세이트(라운드업이라는 상품의 활성 성분)다. 내가 방금 읽은 NWRC 연구진이 2012년에 쓴 논문에 따르면, 글리포세이트는 해바라기를 말려서 일찍 수확하기 위해 썼던 화학 물질 중 하나였다고 한다. 긴 한숨과 함께 고개를 떨구게

* 『손자병법』.

만드는 것.

전쟁에는 언제나 마지막 대안이 있다. 바로 항복이다. 조지 린즈와 페이지 클럭은 『북아메리카 찌르레기사촌과의 생태와 관리 Ecology and Management of Blackbirds (Icteridae) in North America』 중 자신들이 맡은 장에서 이렇게 썼다. 〈한 가지 분명한 조류 관리 전략은 조류에게 피해를 입기 쉬운 작물을 피하고, 찌르레기사촌에게 피해를 입지 않는…… 작물을 심는 것이다.〉 아니면 노스다코타 해바라기 경작자에서 상원 의원으로 변신한 테리 원제크처럼 아예 농사를 포기하고 정치 쪽으로 나아가는 것이다. 그는 AP 통신 기자 블레이크 니콜슨에게 이렇게 말했다. 「우리는 항복해 왔어요. 새들이 이겼어요.」

9
실컷 해, 더 많이 낳을 테니까
조류에 맞선 헛된 군사 작전

당시의 신문을 통해서 내가 최대한 알아낸 사실에 따르면, 까마귀 폭파라고 알려진 풍습은 1953년 2월 6일 텍사스 소도시 에이서 인근에서 정점에 달했다. 〈까마귀를 증오하는〉 조 브라우더는 다이너마이트 68킬로그램으로 폭탄 3백 개를 만들었다. 폭발물과 함께 동네 주물 공장에서 얻은 금속 쪼가리들을 채운 마분지 원통을 브래저스강 가의 참나무 관목들에 줄줄이 묶었다. 매일 밤 까마귀들이 돌아와 보금자리를 트는 곳이었다. 어느 아찔한 추정값에 따르면, 그 한 번의 폭발로 까마귀 약 5만 마리가 죽었다.

그런 일이 벌어졌는데 아무도 당국에 신고를 하지 않았을까? 당국은 이미 현장에 와 있었다. 지역 사냥 감시인이 낮에 까마귀들이 먹이를 찾아 날아간 뒤에 폭탄을 설치한 대원 중 한 명이었으니까. 그리고 그 새들은 범죄를 저지르고 있었다. 바로 먹이를 찾아 먹는 행위였다. 당시의 신문들에는 까마귀들 — 〈공중의 검은 산적 떼〉, 〈깃털 달린 갱단〉, 〈위협적인 검은 물결〉— 이 물새의 둥지를 습격하여 오리 사냥꾼들이 잡을 사냥감이 부족해질 정도로 알과 새끼를 게걸스럽게 먹어 치운다고 우려하는 기사가 자주 실렸다.

사실 까마귀 폭파는 정부가 후원하는 보전 노력의 일환이었다. 1935년 겨울에 일리노이에서 까마귀 25만 마리를 폭탄으로 죽이는 작업은 누가 감독했을까? 일리노이 보전 장관이다. 텍사스 커플랜드 인근의 보금자리에서 까마귀 3천 마리를 없앤 뒤 세인트루이스에서 열린 야생 동물 학술 대회에 참석했다가 금요일에 돌아와 크리드무어에 있는 다른 보금자리를 폭파한 사람은? 텍사스 야생 동물 연맹 사무국장이었다.

이것이 솔직하게 드러낸 미국의 보전 역사다. 보전이라는 단어가 오늘날 우리가 쓰는 의미를 띠게 된 것은 1980년대에 들어서였다. 야생 동물과 야생은 그것의 본질적 가치를 위해 보전된 것이 아니었다. 사냥과 낚시를 위해 보전되었다. 야생의 장관(壯觀)은 언제나 사냥하고 낚시할 것들과 장소가 있도록 농경을 비롯한 개발로부터 보호되었다. 그리고 오리는 까마귀로부터 보호했다.

농부들도 큰 무리를 지은 새들의 섭식 습성 때문에 분개했다. 1952년 정부의 농업 부서는 시험 삼아 다이너마이트를 써보았다. 덴버 야생 동물 연구소는 붉은죽지찌르레기, 긴꼬리찌르레기사촌, 찌르레기, 탁란찌르레기가 온종일 벼를 훔쳐 먹고 돌아오는 약 1.7킬로미터에 이르는 아칸소 습지의 나무들에서 일련의 〈예비 폭파 실험〉을 수행했다.* 그 연구는 다양한 폭발물을 비용 효과 면에서 비교하는 것이 목표였다. 다이너마이트 대 프리마코드, 납 탄환 대 강철 조각, 우편물 발송용 마분지 원통 대 아이스크림 상자 대 깡통이었다. 이 연구 덕분에 이제 우리는 우편물 발송용 마분지 원통에 다이너마이트와 납 탄환을 쟁여 넣은 폭탄의 〈평균 살해력〉이 새 1,820마리로, 〈한 마리를 잡는 비용〉이 1센트도 안 된다는 것을 안다.

그 실험이 밝혀내지 못한 것은 엄청난 무리의 1~2퍼센트에 해당하는 개체들을 죽이는 일이 농민이 입는 피해에 얼마나 가시적인 효과를 일으켰는가 하는 것이었다. 그 평가는 사실 이미 나와 있었다. 오클라호마에서 10년 남짓 까마귀를 폭파하여 얻은 자료 형태로 말이다. 미국 농업부에서 장기 근무한 조류학자 리처드 돌비어는 『북아메리카 찌르레기사촌과의 생태와 관리 Ecology and Management of Blackbirds (Icteridae) in North America』 중 자신이 저술한 장에서 1934년부터 1945년까지 〈물새의 알 포식과 곡류 피해를 줄이기 위해〉 까마귀 보금자리 127곳을 다이너마이트로 폭파했다고 썼다. 돌비어는 까마귀 380만 마리를 죽인 것으로

---

* 새들이 혼례식 때 던진 쌀알을 마구 주워 먹어 배가 터지곤 한다는 속설을 들어 본 적이 있는지? 이 잘못된 정보는 오래전부터 떠돌았는데, 앤 랜더스의 칼럼과 코네티컷주 의회에까지 등장할 정도였다. 1985년에 하원 의원 메이 슈미을은 〈혼례식에서 요리하지 않은 쌀알의 사용을 금지하는〉 법안을 내놓았다. 오듀본 협회는 이주하는 철새들이 논에 우르르 내려앉아 쌀알을 먹어 댄다고 지적하면서, 헛소리라고 비판했다. 어쨌거나 일부 교회는 그 풍습을 금지한다. 조류가 아니라, 하객들에게 위험하기 때문이다. 단단한 둥근 쌀알을 밟고 미끄러지면, 당장 변호사를 찾아가 손해 배상을 청구할 수 있기 때문이다.

추정되지만, 〈이런 폭파가 총 개체 수, 농업 피해, 물새 번식에 영향을 미쳤음을 시사하는 증거는 전혀 없었다〉라고 썼다.

즉 요약하자면, 야생 동물 피해 방제 도구로서의 살해는 뜻한 바대로 이루어지지 않는다는 것이다. 개체군 전체를 완전 박멸하지 않는 한 효과가 없다. 국립 야생 동물 연구 센터를 방문했을 때, 나는 하루 오전을 기록물 보관소에서 몇몇 장기 근무자가 구술한 역사를 옮긴 자료를 읽으며 보냈다. 특히 한 사람의 기록을 읽으면서 많은 시간을 보냈다. 웰던 로빈슨은 처음엔 현상금 사냥꾼으로 일했다. 코요테 머리 하나에 3달러를 받으면서. 그는 곧 덴버 야생 동물 연구소에 취직했고, 승진을 거듭했다. 1963년에는 조류 방제, 포식자 방제, 농경지 설치류 방제를 비롯하여 네 개 부서를 지휘했다. 그는 성가신 야생 동물 제거 분야의 차르였다. 구술 역사의 어느 대목에서 그는 당국이 수를 줄이기 위해서 그토록 오랫동안 싸운 동물들을 자신이 어떻게 생각하는지 드러냈다. 〈어머니 자연은 조절을 한다.〉

로빈슨은 보상 번식compensatory reproduction이라는 현상과 맞닥뜨렸다. 개체군에서 한 무더기를 없애면, 남은 개체들은 먹을 것이 늘어난다. 잘 먹은 개체는 다양한 생리학적 반응 — 임신 기간 단축, 한배에 낳는 새끼 수 증가, 착상 지연 — 을 통해 제대로 못 먹거나 간신히 살아갈 만큼만 먹은 개체보다 자식을 더 많이 낳는다. 먹이가 충분하다면 잘 먹은 부모와 잘 먹인 새끼는 생존하고 번식할 가능성이 더 높다. 예를 들어 코요테는 먹이가 부족할 때에는 새끼를 세 마리만 낳지만, 먹이가 풍족할 때에는 여덟 마리를 낳을 수도 있다. 이런 자료들은 마이클 코노버가 쓴 학술서인 『인간-야생 동물 갈등 해소 Resolving Human-Wildlife Conflicts』에 실려 있다. 코노버는 인간과 야생 동물의 갈등을 해소할 방법(치명적인 것이 많다)에 대한 연구를 후원하는 잭 H. 베리먼 연구소의 전직 소장이다. 코노버는 코요테를 죽이면 본래는 번식하지 못했을 수컷들이 차지할 새로운 영토가 생긴다고 덧붙인다. 요점은 이렇다. 코요테 개체군의 감소가 이루어지려면, 해마다 적어도 60퍼센트씩 없애야 한다.

로빈슨도 나름의 표어를 갖고 있다. 그는 구술하는 상대방에게 말한다. 〈출생률은 사망률보다 더 효과적입니다.〉 멋져 보이지만, 조금 난해하다. 그녀는 주제를 바꾼다. 그는 다시 그 주제로 돌아간다. 여기서 나는 그가 앞으로 몸을 숙이는 장면이 절로 떠오른다. 〈출생률은 사망률보다 더 효과적입니다.〉 그는 되풀이한다. 그러자 그녀는 더 이상 할 질문이 없다고 말했고, 두 사람은 옛날 사진들을 보면서 존슨 네프라는 동료가 예전에 머리카락이 꽤 있었다는 사실에 놀라워했다.

내가 구술 역사 채록물에서 우연히 접한 또 하나의 사실은 조류 퇴치에 쓸 연방 예산을 확보하기 위해 무리의 규모를 과장하던 관습이 언급되어 있었다는 것이다. 연구소의 조류 퇴치 분야 책임자는 머리 위의 두 지점 사이를 날아가는 무리의 크기를 어떻게 추정했는지를 설명하고 있었다. 그 기법은 완벽하지는 않았지만, 그는 그냥 큰 수를 꾸며 내는 것보다는 낫다고 했다. 후자는 일부 주에서 쓰던 방법이었다. 〈「2천만 마리입니다! 돈이 더 필요해요.」(낄낄.) 농민들도 같은 방법을 쓰곤 했지요.「내 밭에 새 20만 마리가 있어요!」돈 더 줘요! (낄낄.)〉

쌀을 먹는 찌르레기사촌의 사례에서는 그들이 먹는 양이 상당한 손실을 의미하는지 여부조차 불분명했다. 1971년 어류 야생 동물국 출판물에는 1만 제곱미터당 평균 약 35킬로그램의 피해를 입는다는 추정값이 실려 있다. 그 문헌에는 콤바인이 수확할 때 땅에 흘리는 양(1만 제곱미터당 112~560킬로그램)보다 적다고도 적혀 있다.

게다가 새는 농민에게 상당한 수준의 해충과 잡초 방제 서비스를 제공한다. 생물 조사국(NWRC의 전신)의 포스터 엘런버로 라셀 빌은 찌르레기사촌 약 5천 마리의 위장 내용물을 조사한 뒤에 이렇게 결론을 내렸다.〈위장 내용물만으로 판단할 때, 붉은죽지찌르레기는 단연코 가장 유익한 새다. 그들이 해충과 잡초 씨를 제거함으로써 제공하는 이익이 낟알을 먹음으로써 일으키는 피해보다 훨씬 크다.〉이 보고서에 서명한 사람은 다름 아닌 농업부 장관이었다. 지금은 이런 정보를 찾으려면 유기농 협회로 가야 한다.* (한 예로 와일드 팜 얼라이언스는 위장 내용물을 토대로 할 때,〈댕기박새Tufted Titmouse 한 마리는 피칸 산업에 약 2천9백 달러의 가치가 있다〉고 말한다.)

* 또는 모르몬교 역사서를 찾아보기를. 1848년 캐나다기러기 떼가 그레이트솔트호에서 날아와 신의 손처럼 내려앉아서 정착민들의 작물을 게걸스럽게 먹어 치우던 곤충들을 잡아먹었다. 유타가 캐나다기러기를 주를 대표하는 새로 정한 이유가 그 때문이다.

조류 폭파 계획은 곧 폐기되었다. 돌비어는 찌르레기사촌을 다룬 그 책에 이렇게 썼다. 〈여러 가지 명백한 이유가 있다. 노동력, 비용, 수반되는 위험, 부상을 입고도 생존하는 새들의 비율이 높다는 점…… 문제 해결에 효과가 없다는 점.〉 따라서 아칸소 폭파 실험 보고서가 찬성하는 쪽으로 결론을 내렸다는 사실이 의아하다. 연구자인 존슨 네프(머리카락이 아직 있을 때의 네프!)와 모티머 브룩 민리 주니어는 연구 결과가 〈보금자리 폭파의 효과와 경제성〉을 시사한다고 적었다.

민리와 네프가 그저 조 브라우더처럼 작물을 습격하는 까마귀를 증오하는 이들이었을까? 그리고, 또는 폭탄 터뜨리기를 무척 좋아했을까? 조류 폭파는 제2차 세계 대전 직후에 정점에 이른 듯했다. 나는 그것이 남아 있던 전투 열망의 산물이 아니었을까, 즉 전시에 끓어올랐던 애국심이 아직 남아서 엉뚱한 방향으로 향한 것이 아니었을까 궁금해지기 시작했다. 민리의 부고 기사를 보자 그 개념도 영면했다. 그는 제2차 세계 대전 때 병사들을 자연으로 데리고 나감으로써 지친 심신을 회복시키는 형태로 복무했다. 〈그는 자신이 병사들을 탐조 활동에 데려감으로써 국방 의무를 충족시키는 믿을 수 없을 행운을 누렸다고 말했다.〉 민리와 네프는 존경받는 조류학자였다.

그렇다면 『스웨인슨솔새의 자연사 *Natural History of the Swainson's Warbler*』를 쓴 이 점잖은 애조가가 어떻게 아칸소 습지에서 찌르레기사촌에게 다이너마이트를 터뜨리는 일을 했을까? 나는 곤충학자들이 살충제를 개발하고, 야생 동물학자들이 곰을 제거해야 하는 상황에 놓이는 것과 마찬가지가 아니었을까 생각한다. 그런 일자리는 거의 없으므로, 그들은 할 수밖에 없다. 새를 잘 아는 사람에게 조류 퇴치는 생계를 유지하는 몇 안 되는 방법 중 하나였다.

나는 민리와 네프가 폭파에 찬성한 이유를 알지 못한다. 아마 그들은 오클라호마 까마귀 폭파 사업의 미적지근한 결과를 담은 논문이나 빌의 찌르레기사촌 보고서를 읽지 않았을 것이다. 그러나 네프와 민리의 논문을 읽은 사람도 없었을 것이다. 찌르레기사촌 방제는 곧 폭탄 이외의 방법을 쓰는 쪽으로 옮겨 갔기 때문이다.

다름 아닌 화학전이다. 5년 뒤 네프와 민리는 다시 전쟁터로 향했다. 이번에는 찌르레기사촌과 탁란찌르레기의 보금자리 주위에 스트리크닌 처리를 한 낟알들을 뿌렸다. 돌비어는 두 종 모두 〈대체로 그 미끼를 피했다〉라고 썼다. 아니면 그저 존슨 네프와 모티어 브룩 민리 주니어를 피한 것일 수도 있다.

도둑질하는 새들과의 전쟁은 때로 비유의 차원을 넘어 실제 군사 작전이라는 형태를 취하기도 했다. 1932년 10월 오스트레일리아 국방부 장관은 웨스턴오스트레일리아의 밀밭을 짓밟고 다니는 에뮤 무리를 퇴치하는 데 도움을 주기 위해 G. P. W. 메레디스G. P. W. Meredith 소령의 지휘 아래 기관총 사수 두 명을 파견하기로 했다. (앞서 국방부 장관은 기관총을 빌려 달라는 농민들의 요청을 거부한 바 있었다.) 군(軍)은 그에 대한 대가로 농민들에게 잡은 새의 깃털만 요구했다. 경기병의 모자를 장식하는 데 쓸 계획이었다.

그런데 에뮤는 메레디스 소령과 사수들이 예상한 것보다 훨씬 더 강인한 적이라는 사실이 드러났다. 에뮤는 날지 못하지만 아주 빨리 달린다. 적절한 동기가 주어진다면, 시속 48킬로미터까지 속도를 낼 수 있다. 에뮤는 주변 환경에 아주 잘 녹아들며, 이 전쟁에서는 사정거리에 들어오기 한참 전에 벌써 경고 소리를 내고 먼지 더미를 피워 올리면서 흩어질 만치 경계심을 보였다. 작전 사흘째에 확인된 사체 수는 겨우 26마리였다. 소령은 전술을 바꾸었다. 그는 에뮤가 물을 마시러 오는 댐 위쪽 관목에 사수들을 숨기는 매복 전술을 택했다. 오후 4시경 꽤 많은 규모의 에뮤 무리가 멀리서 모습을 드러냈다.

『웨스트오스트랄리안 The West Australian』 통신원은 이렇게 썼다. 〈접근하는 동안 목을 끊임없이 움직이면서 경계하는 모습은 그들이 지난 며칠 동안 일어났던 일들을 잊지 않았음을 보여 주지만, 그들은 도저히 갈증을 견딜 수 없는 듯했다.〉 새들이 수백 미터 앞에 이르자, 소령은 발사 명령을 내렸다. 이윽고 먼지가 가라앉은 뒤, 대원들은 돌아다니면서 사체의 수를 세었다. 너무나 실망스럽게도 죽은 새는 겨우 50마리였다. 변명을 대야 하는 상황이 벌어졌다. 누군가는 기자에게 기관총이 걸렸다고 말했다. 또 누군가는 총알이 대부분 아무런 피해를 입히지 못한 채 새의 깃털을 뚫고 지나갔을 것이라고 추측했다. 에뮤가 〈살보다 깃털이 더 많다〉는 것이었다. 메레디스 소령은 총알을 맞은 새가 수백 마리는 되지만 죽지 않은 것이라고 믿었다. 그는 에뮤가 〈무적의 탱크처럼 기관총에 맞서는〉 거의 초자연적인 능력을 지녔다고 했다. 그리고 탐나는 듯이 말했다. 〈총알을 맞고도 살아남는 이 새들의 능력을 갖춘 부대가 있다면, 전 세계의 어떤 군대와도 맞설 수 있을 것이다.〉

6일째에 메레디스 소령은 패배를 인정하고 물러났다. 퍼스의 『데일리 뉴스*Daily News*』는 이렇게 썼다. 〈엄청나게 많은 에뮤 떼가 도로에 몰려나왔다. 마치 잘 가라고 조롱하는 인사를 보내는 듯했다.〉 상황은 그것으로 끝이었다. 거의. 12년 뒤 제2차 세계 대전의 열기가 아직 남아 있었던 양, 웨스턴오스트레일리아의 잘나가는 밀 농민들이 다시 한번 군대의 개입을 요청했다. 이번에는 〈항공기로 저공비행하면서 조명탄을 투하해〉 달라고 했다. 당국은 거절했다.

한편 태평양 한가운데 있는 미드웨이 환초의 앨버트로스도 마찬가지로 무적의 상대로 변모하고 있었다.

미드웨이 제도는 태평양에서 북아메리카와 아시아의 중간에 놓여 있다. 그래서 미국에 전략적으로 중요한 곳이었고, 1941년 미국은 그곳에 해군 항공대 기지를 지었다. 미드웨이는 10여 종의 바닷새들에게도 중요한 곳이었다(지금도 그렇다). 레이산앨버트로스와 검은발앨버트로스 수만 마리가 해마다 돌아와서 알을 낳고 새끼를 기르는 곳이다. 이 제도에는 원래 포식자가 없었기에, 이 새들은 새로운 입주자들 — 사람과 기계 — 을 두려워하지 않고 태평함과 호기심이 뒤섞인 태도로 맞이했다. 그들은 공중을 함께 이용하는 크고 시끄러운 금속제 새들을 무시하며 해군의 활주로 위를 떠다녔다. 그리하여 충돌, 즉 조류 충돌bird strike 문제가 생겼다.

「기화기 공기 흡입구에 새가 들어갔어요.」제리라는 항공 기술자는 1959년 정부 기록 영상에서 해군 홍보 요원의 마이크에 대고 말했다. 「3번 엔진이 완전히 꺼졌지요.」

마이크는 해군 홍보 요원의 입으로 향한다. 콧수염이 뒤집힌 V 자 모양으로 깎여 있다. 앨버트로스가 거꾸로 나는 모습 같다. 「멍청이새gooney bird가 슈퍼컨스털레이션 정찰기의 공기 흡입구로 들어가면 어떤 일이 벌어질까요?」(〈멍청이새〉는 앨버트로스를 가리키는 군대 용어였다.) 「이륙하다가 불시착할 것이라고 생각하나요? 항공기와 탑승자 모두 전멸할까요?」

「예, 확실합니다.」

홍보 요원은 카메라를 바라본다. 「들으셨지요? 자신이 하는 일을 잘 아는 사람들로부터 나온 이야기입니다. 그들은 이곳 미드웨이에 멍청이새가 계속 존재해야 하는 이유를 모르겠다고 합니다.」

그리고 장면은 오하우에 있는 해군 항공대 바버스 포인트의 사무실로 바뀐다. 우리는 벤저민 E. 무어 해군 소장 및 그의 지시봉과 인사를 나눈다. 무어 소장은 칠판 걸이 옆에 서 있고, 칠판 걸이에는 앨버트로스 관련 비용의 통계 자료가 적힌 현황판이 놓여 있다. 「작년에 538건의 충돌 사고가 있었습니다.」 지시봉이 조류 충돌 538건이라고 적힌 부분을 짚는다. 그는 손상된 항공기를 수리하는 인력의 임금부터 시작해서 이런 충돌에 따른 비용을 하나하나 설명한다. 「2,520인시(人時)에 시간당 2달러를 곱하면 5,040달러가 나옵니다.」 무어 소장은 두 번째 칠판 걸이로 걸음을 옮긴다. 지시봉은 비행 중단 33건을 가리킨다. 비행 중단 때마다 조종사는 안전 착륙 중량을 확보하기 위해 약 1만 1,356리터의 연료를 버려야 한다. 지시봉은 투하 연료 약 37만 5,512리터와 그 아래 적힌 1만 7천5백 달러를 가리킨다. 소장은 첫 번째 칠판 걸이로 돌아온다. 우리의 시선이 딴 데 가 있는 동안, 누군가 현황판을 바꾼 상태다. 지시봉이 마지막 부분을 단호하게 탁 짚는다. 총계 15만 6천 달러.

무어 소장은 책상으로 걸음을 옮긴다. 왼쪽에는 실내의 모든 깃발이 그렇듯이 깃대에 성조기가 서글프게 축 늘어져 있다. 소장이 자리에 앉자, 분위기가 엄숙해진다. 「미드웨이에서 멍청이새를 없애고 군인들이 계속 주둔하거나, 새들을 놔두고 항공대원 스물두 명을 묻거나 둘 중 하납니다. 나는 아들이나 남편을 잃었다고 어머니나 아내에게 설명해야 하는 상황이 결코 벌어지지 않기를 바랍니다…….」 무어 소장은 잠시 말을 멈추고는 칠판 걸이 요정이 그의 책상 위에 슬그머니 밀어 놓은 사진을 든다. 잔디밭에 얌전히 서 있는 앨버트로스를 찍은 확대 사진 위쪽에서 그가 눈을 부릅뜬 채 말한다. 「얘한테요.」 웅장한 오케스트라 음악이 울려 퍼지고 화면이 흐릿해지면서 〈끝〉이라는 단어가 뜬다.

영상 제목은 〈미드웨이의 두 번째 전투〉다. 그리고 이 전투는 길었다. 첫 번째 전투보다 더, 즉 제2차 세계 대전보다 더 오래 이어졌다. 처음에는 그냥 노골적으로 대량 학살하는 전략을 택했다. 새들은 많았고 탄약은 비용이 많이 들었기 때문이다. 소장은 예산에 신경을 썼기에, 처음에는 총을 쓰지 않고 학살했다. 학살은 1941년에 실행되었고, 〈대규모 박멸 실험〉이라는 제목으로 발행된 어류 야생 동물국 특별 과학 보고서에 상세하게 실렸다. 2백 명이 파이프나 나무 곤봉을 들고 앨버트로스의 뒤통수를 후려치면서 〈하루 6~7시간을 돌아다녔다〉. 약 8만 마리를 죽인 것으로 추정되었다. 보고서는 이렇게 결론짓는다. 〈잠시 동안 항공기가 받을 위험은 줄어들었다. 다음 계절이 찾아오자, 이전과 마찬가지로 많은 앨버트로스가 출현했다.〉

이제 전략은 괴롭히기로 바뀌었다. 앨버트로스가 이곳을 포기하고 다른 곳에 둥지를 틀도록 하기 위해서, 어디든 둥지가 있는 곳을 향해 사격을 했다. 미드웨이에서의 앨버트로스 퇴치 노력을 검토한 1963년 정부 보고서는 〈방해〉라는 제목 아래에 〈소총, 권총, 바주카포, 박격포〉를 나열하고 있다. 〈불안한 기색을 보이는 새들도 있었지만〉 둥지를 떠난 〈새는 찾아보기 어려웠다〉. 또 활주로 가장자리를 따라 둥지 밀도가 가장 높은 구간에서 41미터 간격으로 탄화물 폭발 장치를 열 개 설치하기도 했다. 〈날아다니는 새의 수는 전혀 줄어들지 않았다.〉 유해한 매연으로 괴롭히기 위해 고무 타이어를 태우고 불을 피우기도 했다. 새들이 초음파를 들을 수 있을 것이라고 생각하여, 〈초음파 사이렌〉을 울리기도 했다. 록히드 WV-2 워닝스타 정찰기가 둥지가 있는 지역에서 60미터 안쪽까지 비행하면서 고강도 레이저를 쏘기도 했다. 이렇게 온갖 시도를 했음에도 눈에 띄는 효과는 전혀 없었다.

새들을 괴롭혀 섬에서 내쫓을 수가 없자, 해군은 새들을 물리적으로 옮길 생각도 했다. 한 예비 실험에서는 앨버트로스 열여덟 마리를 활주로 인근 둥지에서 끌어내 가락지를 끼운 뒤, 군 수송기에 태웠다. 일본, 필리핀, 괌, 콰젤레인 그리고—으으!—하와이 오아후의 해군 항공대 바버스 포인트, 즉 군에서 가장 고위직에 있는 앨버트로스 증오자인 벤저민 E. 무어 소장이 둥지를 틀고 있는 곳으로 수송했다. 열여덟 마리 중 열네 마리는 둥지를 틀 계절이 되자, 미드웨이로 돌아왔다(비행기 없이). 해군은 앨버트로스가 수천 킬로미터를 날아다니지만 언제나 같은 곳으로 돌아와서 둥지를 튼다는 사실을 알지 못했다.

그리고 그냥 둥지를 옮기는 방법도 먹히지 않았다. 해군은 그런 방법도 시도했다. 새들은 체내 GPS를 참조해 둥지가 어디로 옮겨졌는지를 파악한 뒤, 원래 부화한 곳으로 돌아와서 새 둥지를 지었다. 해군은 그다음에는 알을 옮기는 방법을 써보았다. 앨버트로스 알 1만 개를 인근 섬으로 옮긴 뒤, 병사들은 그 지역의 새들을 둥지에서 쫓아내고 재빨리 앨버트로스 알을 둥지에 갖다 놓았다. 1970년대 폴저스 커피 광고의 한 장면 같았다. 우리는 그 새들의 알을 이웃 섬에서 가져온 알로 몰래 바꾸었어요. 그런데 인스턴트커피가 바뀐 것을 알아차리지 못한 사람들과 달리, 새들은 속지 않았다.

좌절한 해군은 과학계에 도움을 요청했다. 1957년 10월 2일 펜실베이니아 주립 대학교 동물학 교수 허버트 프링스는 워싱턴에서 온 전화를 받았다. 「12~1월 번식기에 미드웨이 환초에 올 수 있나요?」 다시 말해 학기 사이의 쉬는 기간에 펜실베이니아 앨투나에서 빈둥거리는 대신, 열대 섬에서 시간을 보내는 숭고한 희생을 치르겠냐는 말이었다. 「당연히 가죠.」 그는 귀뚜라미와 메뚜기의 〈울음 진행 양상〉에 관심이 많은 사서이자 생물 음향학자인 아내 메이블과 함께 미드웨이로 향했다.*

프링스 부부가 미드웨이에 도착한 바로 그날에도 〈대규모 박멸〉이 이루어졌다. 앞서 이루어진 대량 학살이 실패했음이 기록되어 있음에도, 미드웨이 앨버트로스들을 모조리 곤봉으로 때려죽이자는 논의가 진행되었다. 메이블은 학살이 벌어지는 현장으로 녹음기를 들고 나갔다. 앨버트로스들이 경보를 울리고 고통스러워하는 울음을 녹음했다가 나중에 틀면 새들이 겁을 먹고 달아날 것이라 생각해서다. 그편이 더 조류학적인 지식에 토대를 둔 방법일 듯했다. 그런데 녹음된 울부짖는 소리가 전혀 없었다. 허버트는 회고록에 썼다. 〈새들은 대부분 곤봉에 얻어맞을 때까지 그 자리에 가만히 앉아 있었다.〉 메이블의 녹음테이프에는 〈머리뼈 부서지는 소리〉만 담겨 있었고, 젊은 병사가 괴로워하며

---

* 귀뚜라미가 우는 횟수를 세어서 실외 온도 ─ 프링스 부부라면 그들의 실내 온도 ─ 를 알아낼 수 있다는 속설이 틀렸음을 보여 준 이들은 허버트와 메이블 프링스 부부였다. (어쨌든 속설에 따르면 이렇다. 25초 동안 몇 번 우는지 잰다. 그 값을 3으로 나눈 뒤 4를 더한다. 화씨온도인지 섭씨온도인지도 알아야 하니까. 〈날씨 앱〉도 내려받자.)

울부짖는 소리도 있었다. 「난 아무 죄 없는 새들의 머리를 짓이기려고 해군에 들어온 게 아니야!」

허버트는 조용히 병사들의 사기 문제를 제기하면서 이 이야기가 새어 나간다면 〈전국에서 사람들이 어떤 반응〉을 보일지 생각해 보라고 했다. 그의 우려는 무시되었다. 그리고 이전과 똑같이 살육은 목표를 달성하는 데 실패했다. 허버트가 관찰한 바에 따르면, 2만 1천 마리가 살해당했지만 〈활주로 주변에는 여전히 거의 같은 수의 새들이 돌아다녔고, 항공기의 조류 충돌 횟수도 동일했다〉. 이어 그는 덧붙였다. 〈설령 미드웨이에서 완전한 박멸을 이룬다 해도, 남는 땅이 있다는 것을 알고 새로운 정착자들이 들어오기까지는 얼마 걸리지 않을 것이다.〉

허버트와 메이블은 더 온건한 대안을 제시하기 위해 자신들이 할 수 있는 일을 했다. 그들은 인근 섬들의 해변에서 바다 포도를 제거하여 둥지 자리를 구하는 앨버트로스들이 그곳으로 가도록 만들자고 했다. 그 계획은 해군 홍보 영상에 잠깐 등장한다. 우리는 무어 소장의 지시봉이 쿠레 환초를 확대한 사진을 두드리는 것을 본다. 그는 해군 항공 공학부가 그 관목들을 밀어 버릴 계획을 세웠다고 말한다. 하지만 나는 그 뒤에 어떻게 되었는지 알 수 없었다.

해군은 〈지형 변형〉도 시도했다. 비록 미드웨이 자체에 수행한 것이긴 했지만. 앞서 누군가가 활주로 가까이에 줄지어 있는 모래 언덕이 앨버트로스가 나는 데 필요한 상승 기류를 형성한다는 주장을 펼친 바 있었다. 그렇다면 모래 언덕을 깎아 버리면 문제가 해결될 터였다. 허버트는 그렇게 생각하지 않았다. 바닷바람이 앨버트로스 날개의 상당히 넓은 표면적과 결합되면 필요한 양력을 충분히 일으킬 수 있었다. 그는 그 점을 지적했지만, 해군은 모래 언덕을 불도저로 밀어 버렸다. 그 결과 오히려 더 많은 앨버트로스가 활주로 상공을 날아다녔다. 가리는 것이 사라지자, 활주로에 접근하기가 더 쉬워졌기 때문이다.

몇 주가 지났고, 허버트는 학생들을 가르치러 돌아가야 했다. 그와 메이블은 펜실베이니아로 돌아가서 실험을 해보기로 했다. 부부는 앨버트로스 기피제를 개발하고자 했다. 해군은 살아 있는 앨버트로스를 운송한 경험이 있었으므로, 즉시 생포한 두 마리를 프링스 부부에게 보냈다. 허버트의 회고록에 실린 사진에는 반팔 원피스를 입고 두 가지 색의 단화를 신은 메이블이 합판 상자 뚜껑을 들어 올리는 모습이 있다. 그 가장자리로 여행의 마지막 구간을 급행열차를 타고 앨투나까지 온 레이산앨버트로스 두 마리가 머리를 내밀고 있다. 으레 그렇듯이, 새들은 사람들이 자신들에게 하려는 기이한 짓들 앞에서도 전혀 기가 꺾이지 않은 모습이다.

앨버트로스 기피제 실험 결과는 실망스러웠다. 그들은 둥근 방충제에 신경도 안 썼다. 살아 있는 뱀을 갖다 놓아도 무시했다. 새들이 괴로워하고 경고하는 소리를 녹음해 틀어 주어도 아무 반응이 없었다. 이 결과는 어느 정도 예상했던 것이었다. 그런 소리를 유도하고 녹음하기 위해 미드웨이의 앨버트로스 한 마리를 빙빙 돌렸는데, 그런 일이 벌어질 때 겨우 1미터쯤 떨어진 둥지에 있는 새들은〈무엇 때문에 저 소동을 벌이냐며 쳐다볼 생각조차 하지 않았기〉때문이다. 앨버트로스는 대체로 침착한 새다.

프링스 부부는 다음 해 1월에 미드웨이로 돌아왔다. 그들의 착상은 고갈되고 있었다. 어느 날 허버트는 군인 아내들이 식탁보를 몸 앞쪽으로 들고 잔디밭을 걸으면서 빈둥거리는 앨버트로스 무리를 쉽게 몰아내는 것을 보았다. 그는 이렇게 썼다.〈우리는 다양한 것들을 몸 앞쪽으로 들고 새들에게 다가가면서 실험을 했다. 꽤 큰 넓적한 표면은…… 좋은 기피제 역할을 했다.〉이 발견에 흥분해서 허버트는 미드웨이 사령관을 만났다. 그는 사람들이 색깔 있는 커다란 사각형 물건을 드는〈종합 계획〉을 통해〈둥지를 트는 새들을 섬에서 모조리 몰아낼 수 있다〉고 믿었다. 그는 앨버트로스가 둥지로 돌아오는 시기에 매일 20~30명의 인력을 동원할 필요가 있다고 추정했다.

그 제안은 받아들여지지 않았다. 둥지를 트는 지역에 낮게 철사를 팽팽하게 쳐서 앨버트로스를 괴롭히자는, 즉 발을 걸어 넘어뜨리자는 제안이 나온 뒤였기 때문이다. 허버트의 최종 제안은 일부 격납고 지붕에서 늘어뜨린 금속 가리개 밑으로 날아가는 앨버트로스를 한 마리도 본 적이 없다는 사실에서 착안했다. 그는 긴 천을 늘어뜨리면 짓지 말아야 할 곳에 둥지를 지으려 하는 앨버트로스를 막을 수 있다고 생각했다. 그는 활주로를 따라 해변에 높이 6미터의 장대를 세우고 길이 3미터, 폭 1미터의 색깔 천들을 줄줄이 걸쳐 놓은 광경을 상상했다. 웨딩 플래너라면 아주 좋아할 제안이었다. 하지만 해군 조종사들에게는 아니었다. 어느 날 저녁 허버트는 장교 클럽에서 그 착상을 꺼냈다. 그는 회고록에 이렇게 적었다. 〈만장일치로 거부당했다.〉

이 무렵부터 해군은 프링스 부부를 달갑지 않게 여기기 시작했다. 그는 이렇게 회고했다. 〈우리 연구는 쓸모없고 성가신 것으로 여겨졌다.〉 그래서 허버트는 가르치는 일로 돌아왔고, 메이블은 메뚜기와 귀뚜라미 그리고 〈거미의 습성을 조사하는〉 새로운 과제로 관심을 돌렸다. 허버트의 일지를 인용하는 것으로 이이야기를 끝내기로 하자. 〈우리가 지금까지 기른 동물 중에서 앨버트로스들이야말로 내가 가장 애착을 갖게 된 녀석들이다. 나는 그들을 정말로 사랑하고, 그들의 독립심과 의기양양한 태도를 존경한다. 이제 생물계의 진정한 귀족과 어울리는 시기가 끝난다.〉 나도 허버트와 메이블에게 그런 감정을 느낀다.

해군은 1993년 미드웨이의 해군 항공 기지를 폐쇄했다. 이후 그곳에서 충돌한 항공기는 없었다. 멍청이새 때문에 죽은 항공대원도 전혀 없었다. 온갖 시도를 다 했음에도, 해군이 주둔하는 내내 조류 충돌은 계속 일어났다. 한 보고서에 따르면, 4년 동안 이어진 한 앨버트로스 퇴치 사업이 끝날 무렵에는 그 사업이 시작될 무렵보다 충돌 사고가 두 배 더 많았다고 한다.

1958년 9월 『플라잉Flying』 잡지에는 미드웨이 앨버트로스 난제를 다룬 기사가 실렸다. 거기에 한 항공대원의 말이 인용되어 있었다. 〈우리가 그들에게 무슨 짓을 하든, 미드웨이는 여전히 멍청이새의 영토일 것이고, 우리는 정복당하기를 거부하는 그

새들에게 그저 잠시 스쳐 가는 존재에 불과할 것이라고 장담합니다.〉

나는 그 항공대원이 자기 말에 내기까지 걸었기를 바란다. 지금은 모든 것이 끝났고, 그 제도의 대부분은 멍청이새의 영토로 남아 있기 때문이다. 미드웨이 해군 항공 기지는 현재 미드웨이 환초 국립 야생 동물 보호 구역이 되어 있다. 그곳에는 행복하게 알을 낳고 새끼를 키우는 바닷새들과 그 새의 서식지를 복원하면서 조용히 도움을 주고자 애쓰는 어류 야생 동물국 직원만 있을 뿐이다.

전 세계에서 야생 동물들이 오가는 길과 커다란 탈것이 오가는 길은 잔혹하게 비극적으로 계속 마주친다. 그리고 과학은 해결책을 찾기 위해 계속 노력한다. 때로는 흥미진진하게, 그리고 언제나 열심히 애쓴다.

10
다시 도로에서

동물들의 무단 횡단

2005년 7월 26일 우주 왕복선 디스커버리호가 칠면조독수리와 충돌했다. 이륙할 때 일어난 일이어서 카메라에 찍혔다. 커다란 새가 로켓이 이륙하면서 내뿜는 경이로운 열 상승 기류를 타고 신이 나서 높이 날아오르다가, 갑자기 외부 연료 탱크에 부딪혀 이카로스처럼 뿜어지는 배출 가스 속으로 추락하는 모습을 볼 수 있다. 우주 왕복선이 막 가속을 시작한 상태였기에, 손상은 작았고, 아마 대체로 독수리에게 한정되어 일어났을 것이다. 그러나 오하이오 샌더스키 국립 야생 동물 연구 센터 지부에서 일하는 야생 동물학자 트래비스 디볼트는 회상한다. 「가슴이 철렁한 이들이 엄청 많았어요.」

이 NWRC 지부는 NASA의 플럼 브룩 스테이션 부지 안에 있다. 플럼 브룩은 NASA의 로켓 엔진과 화성 착륙선 등이 우주여행의 스트레스와 낯선 상황에서 제 기능을 충실히 할 수 있도록 시험하는 곳이다. 플럼 브룩 공학자들은 음속의 여섯 배에 달하는 속도로 부는 바람과 로켓 발사대가 떨리는 수준의 진동을 만들 수 있다. 그에 비하면 독수리 한 마리가 부딪힌 것은 웃어넘길 수 있는 일처럼 보이지만, 아무도 웃지 않았다. 트래비스는 우주 왕복선 컬럼비아호가 이륙할 때 외부에 난 손상 하나가 비극적인 폭발로 이어졌음을 내게 상기시킨다.

플럼 브룩 스테이션은 연방 항공청(FAA)과 농업부가 공동 관리하는 국립 야생 동물 충돌 데이터베이스가 있는 곳이다. 즉 연방의 잡탕밥에 해당하는 곳이다. FBI도 여기 있다. 트래비스의 사무실 맞은편에 아무런 명칭도 적히지 않은 명판이 붙은 닫힌 문들이 줄줄이 늘어선 곳에 말이다. 그는 그들이 거기에서 무엇을 하는지 모르지만, 종이 세단(細斷) 능력에는 감탄한다.「먼지처럼 쏟아져요.」

2015년 국립 야생 동물 충돌 데이터베이스는 25년 동안 민간 항공기와 야생 동물이 충돌한 사건들을 요약한 자료를 내놓았다. 보고서는 종별로 분류한다.* 충돌 횟수, 항공기가 입은 손해의 총비용, 다치거나 죽은 사람의 수가 나와 있다. FAA가(혹시 모르지만 FBI도) 관심을 보일 조류가 되는 방법은 두 가지다. 무

---

* 항공기 앞쪽에 부딪히거나 제트 엔진의 회전 날개 속으로 들어가는 새가 어떤 종인지를 어떻게 알아낼 수 있을까? 법의 조류학을 써서다! 깃털, 솜 깃털, 부리, 발톱, 〈스나지snarge〉(항공기에서 긁어낸 조직)는 모아서 스미스소니언 협회의 깃털 동정 연구소로 보낸다. 미국 우체국은 기꺼이 스나지를 배송한다. 또 웹사이트에 적힌 바에 따르면, 살아 있는 동물도 배송할 것이다. 거머리, 금붕어, 전갈(이중 용기에 담아야 한다), 11킬로그램 이하의 새,〈작고 무해한 냉혈 동물〉도. 우리 동네 우체국의 접수대에도 한 차례 냉혈 동물이 고용된 바 있다.

게가 많이 나가거나, 떼 지어 몰려다니는 것이다.

칠면조독수리는 크기 때문에, 우려할 종 목록에서 상위에 놓인다.* 부상자 열여덟 명, 사망자 한 명 그리고 충돌한 항공기 중 51퍼센트가 막심한 피해를 입었다. 반면 검은머리박새는 보고된 충돌 사례가 27회였는데, 피해를 입었다는 내용은 전혀 없다.

제트기 엔진은 〈조류 흡입bird ingestion〉 검사를 받지만, 검사에 쓰이는 새는 무게가 약 0.9킬로그램짜리다. 칠면조독수리는 무게가 평균 1.36킬로그램이다. 트래비스는 이런 검사 장면을 찍은 동영상 링크를 내게 보냈다. 팬제트 엔진의 회전 날개가 새를 잘게 다진 고기처럼 조각내는 광경을 천천히 보여 주는 느린 동영상이다. 수리나 펠리컨만 한 새라면, 회전 날개 자체도 산산조각 날 수 있다. 부서진 날개 조각들이 섬세하게 조정되는 엔진 부품들에 충돌하면 재앙이 일어날 수 있다.

트래비스는 보잉 757과 새의 충돌 상황을 관제탑에서 찍은 영상도 보냈는데, 자신이 공항 생물학자들을 훈련시킬 때 쓴다고 했다. 미확인된 거무스름한 새 — 화면에서는 그냥 얼룩처럼 보인다 — 가 이륙하는 항공기의 엔진 입구로 사라지자마자 엔진 뒤쪽으로 불길이 뿜어진다. 소리가 계속 머릿속에 맴돈다. 조

---

* 헷갈릴까 봐 말하는데, 칠면조독수리는 칠면조가 아니라 독수리다. 하지만 칠면도 비행기에 충돌한다. 야생 칠면조만 그렇다. 슈퍼마켓에서 보는 칠면조는 결코 비행기에 부딪히지 않지만, 슈퍼마켓에서 보는 닭은 충돌한다. 조류 충돌을 견디는 능력을 검사할 때 제트기 부품을 향해 발사하기 때문이다.

종사가〈메이데이, 메이데이, 메이데이!〉하고 외치는 소리가 평소라면 상쾌하게 들렸겠지만 지금은 암울하게 들리는 새의 짹짹거림을 배경으로 계속 울린다.

그 새는 찌르레기일 확률이 높다. 미국에서 여섯 번째로 많이 조류 충돌 사고를 일으키는 종이다. 하늘을 나는 포식자에게 혼동을 일으키기 위해, 찌르레기는 때때로 엄청나게 큰 무리를 지어 날며 갑자기 방향을 바꾸고 쪼개졌다가 다시 합쳐지면서 전체 모습을 바꾸곤 한다. 그 어떤 예고도 논리도 없이 그렇게 하는 듯하다. 그러다가 지나가는 제트 엔진의 입구로 몇 마리가 빨려 들어간다. 그들은 조류판 크릴 같다.

최악의 시나리오? 커다란 새들이 무리 지어 나는 것이다. 조종사 체슬리 B. 〈설리〉 설런버거가 허드슨강에 여객기를 불시착시킨 계기가 된 새가 캐나다기러기였던 것도 전혀 놀랄 일이 아니다. 양쪽 엔진에 한두 마리가 들어가면서였다.

트래비스 디볼트의 야생 동물 충돌 연구는 시기에 따라 칠면조독수리, 찌르레기사촌, 캐나다기러기로 달라졌지만, 오늘 밤은 더 위험한 동물에 관한 자료를 모을 것이다. FAA가 〈미국 민간 항공기에 가장 위험한 야생 동물〉로 여기는 종이다. 바로 흰꼬리사슴이다.

1990~2009년에 국립 야생 동물 충돌 데이터베이스에는 흰꼬리사슴과 항공기의 충돌 사례가 879건 기록되어 있다. 충돌로 다친 사람은 스물여섯 명이고, 평균적으로 다른 야생 동물 충돌보다 항공기가 입은 피해도 여섯 배 더 많았다. 그보다 더 많은

항공기 사망 사고를 일으킨 동물은 캐나다기러기, 붉은꼬리말똥가리, 펠리컨뿐이다. 사슴 충돌은 착륙할 때, 이륙할 때, 활주로 안팎으로 이동할 때 일어난다. 순항 고도에서 비행기에 충돌하는 사슴이 없다는 것은 확실하다. 한편 세워져 있는 비행기에 충돌한 두 동물이 있는데, 어떤 종이었는지는 조금 불분명하다.

흰꼬리사슴은 칠면조독수리보다 30배 무겁고, 무리 지어 다닌다. 게다가 항공기와 도로의 차량에 피해를 입힌다. 트래비스가 최근에 집중적으로 연구한 문제는 이것이다. 도로와 활주로에서 동물들은 빠져나올 시간이 있을 때에도 제시간에 빠져나오지 않곤 한다. 그는 우리가 단순히 물을 수 없는 질문들의 답을 찾고 있다. 왜 전조등이 비치는데 그냥 서 있는 걸까? 어떻게 도울 수 있지? 어떻게 우주 왕복선을 눈치채지 못하는 거지?

트래비스는 나를 태우고 차를 몰면서 2천4백만 제곱미터가 넘는 플럼 브룩의 숲이 우거진 지역들을 안내하고 있다. 우주 센터에서 야생 동물학자의 안내를 받으며 둘러보는 셈이다. 〈저 위쪽에 있는 흰머리수리 둥지 보여요? 여기는 버섯을 캐기에 딱 좋은 곳이에요. 저 건물은 열을 꽤 뿜어내는 곳이에요. 저기도 둥지가 하나 있어요! 사슴이 볼 때는 어느 건물이 거의 쓰이지 않는지 알 수 있어요……〉 사슴 여섯 마리가 초음속 터널 시설의 잔디밭에서 결혼식 피로연에 온 손님들처럼 한가로이 돌아다니며 풀을 뜯고 있다. 도로 옆으로 거리를 나타내는 이정표처럼 일정한 간격으로 사슴 무리가 보이는 듯하다. 처음 2분 동안, 나는 안전띠가 팽팽해지도록 몸을 앞으로 기울이면서 소리치곤 했다. 「저기 사슴 있어요!」 이윽고 트래비스가 돌아보며 내게 묻는다. 「사는 곳에는 사슴이 거의 없나 봐요?」

그가 사는 곳에서는 사슴을 흔히 볼 수 있지만, 자신의 차에 치이는 사슴은 안 보이다가 갑자기 나타나는 개체다. 사슴이 치이는 사례는 종종 있다. 「차에 치이는 사슴은 다른 사슴의 뒤를 따라가는 개체예요.」 그가 브레이크를 꽉 밟고 방금 칠 뻔한 사슴이 떠날 때까지 계속 주시한다. 「이제 다시 속도를 올리는 순간, 뒤따르던 사슴을 들이받는 거죠.」

어둠이 깔리면 우리는 트래비스의 연구 동료인 톰 시먼스를 만날 예정이다. 그는 내가 전조등 사슴 계획이라고 부르는 것의 자료를 갖다주기로 했다. 어스름이 깔리고 있다. 하루 중 사슴과 차량의 충돌 사건이 가장 많이 일어나는 시간이다. 트래비스가 동료 네 명과 함께 쓴 논문에 따르면, 컴컴한 한밤중보다 네 배 더 많이 일어난다. 사슴은 어스름성crepuscular이다. 원래 피부학에서 나온 단어인데, 사실은 〈해 뜨거나 해 질 무렵에 활동한다〉는 뜻이다. 11월은 충돌 위험이 특히 더 높아지는 시기다. 발정기, 즉 짝짓기를 하는 시기라서다. 번식에 몰두해서, 사슴은 자기 유전자를 남기는 일에 지장을 줄 것이 가장 명백한 대상을 알아차리지 못한다. 바로 차량 왕래다.

도로 주변에 사슴이 계속 눈에 띈다. 어스름이 깔렸기 때문이기도 하고, 플럼 브룩에 사슴이 많기 때문이기도 하다. 여기서 일하는 사람보다 사슴이 약 열 배 더 많다. 또 숲속에 난 도로는 사슴에게 매혹적인 곳이다. 먹이가 가까이 있을 뿐 아니라 주변 정리가 잘되어 있어서, 포식자가 들키지 않고 접근하기가 어렵다. 게다가 도로라는 탁 트인 공간은 비행하는 곤충을 사냥하는 조류도 꾀어 들인다. 먹이를 찾아내는 것도, 빠르게 방향을 바꾸면서 비행하는 것도 더 쉽기 때문이다. 차에 치이는 동물은 청소 동물을 끌어들인다. 로드킬은 로드킬을 낳는다. (칠면조독수리 재난이 다시 일어나지 않도록 예방하고자, 케네디 우주 센터 직원들은〈로드킬 대책반〉을 구성했다. 발사가 예정되어 있으면, 며칠 전부터 아주 민첩하게 도로에서 죽은 사체들을 치운다.) 가장 단순한 수준에서 보자면, 동물도 사람과 같은 이유로 도로를 이용한다. 쉽게 가기 위해서다.

    플럼 브룩의 제한 속도가 낮다는 점도 야생 동물이 번성하는 데 한몫한다. 자동차가 자연의 포식자보다 더 빨리 움직이지 않는 한, 먹이 동물은 대개 운전자가 브레이크를 밟지 않는다고 해도 제시간 안에 비킬 것이다. 사냥감인 동물은 공간 안전거리 spatial margin of safety를 유지한다. 그들은 자신과 포식자 사이의 거리를 시각적으로 직관할 수 있고, 몸을 피하기 전에 포식자가 얼마나 다가오도록 허용할지를 기괴할 만치 정확히 감지한다. 달아나는 움직임을 보이기 시작하는 가장 짧은 거리를 도주 시작 거리flight initiation distance, 즉 FID라고 하는데 상황에 따라 줄어들기도 하고 늘어나기도 한다. 새를 비롯한 동물이 영양소가 풍부하고 맛있는 먹이를 먹고 있다면, 가능한 한 막판까지 — 가장 짧은 FID — 버티다가 먹이를 포기할 수도 있다. 포식자가 달려서

다가온다면, 달리는 속도를 감안하여 더 일찍 도주할 것이다. 그들은 거의 언제나 안전 도주 거리를 제대로 판단한다. 다가오는 것이 엔진을 장착하고 있지 않다면.

포유류와 조류는 슬기롭게도 달려오는 자동차를 포식자로 지각한다. 그들의 회피 알고리즘은 혼잡한 도심 거리에서는 잘 작동한다. 비둘기를 차로 치려고 해도, 비둘기는 거의 언제나 잘 피할 것이다. 하지만 고속 도로나 시골의 쭉 뻗은 길에서는 그런 판단이 어긋난다. 포식자가 시속 1백 킬로미터로 달려오기 때문이다. 진화적으로 보자면, 자동차는 새로운 것이다. 트래비스가 지는 해를 가리기 위해 차광판을 내리면서 말한다. 「빠른 자동차가 등장한 것은 1백 년밖에 안 됐어요. 진화적으로 보면, 아무 일도 일어나지 않을 시간이지요.」

트래비스는 바로 이 점이 야생 동물이 피하기 쉬운 상황에서도 당혹스러울 만치 피하지 못하는 이유를 설명한다고 추정한다. 〈예상할 수 있는 경로를 따라 다가오는 커다랗고 시끄러운 차량〉이라서다. 진화는 뇌의 중앙 처리 장치를 갱신할 시간이 없었다. 속도를 판단하려면 〈다가옴looming〉을 지각하고 해석할 능력이 있어야 한다. 대상이 다가오면서 크기가 얼마나 빨리 커지고 있는지를 알아채야 한다. 대상이 빠르게 움직일 때 다가옴은 검출하기도 시각적으로 처리하기도 더 어렵다. 일부 비둘기 연구자들이 존재한다고 상정하는 〈다가옴 감지 뉴런looming-sensitive neuron〉이 감당하지 못한다.

트래비스와 톰은 이 문제를 연구하느라 많은 시간을 보냈다. 두 사람의 원래 실험 방법은 직설적이었다. 〈우리는 칠면조 독수리들을 향해 곧장 자동차를 몰았다.〉 독수리들은 무거운 금속판에 못 박은 미국너구리 사체를 이용하여 꾀어 들였다. 새들이 사체를 더 편히 먹을 수 있는 도로 밖으로 끌고 가지 못하게 박아 놓았다. 그들은 포드 F-250 트럭을 브레이크를 밟지 않은 채 각각 시속 30, 60, 90킬로미터라는 일정한 속도로 몰았다. 도주 시작 거리는 독수리가 피하는 움직임을 보이는 순간에 창밖으로 콩 주머니를 떨어뜨려 표시한 뒤, 콩 주머니와 사체 사이의 거리를 재서 알아냈다. 시속 60킬로미터일 때와 90킬로미터일 때의 FID는 크게 다르지 않았다. 이는 트래비스와 톰이 예측한 대로 〈포식자〉가 부자연스러울 만치 빠르면 먹이의 감각 능력과 인지 능력이 감당하지 못한다는 것을 시사한다.

비록 가장 빠른 속도에서는 모든 독수리가 위태로운 상황에 처했지만, 실제로 치인 독수리는 한 마리도 없었다. 트래비스와 톰은 더 빠른 속도에서는 어떤 일이 일어날지 알아보기 위해 동영상 트럭을 고안했다. 그들은 방만 한 우리에 탁란찌르레기 — 이곳에 흔하고 강인하기 때문에 — 를 넣었다(걱정 마시라, 실험 뒤에 풀어 주었다). 한쪽 벽에 영사막을 설치한 뒤, 도로 한가운데에서 카메라로 곧장 다가오는 트럭을 찍은 동영상을 틀었다. 탁란찌르레기는 차량의 속도에 상관없이, 차량이 약 30미터 거리까지 왔을 때 날아올랐다. 따라서 차량의 속도가 약 120킬로미터에 달할 때까지는 충분히 달아날 수 있었다.

톰과 트래비스는 동영상의 재생 속도를 달리하면서 트럭의 속도를 시속 360킬로미터까지 올렸다. 비행기가 이륙하는 속도와 비슷하다. 연구의 실제 목적이 바로 그것이기 때문이다. 비행 안전 확보와 항공기 손상 예방 말이다. 해마다 미국의 도로에서 죽는 수억 마리의 작은 동물들의 죽음*을 예방할 방법을 찾아내는 것도 좋겠지만, 그것이 그 연구의 최종 목표는 아니다.

트럭이 항공기만큼 빨리 다가온다면, 탁란찌르레기는 모조리 국립 야생 동물 충돌 데이터베이스 통계에 잡힐 것이다.

무단 횡단 보행자 연구도 비슷한 이야기를 들려준다. 우리의 의사 결정은 대부분 자동차가 얼마나 떨어져 있는지를 토대로 이루어진다. 우리는 속도를 감안하는 데 그리 능숙하지 않다. 실험 증거는 성년이 되어서야 온전한 다가옴 감지 능력이 발달함을 시사한다. 한 유럽 연구진은 도로 옆에 서 있는 어린이와 시속 32킬로미터 이상으로 달리는 자동차가 결합하여 〈부적절한 도로 횡단〉을 부추긴다고 말한다. 따라서 어린이 보호 구역에서는 부적절할 만치 낮게 속도를 제한할 필요가 있다. 아이는 도로를 건널 때 주변을 살피지 않을뿐더러 보지 못하기도 한다.

도주는 동물이 포식자와 맞닥뜨렸을 때 쓸 수 있는 방법 중 하나일 뿐이다. 포유류는 오랜 세월 유전자가 후대로 계속 전달될 확률을 높이기 위해 다양한 특징과 행동을 써왔다. 스컹크는

---

* 아니, 어쩌면 더 많을 것이다. 도로에서 치여 죽는 동물에 관한 통계는 청소동물들이 재빨리 와서 증거를 먹어 치우기 때문에 실제보다 낮은 경향이 있다. 모하비 사막에서 이루어진 조사에 따르면, 도로 중앙선에서 으깨진 거북의 잔해는 21시간 내에 조각나 흩어지고, 〈충돌 지점에서 8미터 떨어진 곳에서 쪼그라든 두 다리〉가 발견되기도 했다. 충돌한 지 92시간이 지나자, 거북은 〈옅은 얼룩〉 하나만 남았다.

악취 물질을 뿜어내고, 호저는 가시털로 무장하고 있다. 〈포식자〉가 빠르게 달리는 자동차라면, 이런 전술들은 무용지물에서부터 비극적인 부적응에 이르기까지 다양한 결과를 빚어낸다. 거북은 가다가 멈추고(우리가 지나는 도로 한가운데에서) 머리를 등딱지 안으로 집어넣는다. 사슴은 눈에 띄지 않으려고 나무들 사이에서 꼼짝하지 않는다. 다람쥐와 토끼는 도로에서 지그재그로 뛰다가 어정쩡하게 멈춰 서곤 한다. 살해자가 매라면 자신의 경로와 먹이의 경로가 교차할 가능성이 높은 지점을 계산할 것이므로, 갑자기 경로를 바꾸면 자신의 생존 가능성이 높아질 수 있다. 그러나 살해자가 땅에서 움직이는 통근자라면, 그런 도피 방법은 먹히지 않는다.

자율 주행차가 도로를 달릴 때면, 다람쥐와 스컹크(그리고 고양이와 작은 개)는 방향을 돌리고 제동을 거는 친절한 운전자 덕분에 목숨을 구할 가능성이 줄어들지 모른다. 그런데 (인간) 생존자의 냉정한 계산에 따르면, 운전자는 아무런 조치를 취하지 않는 편이 더 안전하다. 질병 통제 예방 센터는 연간 1만 명이 동물을 피하려다가 다치는 것으로 추정한다. 차가 실제로 동물을 칠 때 다치는 사람의 수보다 겨우 2천 명 적은 수준이다. 2005년 고속 도로 안전 보험 협회(IIHS)는 차량과 동물의 충돌 사고의 사망자 147명(사람)을 조사했는데, 77퍼센트가 사슴과의 충돌이었다. 처음 충돌 때 죽는 사람은 거의 없고, 심지어 다치는 사람도 드물다. 사망은 거의 언제나 사람이 사슴을 피하려고 하다가 일어났다. 자동차나 모터사이클의 운전자가 제동을 걸

때, 차량은 미끄러지면서 도로를 벗어나거나 사슴보다 더 딱딱한 무언가와 충돌한다.

예외적인 사례가 여덟 건 있었는데, 큰 사슴—그중 한 건은 말—이 충돌로 앞 유리를 깨고 들어왔다. 즉 키가 크면 살해자가 된다. 자동차 앞쪽이 몸통이 아닌 다리를 치기 때문이다. 그리고 차량이 아래쪽에서 다리를 치면 몸통과 머리는 빙 돌면서 후드를 넘어 앞 유리에, 동물이 충분히 키가 크면 지붕에 부딪힌다. 그래서 볼보는 LADS, 즉 큰 동물 감지 시스템large animal detection system이 있지만 SADS는 없다. 볼보 홍보 담당자는 전자 우편에서 이렇게 말했다. 〈카메라는 특정 신호를 찾아요. 커다란 몸집에 가늘고 긴 네 다리지요.〉 그는 말코손바닥사슴을 예로 들었다.

1986년 스웨덴 생명 공학 전공자들은 석사 논문에서 말코손바닥사슴의 충돌 장면을 고속 촬영했다. 덕분에 충돌과 그 후속 장면을 느리게 재생하면서 살펴볼 수 있었다. 그들은 치명적인 결과를 빚어내는 이런 충돌의 생물 역학을 더 상세히 이해한 뒤, 말코손바닥사슴 충돌 시험 더미dummy를 개발하는 것을 목표로 삼았다. 〈병들고 약한〉 수컷은 〈죽음을 맞이한 직후 시속 80킬로미터로 달리는 볼보 240에 치였다〉. 나는 이 대목에 흥미를 느꼈다. 연구에 쓰인 볼보 240은 사슴이 죽은 직후에 다리를 부러뜨릴 수 있을 정도로 시속 0킬로미터에서 80킬로미터까지 속도를 낼 수 있는 차였음이 분명하다. 그 짧은 시간에 사체를 틀에 매달아 붙들어 놓고 있을 수는 없었을 테니까. 사슴을 묶어 놓았다가는 저자들이 연구하고자 한 바로 그 행동을 사슴에게 일으킬 수 없었을 것이다.

아무튼 그 동영상이 보여 준 장면은 이랬다. 탑승자가 앞으로 튕겨 나갈 때 지붕이 짓눌린다면 — 여기서 스웨덴의 말코손바닥사슴 충돌 시험 더미 설계자 마그누스 겐스가 쓴 장면을 떠올리게 하는 점잖은 표현을 사용하자면 — ⟨우그러진 강철이 머리의 경로를 간섭한다⟩. 「말코손바닥사슴을 비롯한 대형 야생 동물과 차량의 충돌」에 실린 덜 점잖은 표현을 빌리자면 이렇다. ⟨축 방향 압축으로…… 뼛조각들이 척주관 안으로 밀려든다.⟩ 운전자의 머리에 떨어지는 말코손바닥사슴은 목 척추를 으깨고, 이때 생긴 날카로운 조각들에 척수 신경이 잘리면서 전신 또는 부분 마비가 일어난다. 또 다른 심란한 일도 흔히 일어난다. 부서진 앞 유리에 부딪혀 얼굴이 베이고 뼈가 부서진다. 상처는 ⟨잔해, 털, 내장, 배설물⟩에 감염된다. 그리고 양쪽 다 충격에서 살아남는다면, 한쪽은 무릎에 놓인 파들거리는 말코손바닥사슴에 난타당하고 있을 것이다.

상황을 악화시키는 요인은 또 있다. 말코손바닥사슴은 다리가 길어서 눈이 전조등이 비치는 범위보다 더 위쪽에 놓이기 때문에, 운전자는 어둠 속에서 사슴을 알아보도록 돕는 반사 불빛을 못 본다. (사슴의 눈 뒤쪽에서 빛을 반사하는 반사막은 사실 우리가 아니라 자신의 시력을 돕는 역할을 한다. 빛이 약할 때 망막 뒤쪽에서 빛을 반사하여 망막으로 돌려보냄으로써 포유류의 밤눈을 밝힌다.)

키 큰 발굽 동물이 도로로 뛰어들 가능성이 높은 북쪽 지역에서 차를 몰 계획이라면, 사브나 볼보를 택하고 싶을 수도 있다. 차 지붕을 지지하는 기둥과 앞 유리가 마그누스 겐스의 탁월한 말코손바닥사슴 충돌 시험 더미를 이용한 시험을 거쳐 설계되고 보강되었기 때문이다. 마그누스는 스웨덴 국립 도로 교통 연구소의 지원을 받았다. 그 뒤에 그는 낙타 충돌 시험 더미를 설계하는 일을 도와 달라는 요청을 받았다.

낙타는 더 크고 더 무거워서, 말코손바닥사슴보다 더 치명적이다. 차 지붕을 운전자의 머리 위로 곧바로 짓누를 가능성이 더 높다. 돌진하는 발굽 동물을 피하겠다고 몸을 숙이거나 옆으로 기울인다면, 목 대신 등이 부러질 가능성이 높다. 사우디에서 자동차가 낙타와 충돌한 사고 열여섯 건 중 아홉 건에서 사지 마비 환자가 생겼다는 조사 결과도 있다. 쭉 뻗은 큰 도로에서는 낙타 밀도가 1킬로미터에 약 열한 마리까지 이르기도 한다. 이런 낙타는 야생 동물이 아니라, 주인이 풀어놓은 것들이다. 심지어 며칠 동안 제멋대로 돌아다니도록 부추기기도 했다. 최근까지 사우디 법은 운전자가 낙타 주인에게 피해를 배상하도록 했기 때문이다. 리야드 국군 병원의 신경 과학자들은 이렇게 결론지었다. 〈그래서 일부 낙타 주인들은 사고 배상금을 요구하려고 해가 진 뒤에 낙타를 큰 도로로 밀어 넣는다고 알려져 있다.〉 운전자에게는 재앙이다. 잔해, 털, 내장, 배설물이 머리로 쏟아진다.

요약하면 이렇다. 아무리 귀여워도 작은 동물과 마주칠 때는 갑자기 브레이크를 콱 밟거나 방향을 확 틀지 말라. 탁 트인 사막의 고속 도로에서 낙타와 마주치면 방향을 틀면서 브레이크를 밟아 피하라. 주변에 모래뿐일 테니까. 말코손바닥사슴이 출몰하는 지역에서는 절대 속도를 내지 말라. 앞에 사슴이 있다면, 뭐라고 말해야 할지 모르겠다. IIHS 연구는 안전하게 브레이크를 밟거나 방향을 틀 공간이 있을 때에만 그렇게 하고, 미끄러지거나 통제력을 잃는 수준까지 그렇게 하지는 말라고 말한다. 사슴과 충돌할 때 사슴 이외에 차에 탄 이들까지 반드시 피해를 입을 것이라고는 장담할 수 없기 때문이다. 그렇다면 대안은? 그냥 들이받는 것일까? 과연 누가 그렇게 할까? 사람들은 브레이크를 밟는다. 그리고 브레이크를 세게 밟는다면, 자동차 앞쪽이 아래로 향하면서 더 아래쪽에, 아마도 사슴의 다리 쪽에 충격이 가해질 것이다. 그러면 몸통이 빙 돌면서 유리창으로 들이닥칠 가능성이 더 높아진다. 그리고 그 차의 뒤쪽에서 꼬리를 물고 달리고 있던 당신에게로도. 합리적인 사람이라면 이런 상황에서 어떻게 하는 것이 최선일까?

세상에서 가장 합리적인 운전자에게 물어보자. 바로 자율 주행차다. 자율 주행차가 브레이크를 콱 밟는다면, 뒤따르는 차가 없을 때에만 그렇게 할까? 방향을 확 튼다면, 주변에 아무것도 없을 때에만 그렇게 할까? 이런 기준이 충족되지 않는다면, 비글이나 스컹크를 그냥 곧장 들이받을까? 나는 구글의 자회사인 웨이모의 자율 주행차 홍보 담당자에게 이런 질문들을 했는데, 그녀는 나와는 홍보 관계를 맺는 것을 거부했다. 나는 아무런 답도 받지 못했고, 누구와도 인터뷰하지 못했고, 그녀는 곧 수신조차 차단했다. 우리 관계가 교착 상태에 빠져 있을 때, 우버의 자율 주행차가 애리조나에서 시속 69킬로미터로 달리다가 브레이크도 밟지 않고 방향도 틀지 않은 채 보행자를 들이받는 일이 일어났다. 마치 그녀가 다람쥐인 것처럼 말이다. 그러니 자율 주행차도 답을 알지 못하는 듯하다.

2012년에 노스다코다의 도나라는 여성은 아침 라디오 토크 쇼에 전화를 걸어 자신을 몹시 성가시게 만드는 문제가 있다고 했다. 그녀는 차를 몰고 가다 사슴과 세 번 충돌했는데, 매번 혼잡한 도로에 세워진 사슴 횡단DEER XING 표지판 주변에서 사고가 일어났다. 그녀는 한탄했다. 「대체 왜 그런 혼잡한 지역에서 사슴에게 도로를 건너라고 부추기는 걸까요?」 이 방송 장면은 나중에 인터넷에서 조회 수가 1백만 회를 넘는다. 잠시 침묵이 이어지다가 진행자 중 한 명이 머뭇거리는 어조로 물었다. 「사슴 횡단 표지판이 사슴에게 여기서 건너라고 알리는 것이라고 생각하시는 듯한데, 맞나요?」 진행자는 상대방의 감정을 상하지 않게 최대한 노력하면서, 그 표지판이 우리에게, 즉 운전자에게 속도를 줄이라고 알려 주는 것이라고 설명했다.

그런데 그런 표지판이 사슴에게 정보를 주는 것일 수도 있다. 왜냐하면 운전자들은 사슴 횡단 표지판을 보고도 속도를 줄이지 않기 때문이다. 미국 〈교통관제 시설 편람〉 W11-3 조항에 규정된 표지판, 즉 노란 바탕에 검은 글자나 그림으로 표시한 마름모꼴의 표지판에도 그렇고, 수컷이 뛰어든다는 〈인상을 심어 주기 위해 잇달아 켜지는〉 세 마리의 사슴으로 이루어진 네온등이 멋지게 깜박거리는 경고판을 보아도 마찬가지다. 내가 종종 가는 샌프란시스코의 한 피자 가게 맞은편 교차로 앞에 네온사인이 있어 나는 이 기술에 친숙하다. 가슴을 강조한 나체의 여인이 세 가지 동작을 계속 반복하면서 춤을 추었다. 나는 운전자들이 그녀를 보기 위해 속도를 늦추었다고 장담한다.

경고 표지판은 운전자가 실제 위험의 증거를 볼 수 있을 때 좀 더 잘 먹힌다. 몇 주 동안 계속했는지는 언급되어 있지 않지만, 한 연구자가 화요일마다 해 질 녘에 빛을 내는 사슴 횡단 표지판에서 몇 미터 떨어진 곳에 사슴 사체를 끌어다 놓는 연구를 통해 그 사실을 보여 주었다. 차량의 속도는 시속 12킬로미터로 떨어졌다. 마찬가지로 〈불빛이 켜질 때 도로에 사슴 있음〉이라고 적힌 반짝거리는 네온사인 근처에서 도로 옆 덤불에 〈사실적인 사슴 박제〉를 갖다 놓았을 때에도 차량의 속도가 시속 19킬로미터로 떨어졌다.

운전자들은 진짜 사슴이라 여기고 위험을 느껴서 속도를 늦춘 것일까, 아니면 그냥 사체를 구경하기 위해 또는 박물관에 있어야 할 박제 표본이 잡초 위에 놓여 있는, 시선을 끄는 별난 광경을 보기 위해 속도를 늦춘 것일까? 나는 후자라고 추측한다. 운전자들이 주로 그렇게 행동하니까. 속도를 늦추고 쳐다보기 위해 목을 길게 뺀다. 사슴 박제가 놓여 있는데, 살펴보기 위해서 속도를 늦추지 않을 사람이 누가 있을까? 자기 트럭 뒤에 싣는 사람도 있지 않을까?〈젭, 멈춰 봐. 도로 옆에 누군가가 사슴 박제를 버렸어.〉이제 젭 횡단 표지판이 필요하다.

그렇긴 해도 타당한 개념이 하나 있다. 경고 표지판을 간헐적으로 위험과 짝짓는 것이다. 사슴이 주위에 없다면, 사슴이 나타났다고 외치지 말라. 태양 전지판으로 작동하는 동물 감지기에서 신호를 받을 때 경고 문구가 켜지는 시스템이 가장 효과가 좋았다. 도로 근처에 설치한 레이더나 레이저나 마이크로파 감지기에 키가 사슴만 한 무언가가 걸릴 때에만 경고 문구가 뜨는 표지판 같은 것들이다.

그렇다면 왜 이런 시스템이 실제로 설치된 모습을 볼 수 없는 것일까? 몬태나 주립 대학교 서부 교통 연구소의 안타까운 이야기가 아마 답을 줄 수 있을 듯하다. 2005년에 연구소는 옐로스톤 국립 공원에 그런 시스템을 설치하고자 했다. 안타깝게도 계약 업체는 도로 옆에 무엇을 설치할 수 있고 없는지를 정한 법규들과 공원 규정을 알지 못했다. 그 시스템은 1킬로미터 구간에 기둥을 약 열 개씩 설치하도록 되어 있었다. 너무 많았다. 게다가 금속이 아닌 나무로 세워야 했고, 눈에 잘 띄는 색깔로 칠할 수도 없었다. 또 소프트웨어 결함, 장비 고장, 예산 부족, 겉흙 상실, 걸림돌이 없을 때 보내야 할 신호를 보내지 않는 식의 오류도 일어났다. 없을 때 있다고 신호를 보내는 사례가 너무 많았다. 실제로는 눈이 쌓여 있을 뿐인데 운전자는 사슴이 도로 옆에 숨어 있다는 경고를 받았다. 갓길에 차가 서 있을 때나, 식물들이 바람에 흔들릴 때에도 그랬다. 조심! 유액 식물이 바람에 흔들리고 있어!

운전자나 차량이 위험에 빠지지 않고 동물만 위험에 처한다면, 신경 쓰지 말라. 2009년 국립 공원청은 모하비 국립 보전 구역의 두 고속 도로 구간에 〈거북 조심〉이라는 표지판과 조명을 설치하여 멸종 위기에 처한 거북을 구할 수 있는지 알아보기로 했다. 그리고 한 짧은 구간에는 도로 옆에 거북 모형도 갖다 놓았다. 그런 다음 근처에 몸을 숨기고 운전자가 거북에 주의를 기울임을 시사하는 방식으로 속도를 늦추거나 브레이크를 밟거나 목을 빼는지 살펴보았다. 결과는? 전혀 없었다.

도나가 믿었던 것처럼, 사람이 아니라 동물과 의사소통을 하는 일이 가능하다면 얼마나 좋을까. 사슴을 대상으로 다양한 방식으로 그런 시도들이 이루어져 왔는데, 결과는 실망스럽다. 자동차 범퍼에 장착한 사슴 경적은 물론이고, 도로 옆에 뿌리는 사슴 기피제도 먹히지 않는다. 그나마 이따금 도움이 되는 듯 보이는 것은 다가오는 전조등 불빛을 다른 쪽으로 반사시켜 차가 다가오고 있음을 발굽 동물이 좀 더 잘 알아차릴 수 있도록 반사경을 특정 각도로 기울여 설치하는 것이다. 최근에 와이오밍에서는 전망이 좀 엿보이는 연구 결과가 나왔다. 하지만 유망한 결과를 낳은 것은 그들이 실험하고 있던 반사경이 아니라, 대조군으로 삼은 것이었다. 즉 빛을 반사시키지 못하도록 하얀 천으로 감싸 놓은 반사경이 오히려 효과가 있었다. 연구진은 사슴이 하얀 천을 동료 사슴의 꼬리 밑면과 엉덩이의 하얀색으로 여기고 반응한 것일 수도 있다고 추측한다. 사슴이 꼬리를 치켜들어 하얀 털을 드러내는 꼬리 치켜들기 tail flagging는 놀란 흰꼬리사슴이 동료들에게 위험을 경고할 때 하는 행동이라고 여겨진다.

나는 그 주장에 회의적이다. 1978년 펜실베이니아 주립 대학교 연구진이 꼬리를 치켜든 사슴 궁둥이 모양의 합판을 도로 옆에 설치하여 흰꼬리사슴에게 경고를 보내려고 시도한 연구 논문을 읽어서다. 치켜든 꼬리는 하얗게 칠한 합판일 때도 있었고, 진짜 사슴 꼬리를 못 박은 것도 있었다. 안타깝게도 전국의 고속도로에서 썩어 가는 꼬리가 박혀 있는 사슴 엉덩이 모양의 합판이 줄줄이 늘어선 광경을 보고 싶은 사람은 아무도 없을 것이다. 그래서 그 실험은 실패했다.

또 와이오밍 연구진 — 나는 여기에 그들과 함께 있다 — 은 캔버스 천으로 감싼 쪽의 사망률이 더 낮은 이유가 운전자들이 뭔가 보려고 속도를 늦추었기 때문이라는 이론도 세웠다. 잠깐, 젭, 기둥에 하얀 게 붙어 있어.

잠시 도나에게 돌아가 보자. 사실 우리는 우리가 원하는 곳에서 사슴이 도로를 건너도록 유인할 수도 있다. 〈사슴 횡단〉 표지판이 있는 곳이 아니라 도로 위에 건설한 야생 동물 생태 통로를 통해서다. 생태 통로를 건설하고 그 주변의 도로 가장자리를 따라 울타리도 치면, 동물들을 사실상 안전한 통로로 건너도록 유도하는 셈이 된다. 문제는 생태 통로를 만들고 울타리를 치는 데 비용이 들고, 필요한 곳에 설치하기가 불가능할 수도 있다는 것이다. 그리고 흰꼬리사슴은 한 해 중 시기에 따라 출몰하는 지역이 달라지므로, 사실상 모든 곳에 생태 통로를 설치해야 하는 상황이 벌어진다. (지상과 지하의 야생 동물 생태 통로는 번식을 하거나 먹이를 찾아 대규모 이주를 하는 종들과 도로로 단절될 때 유전적 건강이 위험에 처하는 개체군에 쓰이는 경향이 있다.)

여기서 사슴과 전조등의 문제를 살펴보자. 컴컴할 때 사슴은 작은 불빛과 그 뒤의 커다란 차를 연관 짓지 못할 수도 있다. 설령 연관 짓는다고 해도, 두 전조등은 자동차가 점점 더 가까이 달려들 때 실질적으로 유용한 정보를 전혀 전달하지 않는다. 불빛이 집중될 때면 〈다가온다〉는 것을 알아차릴 수가 없으므로, 자동차가 얼마나 빨리 다가오는지는커녕 다가오는 것조차도 불분명하다. 트래비스와 톰은 도움이 될 만한 것을 검사 중이다. 뒤쪽을 향해 자동차의 그릴을 비추는 막대 조명이다. 이제 사슴은 실제로 커다란 물체가 자신을 향해 다가온다는 것을 이해할 수 있으므로, 더 빨리 더 확실하게 비켜날 수 있지 않을까? 이제 컴컴해졌기에, 데이터를 모으기 위해 우리는 플럼 브룩의 뒷길로 향한다. 도움을 주는 조명이 있을 때와 없을 때 얼어붙는 행동을 일으킬 가능성(전조등 앞에 멈춰 있는 사슴)과 도주 시작 거리, 즉 FID를 비교하기 위해서다.

    플럼 브룩의 본관 주차장은 옥수수밭을 마주하고 있다. 밑동만 남아서 말라붙은 채 더러운 눈에 덮인 갈색 옥수수 줄기를 보니, 오하이오의 겨울 색깔이 떠오른다. 톰은 쭈그리고 앉아서 트래비스의 트럭 앞에 장치를 달고 있다. 갑자기 그가 위를 쳐다본다.「미국멧도요 소리 들려요?」내가 곤충이 내는 것이라고 생각했던 윙윙거리는 소리는 사실 미국멧도요 수컷의 구애 춤 가운데 일부다. 내가 결코 온전히 이해하지 못할 시골 역설에 걸맞게, 톰은 야생 동물을 좋아하는 동시에 그 동물을 사냥하는 것도 좋아한다.

그들이 장비를 설치하는 동안, 나는 그들의 거리 측정기를 들고 밭에 있는 사슴 무리를 향해 다가간다. 거리 측정기는 일종의 레이저 줄자다. 레이저 광선을 어떤 대상에 맞추면 얼마나 멀리 있는지 거리를 정확히 알려 준다. 내 추정에 따르면, 이 사슴의 FID는 약 90미터다. 그들은 경계하는 기색이고, 거기에는 타당한 이유가 있다. 이 지역에서 거리 측정기는 사냥꾼들이 주로 쓴다. 멀리 있는 표적을 향해 총을 쏠 때 총알이 낙하하는 각도를 계산하기 위해서다.

트래비스가 돌아가자고 소리친다. 나는 사슴 괴롭히는 짓을 멈추고 트럭으로 향한다.

뒷길에는 가로등이 거의 없어서 멀리 있는 사슴을 알아보기가 더 어렵다. 대신에 우리는 적외선 전방 관측 장비(FLIR)라는 열 감지 시스템을 써서 사슴을 느낀다. FLIR은 계기판에 장착한 화면에 상대 온도로 표시되는 세계를 보여 준다. 영상은 목탄 드로잉처럼 거친 그레이 스케일로 표시된다. 눈이 쌓인 둑은 검은색이다. 도로 옆 덤불에 숨어 있는 스컹크와 미국너구리는 기괴한 흰색으로 빛난다. 옛날 캠핑 랜턴의 필라멘트로 만든 것처럼 보인다. 더운 여름밤에는 포유동물의 체열이 아스팔트의 열과 거의 일치하는 바람에, 트래비스와 톰은 6미터 떨어진 도로 한가운데에 있는 사슴도 알아보지 못하곤 한다.

「저기 봐요.」톰이 컴컴한 곳을 가리킨다. FLIR 화면에서 도로 오른쪽 덤불에 우리의 첫 번째 시험 대상이 서 있는 모습이 보인다. 우리 앞쪽으로 약 60미터 떨어진 곳이다. 트래비스는 시속

60킬로미터까지 가속한 뒤 그 속도를 유지한다. 톰은 조수석 창밖으로 팔을 내민 채 FLIR 화면을 주시한다. 손에는 반사 테이프로 칭칭 감은 작은 자갈 주머니가 들려 있다. 사슴이 몸을 돌려 숲으로 향하는 순간, 톰은 주머니를 떨군다. 몇 초 뒤, 트럭은 사슴이 달아난 지점에 멈춘다. 톰은 거리 측정기를 들고 나가서, 트래비스와 내가 자갈 주머니를 떨군 지점으로 돌아갈 때까지 기다린다. 그런 뒤 우리를 향해 거리 측정기를 겨냥한다. 거리 측정기에 뜨는 숫자가 바로 이 사슴의 FID다.

여기서부터는 이야기를 조금 빨리 전개하자. 트래비스와 톰의 연구 결과를 알려 주고 싶어서다. 그들의 조명 장치는 효과가 있었고, 특허 출원 중이며, NWRC는 그 장치를 제작하고 판매할 업체를 찾고 있다. 비록 그 사슴의 FID가 크게 차이 나는 것은 아니었지만, 뒤쪽을 향한 조명을 추가하자 〈사슴 얼어붙기〉 사례는 크게 줄어들었다. 그 장치를 설치하기 전에는 같은 트럭의 전조등에 사슴 열 마리가 얼어붙었던 반면, 설치한 뒤에는 한 마리만 얼어붙었다.

트럭으로 돌아온 톰은 데이터 시트를 채운다. 나는 FLIR 화면을 지켜본다. 나무 사이로 코요테 한 마리가 유령처럼 움직인다. 코요테는 잠깐 멈추었다가 우리를 돌아보더니 다시 제 갈 길을 간다. 멀리 보안 출입문은 예티가 지키고 있는 듯 보인다. 열을 통해 본다는 것 자체가 바로 이 연구에 핵심이 되는 사항을 이해하는 것이라고 할 수 있다. 세상을 지각하는 다른 방식들이 있다는 것이다. 동물과 무언가에 관해 의사소통을 하고 싶다면, 자신의 메시지를 번역해야 할 수도 있다.

예를 하나 들어 보자. 트래비스와 톰이 트럭 앞쪽을 비추는 데 쓰는 전등은 파란빛과 자외선 파장 쪽으로 치우쳐 있다. 사슴이 스펙트럼에서 그쪽 파장을 가장 잘 보기 때문이다. 우리보다 훨씬 잘 본다. 나는 사슴의 시각을 연구한 사람에게서 상세한 설명을 들은 바 있다. 테네시 공대의 야생 동물학자 브래들리 코언이다. 「사슴이 가장 활발하게 움직이는 어스름한 시각에는 자외선이 가장 잘 이용할 수 있는 파장이에요.」 빨간 노을이 점점 거무스름해질 때 우리 눈은 주변에 있는 것들을 구별하기가 점점 어려워지지만, 사슴은 환한 파란빛으로 뚜렷하게 본다. 우리의 황혼은 사슴의 한낮이다.

〈하얀 옷은 더 하얗게, 색깔 옷은 더 선명하게〉 한다는 세탁 세제는 사슴에게 서비스를 제공한다. 이런 세제를 만드는 제조사들은 자외선을 받으면 환하게 빛나는 형광 증백제를 첨가한다. 그 색깔은 우리 눈에는 보이지 않는다. 코언의 말을 빌리자면, 사슴에게 그런 옷은 〈환하게 빛난다〉. 사냥꾼이 위장복을 환하게 빛나도록 세탁하는 셈이다.

사슴이 스펙트럼의 자외선 쪽을 봄으로써 얻는 이점이 무엇이든 간에, 사슴은 스펙트럼의 반대쪽 끝은 보지 못한다. 사슴은 파란빛과 주황빛을 무색으로 지각한다. 주황은 새로운 검정이다.* 따라서 주황색이나 빨간색 안전 재킷은 사냥꾼이 다른 사냥꾼을 알아보기 쉽게 해주지만, 사슴에게는 기성품 위장복보다도

* 드라마 「오렌지 이즈 뉴 블랙」을 빗댄 말 — 옮긴이.

더 눈에 띄지 않을 수 있다.

사슴의 시력에는 특이한 점이 하나 더 있다. 우리는 시야의 한가운데에 중심점처럼 놓인 영역을 가장 잘 보지만, 사슴은 시야를 길쭉한 막대 형태로 가로놓인 영역을 가장 잘 본다. 이를 〈시각선visual streak〉이라고 한다. 우리가 주변시(周邊視)로 책을 읽는 것과 비슷할 것이다. 물론 사슴은 책을 읽지 못하지만, 이 시각선은 몰래 다가오는 포식자를 알아차리는 데 도움을 준다.

일부 조류도 시각선을 갖고 있다. 먹이를 사냥하고 이동하는 데 유용하다. 시각선을 갖고 있는 철새는 눈이나 머리를 움직이지 않고도 지평선 전체를 살필 수 있다.

톰 시먼스는 예전에 조류를 많이 연구했다. 그는 새들의 시야에 온갖 별난 것들을 놓으면서 시각을 연구했다.

11
도둑을 겁주어 쫓아 버리기
퇴치기의 비법

톰 시먼스는 31년째 플럼 브룩 스테이션에서 일하고 있다. 흰꼬리사슴의 엉덩이와 비슷한 색깔의 머리에, 부드럽고 사근사근하게 말한다. 나는 여기 있을 때 그의 사진을 찍지 않았는데, 앞으로 몇 달 동안 내 머릿속에는 팝콘 하면 갈색 누비 사냥 재킷을 입은 오빌 레덴바커* 대신에 그의 모습이 떠오를 것이다. 톰은 코넬 출신의 야생 동물학자이며, 타고난 만물 수리공이다. 그는 트래비스와 함께 작업장을 쓰고 있는데, 이곳에서 오랜 세월 아주 흡족한 시간을 보내고 있다. 그들이 조명을 끄고 문을 닫는 동안 나는 여기저기 들쑤시고 다닌다. 여러 면에서 전형적인 작업장이지만, 두 가지가 다르다.

미국너구리 오줌이 그중 하나다. 톰은 한 동료와 함께 찌르레기 기피제로 쓸 만한 것들을 검사해 왔다. 이 오줌은 구멍이 송송 뚫린 뚜껑을 통해 비어 있는 약병으로 흘러든다. 병은 에어웍

* 미국의 유명 팝콘 제조사 설립자—옮긴이.

방향제 분무기를 악몽에 나올 법하게 아주 거대하게 부풀린 것 같은 찌르레기 둥지 상자 바닥에 부착되어 있다.* 찌르레기는 어디든 빈 공간을 찾아서 둥지를 짓는데, 제트 엔진 덮개 안쪽은 그들에게 아늑한 포스트모던 방갈로다. 점화라는 비극이 찾아오기 전까지는. 찌르레기는 두 시간도 안 되어 둥지를 지을 수 있기에, 비행 전 점검을 끝내고 이륙하기 전까지의 짧은 시간에 집을 짓는다. 세입자에게도 안 좋은 소식이고, 집주인에게도 안 좋은 소식이다.

이곳 국립 야생 동물 연구 센터의 플럼 브룩 지부에서는 오래전부터 조류 퇴치 연구를 해왔다. 1990년까지는 야생 동물이 항공기와 자동차가 아니라 농작물에 다가오지 못하게 하는 쪽에 초점이 맞추어져 있었다. 1987년 시먼스가 들어올 당시엔 오로지 찌르레기사촌과 옥수수만을 연구하고 있었다.** 톰은 고대에 새를 쫓는 데 어떤 방법들을 썼는지 잘 알고 있다. 톰은 인간과 야생 동물의 갈등 분야에서 〈조류 퇴치기frightening device〉라고 부르

---

* 새들이 오줌 냄새가 낯설어서가 아니라 포식자임을 시사하기 때문에 기피하는 것인지 여부를 확인하기 위해, 연구진은 단순히 낯선 물질을 담은 병도 검사했다. 페브리즈 초강력 섬유 유연제다. 연구 결과는 찌르레기가 페브리즈 초강력 섬유 유연제를 미국 너구리 오줌과 똑같다고 느끼고 있음을 말해 준다. 두 냄새는 아무런 차이도 빚어내지 않았다.

** NWRC 샌더스키 지부는 1965년 〈제발 꺼져 찌르레기사촌 연합〉을 구성한 옥수수 재배 농민들의 로비 활동에 힘입어 설치되었다. 그런데 그 명칭은 오하이오 시골에서는 받아들여졌을지 몰라도 미국 의회에서는 잘 먹히지 않았고, 1967년 그 단체는 킬킬거리게 만드는 재치 있는 〈제발 꺼져 찌르레기사촌 연합〉이라는 명칭을 버리고, 오하이오 약탈 조류 방제 조정 위원회가 되었다.

는 것을 수십 가지 검사해 왔다. 대부분은 일시적으로 쫓아낼 뿐이다. 조류를 겁주어 쫓아내기는 쉽지만, 계속 오지 못하도록 하는 것은 훨씬 더 어렵다. 야생 동물은 익숙해진다. 전에 겁먹었던 소리나 광경에 어느덧 익숙해진다. 허풍을 알아차리기 시작하는 것이다.

가장 효과가 떨어지는 것 — 즉 가장 일시적인 것 — 은 고정되어 있는 포식자 허수아비다. 인터넷에는 수리부엉이 모형에 앉아 있는 비둘기와 유리 섬유 코요테 모형의 그늘에서 쉬고 있는 캐나다기러기의 사진이 넘쳐 난다. 예전에 흔히 쓰던 옥수수밭의 허수아비는 사실 새를 끌어들일 수도 있다. 허수아비를 먹이와 연관 짓기 때문이다. 이주하는 찌르레기사촌 무리에게 고속 도로 옆에 있는 휴게소는 배불리 먹을 음식이 가득한 식당의 간판이다.

1981년에 인간과 야생 동물의 갈등 연구자이자 작가인 마이클 코노버는 아주 사실적인 맹금류 허수아비들을 시험했다. 박물관에 전시되는 줄무늬새매와 참매의 박제를 급식대 옆에 설치한 뒤, 매가 잡아먹는다고 알려진 더 작은 새 10종이 얼마나 오랫동안 다가오지 않는지를 관찰했는데 겨우 5~8시간에 불과했다.

두려움을 더 오래 간직하도록 하려면, 조류에게 빚어지는 결과를 보거나 듣게 해야 한다. 코노버는 후속 연구에서 부엉이 모형에 실제 찌르레기가 잡히는 모습이나 소리를 곁들임으로써 퇴치 기간을 늘릴 수 있었다. 괴로워하는 소리를 녹음해 들려주기도 했고, 생생한 장면을 보여 주기도 했다. 그렇게 해서 얻은 요령 중 하나는 이렇다. 〈죽은 찌르레기를 모형에 매다는 것보다는 살아 있는 찌르레기를 묶어 놓는 것이 더 효과적이다.〉 그러나 동물 애호 단체인 PETA의 갈고리발톱에 걸리고 싶지 않다면, 이 방법은 쓸 수가 없다. 게다가 일부 종에게서는 고통에 겨운 울부짖음이 무리를 쫓아내는 게 아니라 끌어들이는 역할을 한다. 돕기 위해서나, 때로는 멍하니 구경하러 모여든다.

퇴치하고 싶은 종이 무엇이냐에 따라서, 죽은 새 자체가 기이하게 효과를 발휘할 수도 있다. 제대로 설치되기만 한다면 말이다. NWRC의「성가신 수리 무리 퇴치용 허수아비 사용 지침」의 한 대목을 인용해 보자. 〈한쪽 또는 양쪽 날개를 아래로 펼쳐서 축 늘어뜨린 채 발목이 매달려 있는 죽은 새의 자세를 취하도록 해야 한다.〉 나는 그 허수아비 이용 안내서를 작성한 연구자 중 두 명인 NWRC의 플로리다 시험장에서 일하는 마이클 에이버리(그 뒤에 은퇴했다)와 존 험프리에게 연락을 취했다. 그들은 다른 동료 한 명과 함께 2002년에 수리 사체나 수리 박제를 통신 탑 여섯 곳에 설치하여 효과를 연구했다. 수리는 그런 곳을 비롯한 탁 트인 철골 탑에 둥지를 틀기 좋아하며, 악취 나는 미끄러운 배설물 때문에 인부들은 그런 곳에 올라가기 싫어하고, 또 위험하기까지 하다. 허수아비를 설치한 지 9일 사이에 자리 잡은 수리의 수는 83~100퍼센트가 줄어들었다. 허수아비를 치운(또는 썩어 사라진) 지 5개월이 지날 때까지도 새들은 돌아오지 않았다.

에이버리는 견해를 바꾸었다. 〈마법 주문처럼 작용한다.〉

마법 주문이 그렇듯이, 왜 작동하는지에 대한 합리적이면서 과학적인 설명은 전혀 나와 있지 않다. 험프리는 내게 말했다. 「나는 묻는 사람에게 이렇게 답해요. 〈우리도 모르지만, 내가 이웃 동네로 갔을 때 누군가가 나무에 거꾸로 매달려 있는 광경이 보인다면, 나도 떠나겠지요.〉」

에이버리도 동의한다. 그는 동료들과 함께 2002년에 이렇게 썼기 때문이다. 〈수리가 박제 허수아비를 죽은 동료로 인식하고 비슷한 운명에 빠지고 싶지 않아서 그 지역을 떠나는 것으로 추측하고 싶다.〉 하지만 그는 그 유혹에 맞선다. 〈그것은 상상력 넘치는 인간 중심적인 개념이다.〉

험프리는 인정했다. 「최선의 답은 아니에요. 하지만 내가 지닌 유일한 답이지요.」

톰 시먼스의 작업실 건조 보관 창고에는 수리 허수아비가 한 점 있고, 우리는 지금 보러 갈 예정이다. 농업부 야생 동물국이 수리 때문에 불만을 터뜨리는 여러 주에서 썼던 모형 중 하나다. 스티로폼으로 만들어져 있다. 스티로폼이 죽은 새보다 더 오래가기 때문이다. 하지만 날개깃과 꽁지깃은 진짜다. 깃털이 핵심 요소인 듯하다.

수리 퇴치 전략 가운데 사격도 포함된다는 점을 생각할 때, 수리 허수아비는 섬뜩한 기분을 주긴 하지만 훌륭한 방법이고, 그 점에서 톰 시먼스에게 감사해야 한다.

수많은 발견이 그렇듯이, 이 발견도 우연히 이루어진 것이다. 톰은 새 모이 자루들이 놓인 선반을 정리한다. 「예전에 여기에 커다란 로켓 발사 탑이 있었어요. 그 위에 수리들이 죽치고 있었지요.」 1999년에 톰은 충돌 문제를 일으키는 조류 12종의 평균 체밀도를 계산해야 했다. (제트 엔진을 시험하는 데 쓰는 표준 조류 더미를 설계하는 일에 참여하고 있었다.) 그는 총을 들고 로켓 발사 탑으로 향했다. 그런데 잡은 수리가 떨어지다 약 60미터 높이에서 구조물에 다리가 걸리고 말았다. 「죽은 새를 가져오겠다고 탑을 기어오를 수는 없었지요.」 그래서 사체는 그냥 방치되었는데 그 뒤로 수리들은 그 탑에 얼씬도 하지 않았다.

톰은 그 효과를 재현해서 활용할 수 있을지 궁금해졌다. 그는 처음에는 사체를 그냥 바닥에 뉘어 놓았다. 전혀 효과가 없었다. 매달아서 빙빙 돌도록 해야 했다.

그는 그 방법이 왜 효과가 있는지 알지 못한다. 「그냥 너무 부자연스러워서 그런 게 아닐까 하는 생각밖에 안 들어요. 수리들이 생각하는 거죠. 〈여기 뭔가 이상해.〉」

우리는 수리들이 과연 그렇게 생각할지 결코 알 수 없겠지만, 사람은 분명히 그렇게 생각한다. 에버글레이즈 국립 공원의 로열 팜 여행 안내소 직원들은 근처 둥지에서 날아와 주차장의 차들을 망가뜨리는 검은대머리수리를 허수아비를 써서 막으려고 했다. 온종일 낚시를 하고 돌아온 방문객들은 앞 유리 와이퍼의 고무나 선루프 가장자리의 고무가 뜯겨 나간 광경을 목격하곤 한다. 그래서 주차장 주위의 나무에 허수아비를 매달아 두자 수리들의 습격은 멈추었지만, 또 다른 문제가 생겼다. 직원들은 공원에 들어오다가 허수아비를 보고 소스라치게 놀라는 방문객들에게 해명하느라 많은 시간을 허비해야 했다. 지금은 주차장에 이런 표지판이 붙은 상자가 놓여 있다. 〈방수포를 덮어서 수리로부터 차량을 보호하세요.〉

수리는 왜 이런 행동을 할까? 고무, 코크, 비닐에서 썩어 가는 사체에서 나오는 것과 같은 화학 물질이 나오는 것일까? 이 모든 물품에 수리를 불러들이는 어떤 화합물이 들어 있는 것일까? NWRC 플로리다 현장 시험소의 연구자들은 이를 알아보기로 했다. 어떤 화합물 또는 화합물 집단이 들어 있는지 알아낸다면, 수리를 꾀는 데 쓸 수 있기 때문이다. 긁는 기둥을 설치하여 고양이가 가구를 긁지 못하게 꾀는 것과 같은 방법이다.

그래서 실험이 시작되었는데, 학술지 논문에 적힌 바에 따르면, 국립 야생 동물 연구 센터의 점잖으면서 헌신적인 과학자들이 실험실에서 괴상하기 그지없는 짓을 했던 것처럼 보인다. 그들은 수리가 망가뜨린 물품 스물한 가지를 〈면도날을 써서 아주 잘게 조각낸〉 다음 섭씨 55도로 가열했다. 이때 나오는 증기를 모아서 기체 크로마토그래피로 분석했다. 모든 물질에 공통적으로 들어 있는 화합물을 찾아낸 다음, 그것을 솜에 적셔 두고서 수리들이 어떻게 반응할지 알아보겠다는 것이다. 안타깝게도 적신 화학 물질들은 너무 빨리 증발했고, 연구비도 그랬다. 수수께끼와 차량 파괴 행위는 지금도 계속되고 있다.

수리의 파괴 행위가 물질의 냄새와 아무 상관이 없을 가능성도 있다. 내가 선호하는 설명은 은퇴한 맹금류 보전 생물학자

키스 빌드스타인이 내놓은 것이다. 빌드스타인은 포클랜드 제도의 줄무늬카라카라가 같은 유형의 뜯어내고 찢는 행동을 하는 것을 관찰했고, 양의 사체를 비롯하여 죽은 동물을 먹는 뉴질랜드의 산에 사는 앵무새인 케아도 같은 방식으로 주차된 차들을 망가뜨린다는 말을 들었다. 빌드스타인은 사체에서 살덩어리를 뜯어내는 데 필요한 움직임과 목의 힘이 새가 고무와 코킹을 뜯어내는 데 필요한 것과 비슷하다는 점을 알아차렸다. 그리고 사체의 근육과 힘줄은 밀도와 질긴 정도가 고무와 코킹과 비슷하다. 그는 주변에 보이는 근육과 힘줄과 성질이 비슷한 물건들을 물어뜯음으로써 목의 힘을 강화하는 개체들이 사체에 우르르 몰려들어 뜯어 먹을 때 유리한 입장에 놓일 것이라고 추정했다. 다시 말해, 체력 단련이다.

톰이 허수아비를 다시 내려놓는다. 아주 부드럽게 내려놓는다. 그는 거의 멧도요만큼 칠면조독수리도 좋아한다. 앞서 그는 내게 이렇게 말한 바 있다. 「때로는 잔디밭 의자에 등을 대고 축 늘어져서 그들이 하늘에 맴도는 모습을 지켜보곤 해요. 주위가 아주 조용하면, 공기를 가르는 소리도 들을 수 있어요.」

톰은 작업실 전등을 끄고 문을 잠근다. 「우리는 9·11 수습 현장에서 허수아비도 썼어요.」

쌍둥이 타워가 무너진 뒤, 신원 확인을 맡은 사람들은 인체 잔해를 찾기 위해서 거의 10억 개에 달하는 잔해 조각들을 뒤져야 했다. 미국 역사상 최대 규모의 법의학적 조사였다. 24개 기관에 속한 1천 명은 인체 잔해 2만 조각을 수습했다. 〈말 그대로 무릎과 손으로 기어다니면서 갈퀴질을 했다.〉 시먼스는 2004년에 그 과정을 기술한 공동 논문에 그렇게 썼다. 그 작업을 하기 위해 딱히 불편할 필요는 없지만, 동떨어진 넓은 공간이 필요했다. 이윽고 최근에 폐쇄된 스태튼섬의 매립지가 선정되었다. 프레시 킬스 Fresh Kills라는 기이할 만치 딱 어울리는 이름을 지닌 곳이었다.

사흘째에 새들이 몰려왔다. 그 작업의 현장 지휘 본부장을 맡았던 뉴욕시 경찰국 감독관은 이렇게 말했다. 「새들이 내려앉는 지점에 인체 부위가 많이 있다는 것을 알았지요. 그리고 인체 잔해를 놓고 새들과 싸워야 했습니다.」 시먼스는 새들을 쫓아 달라는 요청을 받고 온 야생 동물국 대책반의 일원이었다. 나는 그 이야기를 들려달라고 했다. 우리는 그가 트래비스와 함께 연구 동영상을 시청하면서 낡은 연방 재난 관리청 트레일러의 베이지색 긴 의자에 앉아 있다. 비품은 모두 저렴하게 흔히 살 수 있는 것들이다. 사람용 둥지 상자다.

톰은 회상한다. 「동이 트기 전에 현장에 도착하곤 했지요. 새들이 내려앉기 전에 쫓아내려고 애썼어요. 가장자리를 따라 걸으면서 새들이 오는지 하늘을 훑다가, 내려앉지 못하게 신호탄pyrotechnics을 쏘았지요.」 신호탄은 산탄총 소리를 내는 무해한 폭발물이다. 새들이 산탄총 소리에 익숙해지자, 대책반은 진짜 총을 꺼냈고 몇 가지 〈치명적인 강화lethal reinforcement〉 기법도 썼다.* 새 한 마리가 총에 맞으면, 다른 새들은 알아차린다. 찜찜하

---

* 내가 좋아하는 치명적 강화 이야기는 스케어리 맨Scarey Man과 관련이 있다.

기는 하지만 효과적이다.「우리는 새들이 신호탄을 완전히 무시하는 시점에 다다를 때에만 진짜 총을 쏘았지요.」10개월간 수천 마리를 쫓아내는 동안, 죽은 새는 스물세 마리에 불과했다.

그 스물세 마리는 허수아비를 만드는 데 쓰였다. 이 허수아비는 새들이 모여 앉아 쉬면서 먹이를 소화하는 곳에서는 아주 잘 먹혔지만, 수습 현장에서는 별 효과가 없었다. 톰은 어떻게 표현할지 잠시 생각하다가 말했다.「왜냐면…… 동기가 너무 강했거든요.」

나는 수리가 죽은 새를 맛있게 먹어 치우려 하지 않았냐고 묻는다.

「수리요? 전 기간을 통틀어서 우리가 본 수리는 딱 한 마리였어요.」

식당가에서 종종 보는, 공기를 불어넣어 부풀리는 풍선 간판의 허수아비 판본이다. 풍선 간판과 달리, 스케어리 맨은 비명도 지르며, 띠용 하고 튀어나오는 도깨비 상자처럼 이따금씩만 부풀어 오른다. 그런데 1991년 미국 농업부의 연구에 따르면, 새들은 약 일주일이면 스케어리 맨에게 익숙해지기 시작한다고 한다. 연구진 중 앨런 스티클리와 주니어 킹은 치명적 강화로 새들이 스케어리 맨을 더 오래 두려워하게 만들 수 있는지 실험했다. 그들은 비닐 비옷을 입고 가마우지가 득실거리는 양어장 연안에 꼼짝하지 않은 채 앉아 있었다. 스케어리 맨 역할을 할 때가 되면 벌떡 일어나서 〈높은 소리를 꽥꽥 질러 대며 위아래로 펄쩍펄쩍 뛴〉 다음 가마우지들을 향해 총을 쏘았다. 〈인간 스케어리 맨〉으로 보낸 시간 기록은 스티클리의 현장 일지와 함께 NWRC 기록 보관소에 있다. 새들은 겁먹기보다는 재미있어 한 듯했다. 〈1992년 3월 1일, 1,456시간: 새 세 마리가 와서 앉아서 내가 하는 행동을 지켜보았다.〉 지겨워진 주니어는 자리에서 일어나 이리저리 돌아다니며 새들에게 마구 총을 쏘아 댔다. 〈나는 그에게 스케어리 맨이 총을 쏜다고 새들이 생각하게 만드는 것이 실험 목표임을 상기시켰다.〉 스티클리는 분개하는 어조로 적었다. 그런데 주니어라고 불리는 이들이 할 만한 행동을 한 것이 아닐까?

나는 특정한 종을 염두에 둔 채 가정을 하고 있었다. 사체를 먹으러 왔던 새들은 재갈매기였다. 당연히 그렇지! 갈매기와 매립지. 프레시 킬스가 아직 운영되고 있을 때, 그 매립지에는 갈매기 10만 마리가 우글거렸다.

공교롭게도 내가 다음에 취재하러 들를 곳은 캘리포니아 새너제이 외곽의 매립지다. 로봇 매의 발명자가 그곳에서 시연을 보일 예정이다.

매는 비둘기나 크기가 비슷한 다른 새들을 잡아먹는다. 갈매기는 크기가 매만 하고, 얕잡아 볼 상대가 아니다. 매가 갈매기를 덮친다고는 상상하기가 쉽지 않다. 갈매기가 매나 매 로봇을 두려워한다는 것도. 잠시 뒤면 명확히 드러날 것이다.

지금 로버드RoBird는 니코 네인하위스의 렌터카 트렁크 속 알루미늄 상자에 들어 있다. 네인하위스는 로버드의 발명자다. 그의 회사 클리어 플라이트 솔루션은 네덜란드에 있다. 그는 잠재적인 고객들에게 제품 시연을 하기 위해 여행 중이다. 하지만 먼저 슬라이드 발표가 있다. 우리는 과달루페 매립지 관리 동(棟)의 회의실에 둘러앉아 있다. 니코와 직원들이 있고, 그 사이에 로버드를 포함한 드론 활용 조류 퇴치 서비스를 제공하는 회사인 아에리움의 직원도 한 명 있다. 탁자 반대편에는 형광 조끼를 입은 사람들이 앉아 있다. 매립지 운영 책임자, 기술부장, 내가 명함을 받지 못한 사람도 한 명 있다. 그는 나중에 내게 말했다. 「12년째 쓰레기를 처리하고 있어요.」

니코의 말을 듣고 있자니, 모든 새, 크기에 상관없이 모든 새가 매를 피하려 하는 이유를 곧 알게 된다. 매는 시속 약 320킬로미터로 먹이를 향해 내리꽂힌다. 지구에서 가장 빠른 동물은 치타가 아니라 매다. 매는 표적에 다다르면, 빠르고 효율적으로 할 일을 끝낸다. 내 수첩에는 이렇게 적혀 있다. 〈직격타를 가해서 깔끔하게 죽임.〉 그러니 다 자란 갈매기도 덮칠 것이다.

이렇게 오로지 용맹함을 추구하다 보니 단점도 있다. 매는 여유롭게 활공하는 일을 잘 못한다. 매와 독수리를 비롯하여 니코가 〈긴 날개〉라고 부르는 새들은 열 상승 기류를 타고 나는 데 필요한 넓은 표면적을 지니고 있다. 사냥에 나설 때도 그런 기류를 탄다.

니코가 내 흥미를 끌 만한 말을 한다. 「새는 날기를 좋아하지 않아요.」 그가 말하는 것은 날개를 마구 파닥거리면서 나는 비행이다. 지치기 때문이다. 매는 한 번에 5~6분씩만 공중에 떠서 사냥을 한 뒤, 쉰다. 이는 배터리로 작동하는 로버드의 비행 시간이 최대 12분인 이유를 설명한다. 아니면 변명일 수도 있다.

「12분이라고요?」 누군가 묻는다. 나일 수도 있다.

「더 길면 부자연스러울 겁니다.」 니코가 대답한다.

한 동료가 끼어든다. 「자, 로버드가 무엇을 할 수 있는지 보러 가죠.」

우리는 주차장으로 나간다. 쓰레기를 쏟아붓는 곳으로 가야 하니 매립지 직원이 헬멧을 건넨다. 쓰레기 수거차가 와서 적재함을 들어 올려 비탈면 아래로 쓰레기를 붓고 다지는 곳이다. 날이 저물 때쯤이면 떠돌이 돼지를 비롯한 야행성 청소동물을 막기 위해 건설 폐기물로 위를 덮는다. 갈매기들이 노리는 것은 막 쏟아부은 쓰레기다. 관리 동 바로 옆인 이곳에서도 늘 몇 마리가 상공을 맴돌고 있다. 포장도로 위로 그들의 그림자가 미끄러지듯 움직인다.

나는 운영 책임자인 닐에게 나를 소개한다. 갈매기는 닐이 대처해야 할 문제들 중에서 우선순위가 낮다. 그에게는 매립지 주변의 멋진 지역들에서 일하는 부동산 중개업자들이 잠재적인 매수자들에게 2년 안에 매립지가 문을 닫을 것이라며 떠들고 다닌다는 점이 훨씬 더 중요한 문제다. 주택 구입자들은 거짓말임을 곧 알아차리고 분개한다. 그들은 매립지를 폐쇄시키려고 계속 애써 왔다. 악취를 풍긴다고, 돼지가 말썽을 일으킨다고 항의한다. 돼지들은 밤에 돌아다니면서 벌레를 잡아먹으려고 잔디밭을 파헤친다. 돼지들은 쓰레기장에서 쓰레기를 먹어 치우라고 기르던 시절의 유산이다.

닐은 대화 도중에 아무 설명도 없이 몸을 돌려 떠난다.

「〈쓰레기장〉이라고 말했어요.」 누군가가 지적한다.

「여기는 위생 매립지예요. 쓰레기장이 아니에요.」 누군가가 덧붙인다.

「쓰레기장은 네 글자 단어일 뿐이죠.」

나는 로버드 쪽 사람들과 갈걸, 하고 생각한다.

몇 분 뒤 우리는 인공 쓰레기 골짜기 위에 서 있다. 아래쪽에서 한 인부가 눈보라처럼 밀려드는 서부갈매기 무리 안에서 컴

팩터를 몰고 있다. 눈보라 속에서 차를 모는 것과 마찬가지로, 위험이 도사리고 있다. 갈매기들이 사방을 가려서 운전자는 자신이 하고 있는 일을 살펴보기 힘들다. 또 이것저것 떨어뜨린다. 놀라울 만치 큰 것도 있다. 단지 새똥 때문에 헬멧을 쓰는 것이 아니다.

로버드가 상자에서 꺼내진다. 겉모습을 보면 에어브러시를 써서 사실적으로 색칠했고, 질감도 깃털의 항공 역학적 특성을 거의 모사하고 있다. 니코가 머리 부위를 열어 작은 나침반이 들어 있는 곳을 보여 준다. 다시 닫은 뒤, 로버드를 마치 아기를 들 듯이 조심스럽게 들어 〈조종사〉라고 적힌 셔츠를 입고 있는 젊은 남성에게 건넨다. 조종사가 로버드를 종이비행기인 양 자기 어깨에 올리자, 다른 조종사 에크버르트가 날개를 작동시켜 띄운다. 조종 콘솔에는 동시에 작동시키는 조이 스틱이 두 개 달려 있다. 왼쪽 것으로는 추진력, 오른쪽 것으로는 고도를 조종한다.

니코는 아주 놀라운 것을 만들었다. 회전 날개도 없고 소음도 전혀 나지 않는 무인 항공기, 즉 드론이다. 매처럼 날개를 치는 힘, 양력, 중력을 써서 높이 날아오르고 내리꽂는다. 조종사는 단지 빙빙 맴돌게만 하는 것이 아니다. 사냥하는 매의 움직임도 흉내 낸다. 모든 로버드 조종사는 매 조련사에게 훈련을 받는다.

그런데 로버드를 구입하면, 누가 조종을 할까? 아무도 하지 않을 것이다. 로버드를 구입할 수 없기 때문이다. 구입하는 것은 에크버르트의 서비스다. 조종사가 로버드와 함께 온다. 필요할 때마다, 또는 비용을 댈 수 있기만 하면 온다.

아니면 실제 매와 매 조련사를 고용할 수도 있다. 조류 퇴치 일을 하는 매 조련사들이 있다. 그들은 2~5년 동안 훈련을 받고 미국 각 주에서 면허를 받으며, 공항 매 조련사는 연방 항공청에서 받는다. 샌프란시스코 자이언츠 야구 팀은 9회 때 경기장 위를 맴돌면서 관중에게 배설물을 떨어뜨리고 이따금 경기장 안에 배설물을 떨구어 경기를 중단시키는, 핫도그를 먹겠다고 달려드는 갈매기 떼를 쫓아내기 위해 매 조련사를 고용할 생각을 한 적이 있다. 니코는 로버드 고객들에게도 치명적 강화를 위해서 이따금 매 조련사를 고용하라고 권한다.

투하 비탈면에서 갈매기들이 떠나고 있다. 으레 내는 시끄러운 소리도 잠잠해진 듯하다. 나는 닐이 몇 분 전에 했듯이, 누군가가 신호탄을 쏘면 새들이 날아오르는 모습을 본 적이 있다. 그런데 이번에는 다르다. 〈파이로pyro〉는 새들을 갑작스레 한꺼번에 날아오르게 하지만, 효과는 2분에 불과하다. 새들이 다시 돌아오기 때문이다. 포식자(또는 실감 나게 흉내 내는 로봇)가 있을 때 일어나는, 여기서 떠나야 한다는 오래 지속되는 원초적인 초조함이라기보다는 놀란 반응에 더 가깝다. 여기서 방금 누군가가 말한 것처럼, 신호탄 발사는 〈새를 훈련시키는〉 것과 같다.

그리고 동네 주민들을 짜증 나게 만든다. 온종일 화약 터지는 소리를 듣고 싶어 할 사람이 누가 있겠는가. 그리고 하루에 스무 번씩 매립지에서 쫓겨난 갈매기들이 도로 너머까지 왔다가 빙 돌아가면서 차량에 떨어뜨리는 배설물을 치우느라 생고생하고 싶지도 않다. 주민들이 항의할 때마다, 닐은 세차 쿠폰을 건네

준다.

    최근에 이 매립지는 아예 갈매기를 무시하는 방침을 채택했다. 닐은 앞서 나와 대화를 할 때 말했다. 「그냥 여기 두는 편이 덜 성가셔요.」 닐은 갈매기 문제에서 나름의 생각을 굳혔다. 하지만 나는 아니다, 아직은.

12
성 바오로 광장의 갈매기
바티칸 당국은 레이저를 써본다

갈매기의 신경을 잔뜩 곤두서게 만들면, 갈매기는 토할 것이다.*
그들을 다룰 필요가 있는 생물학자 입장에서는 좀 찝찝한 면이
없진 않지만, 그 습성 덕분에 그들은 갈매기가 무엇을 먹었는지
쉽게 알아낼 수 있다. 다음은 재갈매기가 먹을 만하다고 여긴 것
들의 목록 중 일부다. 즉 펜실베이니아 대학교 연구자 줄리 엘리
스에게 시달린 끝에 토해 낸 것들이다. 볼로냐소시지, 개미, 딸
기 쇼트케이크, 큰 고등어, 통째로 삼킨 핫도그, 온전한 생쥐, 오
징어, 사용한 행주, 버려진 바닷가재 미끼, 비엔나소시지, 참솜깃
오리 새끼, 딱정벌레, 썩은 닭 다리, 쥐, 머핀 포장지, 뭉친 기저귀,
한 접시 분량의 홍합 마리나라 스파게티.

* 〈방어적 구토defensive vomiting〉라는 말을 처음 들었을 때, 나는 몸무게를 줄
임으로써 날아서 달아나기 더 쉽게 하는 방법이라고 생각했다. 아니었다. 게다가 포식자
를 물리치기 위해서 하는 행동도 아니다. 갈매기 전문가 줄리 엘리스는 정반대라고 말한
다. 「포식자의 관심을 다른 먹이 쪽으로 돌리는 방법이지요.」 동물은 우리와 다르다.

줄리 엘리스는 갈매기 토사물에서 꽃을 본 적이 한 번도 없다. 갈매기는 온갖 것을 삼키지만, 식물은 먹지 않는다. 그래서 네덜란드 화훼 전문가인 파울 데커르스는 2017년 교황의 부활절 미사 전날 저녁에 성 바오로 대성당 바깥의 성찬대 주변에 세 트럭 분량의 꽃을 갖다 놓을 당시 갈매기 걱정은 전혀 하지 않았다.

그런데 아니었다. 「눈앞에 벌어진 일을 도저히 믿을 수가 없었어요.」 전날 저녁 그는 야외 성찬대로 올라가는 넓고 얕은 계단 양쪽으로 6천 그루의 수선화를 배치한 뒤, 성 바오로 광장을 떠났다. 그런데 군중의 출입이 허가되기 몇 시간 전인 오전 6시 정각에 돌아와 보니, 꽃들이 엉망이 되어 있었다. 중앙 통로 양쪽과 계단에 놓은 화분들이 마구 어질러져 있었다. 화분의 흙은 성단소 바닥에 흩뿌려져 있었다. 줄기가 긴 장미들은 꽃병에서 뽑혀 나뒹굴고 있었다. 마치 어떤 발레리나가 밤에 작별 공연을 펼치면서 획획 내던진 것 같았다.

하지만 꽃을 먹은 것은 아니었다. 그냥 무의미한 파괴 행위를 저지른 것처럼 보였다. 에버글레이즈의 비닐을 뜯어내는 수리나, 디판잔 나하의 조리 기구를 부수는 원숭이처럼 수수께끼 같다. 갈매기는 왜 이런 짓을 할까? 생물학적 동기가 있을까? 그냥 성질 더러운 종이 있는 것일까?

답을 얻기 위해서 나는 온라인 화상 회의 소프트웨어를 통해 줄리 엘리스와 접촉했다. 그녀는 집 세탁실의 탁자 앞에 있었다. 그녀는 말했다. 「흙에서 지렁이를 찾고 있었을 것이라는 생각밖에 안 떠오르네요.」그럴 수도 있었다. 하지만 데커르스가 보낸 사진들을 보니 참화를 당한 수선화들은 대부분 화분에 그대로 있었다. 그리고 장미는 잘라서 꽃병에 꽂아 놓은 것들이었다.

동료 갈매기 연구자 세라 쿠르센은 메인주의 한 주차장에 세운 차 안에서 대화에 합류했다. 세라는 애플도어섬의 숄스 해양 연구소에서 재갈매기와 큰검은등갈매기를 연구한다. 줄리가 묻는다.「세라, 어떻게 생각해요? 세라? 음, 지금 음성을 켜려고 하나 봐요.」

세라의 입이 소리 없이 움직이다가 얼굴이 확대되더니 이윽고 음성이 들리기 시작한다.「휴, 좀 당황했어요. 풀을 뽑는 행동이 아니었을까요, 줄리?」

줄리가 말한다.「나도 그렇게 생각했어요. 그럴 수도 있어요.」무리 지어서 번식할 때, 갈매기는 자기 영역이라는 것을 알리기 위해서 부리로 풀을 뽑곤 한다. 세라는〈전위된 공격 행동〉이라는 용어를 쓴다. 누군가의 얼굴 대신 벽을 치는 것과 같다고? 줄리는 그렇다고 답한다. 비록 갈매기는 전자에 속한 행동도 하지만. 번식 집단에서 재갈매기는 실수로 자기 영역을 침범한 다른 새끼를 마구 쪼아 대어 죽이기도 한다. 그리고 재갈매기나 다른 갈매기는 다른 새끼를 잡아먹기도 한다. 재스퍼 파슨스가 쓴 「재갈매기의 동족 섭식cannibalism in Herring Gulls」이라는 논문에서 읽은 내용이다. 그는 스코틀랜드의 메이섬에서 그런 사례를 많이 지켜보았다. 내가 알고 있는 새 어휘를 자랑할 때다. 남의 자식을 잡아먹는 것을 크로니즘kronism이라고 한다. 그리스 신화의 크로노스가 자식들을 꿀꺽한 데에서 유래한다.

세라는 자신이 관찰한 것에 비추어 볼 때, 재갈매기의 동족 섭식 이야기가 과장되었다고 본다. 「이웃의 새끼를 죽이지만 먹지 않는 사례가 꽤 많아요. 죽이기까지 하지 않는 사례도요. 그냥 쪼아서 쫓아내지요.」

줄리도 한마디 보탠다. 「이웃의 새끼를 쪼아서 눈을 멀게 한 뒤, 천천히 죽어 갈 때까지 내버려두기도 해요. 기가 막히죠.」

그러나 줄리도 세라도 갈매기라는 종 자체가 성질 더럽다고 보지는 않는다.* 자기 둥지를 떠나 돌아다니는 재갈매기 새끼 중 20~30퍼센트가 공격을 받는데, 한 연구에 따르면 이웃이 새끼를 받아들여 보호하고 먹여 주는 사례도 그 정도 비율이라고 한다. 사람이나 곰도 그렇듯이, 재갈매기 종에서도 비열한(우리가 볼 때) 행동을 하는 개체들이 소수 있다. 1968년 번식기에 메이섬에서 동족에게 잡아먹힌 재갈매기 새끼 329마리 가운데 167마리는 겨우 네 마리에게 먹혔다. 파슨스는 재갈매기 250쌍 중에서 단 한 쌍만 동족 섭식 행동을 보였다고 했다. 먹이 부족과는 전혀 관계가 없었다. 그냥 새끼를 잡아먹는 것을 좋아한 듯했다.

갈매기는 다양한 먹이를 먹을 수 있는 부리와 껍데기 조각

---

* 음경이 없기에 더욱더 그렇다. 대다수의 조류가 그렇듯이, 갈매기도 총배설강 입구를 서로 맞대어 짝짓기를 한다. 조류학에서는 이를 〈총배설강 키스〉라고 한다. 조류의 섹스가 감미로우면서 점잖은 것인 양 들리겠지만, 총배설강으로 배설도 한다는 점을 떠올리자.

(그리고 갈매기 새끼의 부리와 기저귀 안감)을 견디고 토해 내는 벽이 두꺼운 위장을 갖는 쪽으로 진화했기에, 원하는 대로 얼마든지 먹을 수 있다. 사람 못지않게 갈매기도 개체마다 다르다. 해안에 머물면서 물고기를 주식으로 삼는 개체들도 있고, 매립지에 죽치고 사는 개체들도 있다. 도시에서 도로에 흩어진 감자튀김과 핫도그 찌꺼기를 주워 먹는 개체들도 있다(그리고 그런 개체들이 심장 동맥 질환에 걸린다는 연구도 있다). 이웃의 새끼를 잡아먹는 개체들도 소수 있고, 공중에서 딱따구리와 명금류를 낚아채는 사냥꾼도 소수 있다. 세라는 최근에 한 갈매기의 토사물에서 큰뿔솔딱새도 발견했다. 「식도를 앞뒤로 오락가락했으니, 아무탈없음솔딱새라고 부르는 편이 더 낫겠지만요.」

앞서 말한 꽃 파괴 행위가 저질러진 성 바오로 광장에는 사냥꾼 갈매기도 한 마리 죽치고 있다. 아니, 죽치고 있었다. 그 사실을 아는 이유는 2014년에 카메라에 찍혔기 때문이다. 갈매기가 부리를 아래로 향하고 새하얗게 번득이면서 프란체스코 교황이 막 풀어놓은 하얀 〈평화의 비둘기〉를 덮치는 장면을 느린 화면으로 지켜볼 수 있다. 1월마다 교황은 가톨릭 청소년 단체의 어린이들과 함께 발코니에 나와서 평화의 메시지를 읽은 뒤 비둘기 한 마리를 날린다. 그 비둘기는 살아남았지만, 이 전통은 살아남지 못했다. 그 뒤로는 비둘기 모양의 헬륨 풍선을 날렸다.

줄리와 세라는 갈매기의 〈더 사랑스러운 측면〉을 알려 주고 싶어 한다. 그들의 집단 번식지에서 죽치고 있으면 보게 된다. 갈매기는 헌신적인 부모이며, 수컷도 함께 머물면서 양육을 돕는다. 새치고는 독특하다. 더 전형적인 새는 찌르레기다. 찌르레기의 둥지 행동은 한 세기 전에 자연사학자 F. H. 헤릭이 관찰했고 『야생 조류의 가정생활 Home Life of Wild Birds』에 적었다. 〈네 시간 동안…… 암컷은 새끼를 한 시간 동안 품었고, 스물아홉 번 먹이를 주었으며, 열세 번 둥지를 청소했다. 수컷은 열한 번 들렀고 위생 문제를 두 번 처리했다.〉 수컷이 새끼를 먹이기 위해 들렀는지, 그냥 앉았다 간 것인지는 언급되어 있지 않았다.

갈매기는 공동체 지향적이다. 그 공동체가 자신들의 공동체라면 말이다. 어느 한 마리가 포식자를 보면, 경보를 울려 무리에게 알린다. 경보 소리의 진동수로 침입자의 대략적인 위치를 알리면 다른 개체들이 우르르 몰려들어 상대를 공격한다.* 물론 이 행동도 갈매기가 성질 더럽다는 평판을 얻는 데 한몫한다. 해안 휴양지에서는 그냥 모른 채 갈매기 둥지 가까이 간 관광객이 침입자일 때가 종종 있기 때문이다. 영국 1TV 웹사이트에는 〈투숙객이 갈매기의 공격으로 얼굴에서 피를 철철 흘리며 떠났다〉라는 선정적인 제목의 기사가 떡하니 올라오기도 했다. (딸린 사진을 보면 여성의 정수리에 자그마하게 말라붙은 핏자국만 보인다.)

인도에서 원숭이가 하는 짓을 여기서는 갈매기가 한다. 할머니의 머리에 피를 내고, 관광객의 손에서 간식을 훔치고, 신문

---

* 당사자가 독자라면 행운이 함께하기를. 갈매기는 머리를 쪼아 댈 뿐 아니라, 엘리스의 표현에 따르면 〈똥을 겨냥하는 실력이 아주 좋다〉. 그녀는 애플도어섬에서 둥지가 가득한 골짜기를 지나갔던 한 학생의 이야기를 들려주었다. 학생은 몸을 보호하기 위해 우비를 입고 모자까지 단단히 여몄다.「그런데 한 갈매기가 그녀의 입에 똥을 찍 싸 넣는 데 성공했어요.」

판매 부수를 올리고, 정치가를 당혹스럽게 만든다. (콘월에서 한 갈매기가 반려동물인 거북을 공격한 뒤에 『가디언The Guardian』에는 〈갈매기의 공격: 데이비드 캐머런 그 문제에 관한《중대한 회의》를 요구하다〉라는 머리기사가 실렸다.) 갈매기를 연구하는 애틀랜틱 대학교의 교수 존 앤더슨은 자신이 사는 해안 도시에서는 언론에 갈매기의 〈공격〉이 어쩌고저쩌고 과장하는 기사가 자주 실린다고 말한다. 그는 내게 보낸 전자 우편에 이렇게 썼다. 〈부당하지요. 개가 사람에게 짖으면서 달려드는 건 뉴스로 취급도 안 하면서, 갈매기가 달려들면 언론에 실리거든요.〉 앤더슨은 어느 정도는 영화 「새」 때문이라고 말한다. 「앨프리드 히치콕이 대답해 줘야 할 사항이 많아요.」

그러니 갈매기의 사랑스러운 점에 초점을 맞추어 보자. 나는 최근에 『오듀본Audubon』의 전직 편집장이 갈매기에 관해 쓴 책을 읽었는데, 갈매기가 먹이를 나누어 먹자고 이웃들을 부른다는 내용이 들어 있었다. 나는 줄리와 세라에게 그 이야기를 했다. 정말 사랑스럽지 않아요?

그러자 세라가 말했다. 「흐음. 내가 관찰한 바에 따르면, 갈매기는 먹이를 찾았을 때 길게 소리를 지르는데, 그건 영역을 주장하는 소리예요. 친구에게 함께 먹자고 초대하는 것이 아니라, 그 먹이가 자기 거라고 주장하는 소리라고 장담해요. 그러니까 이 사례에서는 갈매기가 성질 더럽다는 가설 쪽을 지지해야겠네요.」

그러나 그것은 생존 전략이다. 이 모든 것이 그렇다. 자식을 먹이고, 보호하고, 유전자를 다음 세대로 전달하는 문제다. 갈매기는 갈매기이고, 때론 그 행동이 사람이 사람답게 행동하는 모습에 너무나 가까워 보여 오해를 산다.

하지만 교황의 장미를 난장판으로 만든 행동은? 왜 그런 짓을 하는지 누가 말해 줄 수 있을까? 직접 가서 알아보는 편이 낫겠다. 부활절 주말이 다가오고 있고, 바티칸은 이번에는 대비를 하고 있다. 파울 데커르스와 직원들이 〈레이저 작동 허수아비〉와 그것을 발명한 앙드레 프레이터르스와 함께 온다. 나는 레이저가 효과적이면서, 해를 끼치지 않는 듯한 조류 퇴치법이라는 말을 계속 듣고 있다. 톰 시먼스는 프레시 킬스에서 저녁마다 레이저를 썼다. 로열 팜 여행 안내소 직원들은 차량을 망가뜨리는 독수리에게 레이저를 써보았다. 레이저로 아무도 이해하지 못하는 파워포인트 슬라이드의 그래프를 가리키는 것만큼 값싸고 쉽게 새를 겨냥해서 쫓아 버릴 수 있지 않을까?

바티칸의 부활절 주말은 가톨릭 관계자들의 흥겨운 행사다. 전 세계에서 수녀와 사제가 모여들면서 성 바오로 광장은 졸업식이 열리는 대학 캠퍼스와 비슷해진다. 긴 예복 차림에 독특한 모자를 쓰고 셀카봉을 든 이들이 줄줄이 지나간다. 이곳에는 갈매기도 10여 마리가 있다. 성 바오로의 말끔한 머리 모양 같은 분수 안에서 시원하게 몸을 식히며 군중을 지켜본다. 그러나 이제는 퇴치할 필요가 전혀 없다. 화훼 업체 직원 여섯 명이 부지런히 꽃을 배치하고 있다.

앙드레 프레이터르스는 한 시간쯤 뒤인 오후 5시에 보안 검색대에서 나와 만날 예정이다. 그는 꽃들이 다 배치되기 전까지는 일을 시작할 수 없다. 레이저 광선이 모든 꽃에 닿도록 설치해야 하기 때문이다. 나는 돌아다니면서 기념품점과 주교들이 옷을 맞추는 양복점을 둘러본다. 바티칸 쇼핑의 하층과 상층이다. 나는 바티칸 스위스 경비병을 지나칠 때 말을 걸려다가 포기한다. 조금 지친 데다, 풍선처럼 부푼 줄무늬 바지를 입은 남성이 그다지 위풍당당해 보이지 않아서다.

나는 바리케이드 뒤에서 파울 데커르스가 마지막 조정 작업을 지휘하는 모습을 본다. 내가 여기서 돌아다니는 동안 그의 모습은 멀리서 언뜻언뜻 비치기만 한다. 가죽 등산화에 허리 가방(마찬가지로 가죽으로 된)을 찬 모습으로 내 시야에서 바쁘게 성큼성큼 오가는 모습이다. 내가 도착한 날 밤 그들이 머무는 호텔 카페에서 앙드레와 만나 이야기를 나눌 때 그가 잠시 모습을 비쳤다. 그는 2017년 갈매기 난장판 이야기를 하면서, 자신이 네덜란드로 돌아갔을 때 앞으로 바티칸 일을 할 때 쓸 좋은 해결책이 있는지 대중의 의견을 듣기 위해 텔레비전 방송에 출연했다는 말을 했다.

약 250명이 의견을 보냈는데, 이 상황 특유의 절박한 사정을 잘 이해하지 못한 의견이 대부분이었다. 내가 서 있는 곳에서는 사실상 교황의 침실을 들여다볼 수 있다. 누군가의 표현에 따르면, 〈고함치는 소리로 이루어진 사이렌〉이나 〈폭발 소리〉를 바티칸 시국의 주민들이 밤새도록 듣고 싶어 할 리가 없다. 내일 아침 미사에 참석할 때 〈지독한 냄새〉가 안개처럼 자욱한 광경을 보고 싶지도 않다. 또 비록 성 바오로 광장에 이미 십자가에 못 박힌 예수의 도상을 보완하는 인형이 설치되어 있긴 하지만, 그 발에 죽은 갈매기를 매달아 놓는 것을 받아들일 성싶지 않다. 게다가 앙드레는 인형이 밤에 효과가 있을 것이라고 보지 않았다. 갈매기는 주행성 조류다. 야간 근무조로 전환하여 로마의 쓰레기통을 습격하는 개체들도 나타나기 시작했지만, 인형의 발에 매단 오싹한 사체까지 볼 수 있을 만큼 밤눈이 밝지 못할 수도 있다. 나는 로버드가 궁금했지만, 니코 네인하위스는 그날 TV를 보지 않았던 모양이다.

앙드레는 데커르스가 TV에서 해결책을 달라고 요청한 다음 날 그에게 전화를 걸었다. 「나는 25년째 새 쫓는 일을 하고 있습니다.」 앙드레는 보헐버스리커르Vogelverschrikker라는 회사를 운영한다(허수아비를 뜻하는 네덜란드어다). 앙드레는 단색 레이저 광선 쇼에 쓰이는 레이저옵 오토매틱 200을 쓰라고 제안했다. 레이저는 조용하고, 인도적으로 보이며, 대개 적어도 일주일 동안 갈매기를 위축시킨다고 볼 수 있다. 주로 광선이 가장 눈에 띄는 어둠 속이나 빛이 약한 곳에서 쓰인다. 미국의 야생 동물국은 가마우지, 갈매기, 독수리가 사람들이 원하지 않는 곳에 둥지를 틀거나 배설물을 떨구는 것을 막기 위해 레이저를 써왔다.

이 레이저 광선은 녹색이다. 일부 새가 우리보다 더 잘 본다고 여기는 색깔이다. 몇몇 제조사의 웹사이트에는 새들이 이 광선을 공기를 가르며 다가오는 녹색 막대로 지각하기 때문에 레이저가 작동하는 것이라고 소개되어 있다. (나는 이 이론을 누가 내놓았는지, 그가 「스타워즈」 영화를 몇 번이나 보았는지 궁금하다. 살펴보았는데, 제품 설명서에 〈광선 검〉이라는 말은 전혀 나오지 않는다. 〈막대기 효과〉라는 말은 있다.) 비둘기와 찌르레기 같은 몇몇 종은 이런 식으로 보지 않거나 당황하지 않는다.

5시 정각에 앙드레가 와서 나를 데리고 성찬대로 향한다. 내일 8만 명의 가톨릭 신자와 관광객이 교황의 미사를 듣고 사제들이 돌아다니면서 주는 성체를 받겠지만, 지금 우리는 회색 플라스틱 의자들이 죽 늘어선 관중석을 둘러보고 있다. 앙드레는 레이저옵 오토매틱 200을 두 대 가져왔다. 하나로도 충분하겠지만, 알다시피 이곳은 바티칸이다. 그는 만일의 사태까지 대비하고 싶다. 레이저 장비는 하얀 상자 안에 들어 있다. 농장에서 보면 쌓아 놓은 벌통으로 착각할 수도 있겠다. 성 바오로 광장의 성찬대 발치에서는 이케아에서 구입한 세례반처럼 보일 수도 있지 않을까?

앙드레와 나는 청소부들이 낙엽 송풍기로 청소를 하는 소음이 가득한 가운데 대화를 시도한다. 「어떻게 조류 퇴치 일을 하게 되었나요!」 내가 소리 지른다.

그가 내 머리 옆쪽으로 몸을 기울인다. 「어, 나는 원래 농부였어요.」

나는 그럴 것이라고는 생각도 못 했다. 앙드레는 파울 데커르스가 화훼 업자처럼 보이는 방식으로 농부처럼 보인다. 그도 가죽 차림이다. 윤기 나는 검은 가죽 재킷을 입고 있으니까. 머리카락과 수염은 같은 길이로 바짝 깎았다. 청바지는 엉덩이에 걸쳐져 있다. 착 달라붙지는 않았지만, 농부의 청바지는 확실히 아니다.

앙드레는 양상추를 재배했다. 「품종은 아이스버그와 리틀젬!」 낙엽 송풍기 소음에 도중에 소리가 먹힌다. 〈리틀젬!〉이 운동 경기 응원 소리처럼 들린다.

샐러드를 좋아하는 동물들이 그의 상추를 뜯어 먹었다. 산토끼, 까마귀, 숲비둘기. 「숲비둘기는 속을 뜯어 먹어요. 가스 폭음기도 소용없었어요.」 (가스 폭음기 또는 프로판 대포는 밭에 설치해서 일정한 간격으로 폭음을 터뜨리는 신호탄 발사 장비다.) 「밭 전체에 그물을 칠 수도 있지만, 비싸고 관리하기가 힘들죠. 까마귀는 작물 밑에 지렁이가 산다고 생각해서 작물을 뽑아내곤 해요.」 나는 앙드레에게 갈매기가 수선화를 망가뜨린 이유가 무엇이라고 생각하는지 묻는다. 그는 그냥 호기심으로 그랬을 것이라고 생각한다. 「갈매기들은 생각했겠지요. 어, 뭔가 다른 게 있네. 먹을 수도 있지 않을까? 그래서 맛을 본 거죠.」

앙드레는 새를 좋아한다. 그는 새들이 해충을 없애는 데 도움을 준다는 점을 언급한다. 「새는 농부보다 먼저 있었어요. 나중에 농부가 식당을 차리자 새들이 와서 먹게 된 거죠. 대개 그런 식으로 일이 전개되지요.」

앞서 소개한 상원 의원처럼, 앙드레도 가장 효과적인 전략을 취했다. 직업을 바꾼 것이다. 아직 농부였던 어느 날 앙드레는 스케어리 맨의 제조사로부터 전화를 받았다. 정해 놓은 시각에 공기가 주입되면서 시끄러운 소리를 내며 부풀어 오르는 조류 퇴치 장치다. 「이렇게 말하더군요. 〈알다시피, 네덜란드에는 수입업자가 없어요. 할 생각 있나요?〉 나는 대답했지요. 〈좋아요. 할게요.〉」 앙드레는 스케어리 맨의 네덜란드 공식 수입업자가 되었다. 때로 고객들이 더 값싼 제품을 원했으므로 그는 곧 신호탄 발사기, 매 모양 연, 허수아비도 팔기 시작했다. 「세상에서 구할 수 있는 모든 조류 퇴치 장비를 다 구비했어요.」 한동안 그는 농사도 계속 지었다. 「새 쫓기와 양상추 재배를 함께 하려니 너무 벅차더군요.」 그는 조류 퇴치 쪽을 택했다. 시간도 더 남고, 수익도 더 나았다. 농사도 골드러시와 다를 바 없다. 당사자들이 가장 의지하는 물건을 만드는 사람은 모두에게 그 물건을 팔 수 있다.

앙드레는 전시된 꽃들의 경계선을 따라 걸으면서 몇 미터마다 쪼그려 앉아 레이저가 보이는지 살피면서 미흡한 곳을 적는다. 나는 수첩을 들고 따라다니다가 그의 집중을 방해하고 시선을 가린다.

「그냥 따라다니는 거예요.」

「알아요.」

광장 너머 어딘가에서 환호하고 박수 치는 소리가 합쳐지면서 점점 커지고 있다. 환영하는 소리다. 유명 인사가 탄 리무진이 멈추고 문이 열리고 레드 카펫에 내리는 소리다. 앙드레가 말한다. 「교황님이에요. 록 스타요.」

이번 주에 시내에는 많은 수녀가 와 있다. 나는 녹색 수녀복habit,

분홍 수녀복 차림의 수녀들도 보았다. 안 좋은 습관habit을 지닌 수녀들도 보았다. 흡연하는 수녀, 새치기하는 수녀다. 지금 수녀들은 웃음을 터뜨리며 팔을 흔들고 베일을 흩날리면서 달리고 있다. 성 바오로 광장 북쪽의 보안 출입구가 방금 열렸고, 맨 앞에 줄 서 있던 이들이 앞자리를 차지하기 위해 밀려든다. 프란체스코 교황이 대성당 안에서 집전하는 미사를 보기 위해서다. 그들이 야외 성찬대 위쪽으로 달려갈 때, 장대에 매단 스피커에 앉아 있던 갈매기 한 마리가 날아오른다. 자갈 바닥에 앉아 있던 두 마리도 따라 날아오른다.

　수녀들은 방금 식물로부터 새를 쫓아내는 가장 오래된 방법 중 하나를 보여 주었다. 시끄럽게 소리를 내면서 달리는 것 말이다. 1631년 거베이스 마컴은 까마귀를 비롯한 〈옥수수의 적들〉을 물리치는 가장 좋은 방법이 〈어린 남자아이에게 큰 소음을 내고 소리를 지르면서…… 파종하는 사람을 따라다니게 하는 것〉이라고 썼다. 이 풍습은 1869년 영국 의회가 아동 노동 실태를 상세히 조사한 자료에 담겨 있다. 최근에 영국 너니의 박물관에서는 이 아동 노동 관습을 주제로 한 전시회가 열리기도 했다. 대개 6~9세의 아이들이 이 일을 했다. 더 고된 농장 일을 하기에는 아직 힘이 달리는 나이였다. 아이들은 〈휘이〉 소리를 지르고 나무로 만든 조류 퇴치 장비를 두드리며 밭을 돌아다니는 대가로 약간의 돈을 받았다. 봄에 씨를 뿌릴 때 한 달 동안 일하고, 가을에 작물이 익을 때 다시 한 달 동안 일했다. 사실상 학업의 연속성이 끊겼다. 농민의 입장에서 보면 문제는 아이가 게으름을 피운다는 것이다. 한 농민의 말을 빌리자면, 〈아이마다 지켜볼 어른이 필요할〉만치 심한 사례도 있었다.

아무튼 아이는 어른이 하는 것만큼 새 쫓는 일을 해야 했다. 새 쫓는 일을 하는 어른은 드물지만, 지금도 있다. 그들을 고용하는 편이 비용 측면에서 효과적일 수도 있다. 나는 어느 정도 확신을 갖고 이 말을 하는데, 그 문제를 과학적으로 살펴본 사례가 있기 때문이다. 영국 농업 어업 식품부는 노퍽 북쪽에 실험 농장을 운영하는데, 여기에서는 〈조류 퇴치 방식〉도 실험하고 있다. 밀과 유채류를 키우는 밭들이 해안을 따라 펼쳐진 이곳은 흑기러기 3천 마리가 연간 상당한 작물을 먹어 치우기에 선택되었다. 줄리엣 비커리와 로널드 서머스는 이곳에서 프로판 대포 등 흔히 쓰는 방법들을 일주일에 6일씩 ATV를 타고 돌아다니는 〈상근 새 쫓는 사람〉과 비용 측면에서 비교했다. (연구자들은 성서의 한 대목을 떠올리게 하는 표현을 썼다. 〈7일째에는 농민이 흑기러기를 내몰았다.〉) 〈배설물 밀도〉를 써서 정량적으로 측정했을 때, 새 쫓는 사람은 새들이 먹는 시간과 밀도를 상당히 더 줄였다.

ATV를 구입하는 데 지출한 초기 비용을 감안해도, 새 쫓는 사람이 훨씬 더 효과적이었다. 소수의 농민들도 주목한 듯하다. 네덜란드 딸기류 재배자들은 열매가 익는 여름에 새 쫓는 일을 할 대학생들을 고용한다.

면적이 비교적 작다면 새 쫓는 사람을 고용하는 것도 좋다. 성 바오로 광장에서 꽃들을 배치한 면적은 2천 제곱미터에도 못 미치고, 이틀 밤만 지키면 된다. 새 쫓는 사람을 고용하는 단순하면서 비용 측면에서 효과적인 방식이 쓰일 만한 곳이 있다면, 바로 여기였다. 내가 데커르스의 해결책을 요청하는 방송을 보았다면, 나는 이렇게 전자 우편을 보냈을 것이다. 〈새 쫓는 사람을 고용할 생각은 해보았나요? 성찬대 주변에 앉아서 갈매기가 오는지 지켜보다가 새가 오면 쫓아낼 사람을 몇 명만 고용하면 되지 않을까요?〉 대신에 나는 로마에서 돌아온 뒤에 전자 우편을 보냈다. 데커르스의 답장은 이랬다. 〈아니요, 우리는 그 생각은 안 해봤어요. 그 생각을 안 했다는 것이 앙드레에게는 좋은 일이었네요!〉 정말 그랬다. 바티칸 시국은 채소 가게와 약국이 한 곳씩 있고, 극장은 없고, 레이저옵 오토매틱 200 조류 퇴치 장비가 두 대 있는 국가로 발돋움하고 있다.

앙드레가 레이저 장비의 뚜껑을 연다. 디지털 화면이 나타난다. 대니얼 크레이그가 그 위로 몸을 숙인 채 MI5 건물과 런던 연안 전체를 날려 버릴 폭탄을 해체하려고 시도하거나 살수 장치를 작동시키려고 프로그램을 조작하는 장면을 떠올리게 한다. 앙드레는 말한다. 「버튼이 다섯 개뿐이에요.」 시작 시간과 작동 간격을 설정하는 버튼들, 관리할 경계를 설정하는 버튼들이다. 「어느 농민이나 할 수 있어요.」

    큰 농장에서 새 쫓는 사람을 고용하다가는 인건비 부담이 커지거나, 끝없는 두더지 잡기 게임 상황이 벌어질 것이다. 앙드레가 설치한 것 같은 자동 시스템이 훨씬 더 나아 보인다. 태양 전지를 써서 전력을 공급하고 밭 면적에 맞추어 프로그램을 짜는 장치다. 이것이 조류 퇴치의 밝은 미래일까?

앙드레는 광선을 가로막고 있는 화분 하나를 끌어서 뺀다. 「5~6년 안에…….」 그는 말을 꺼내는데, 그 뒤에 나온 말은 내 예상을 벗어난다. 「아무도 레이저를 쓰지 않을 거예요. 위험하거든요.」 교실 강의용으로 파는 레이저 광선조차도 망막을 손상시킬 수 있다. 레이저 광선이 눈의 색소에 흡수될 때, 그 에너지와 열은 조직에 쌓인다. 빛이 촘촘한 광선 형태로 들어오고 눈의 수정체가 더욱 초점을 모으기 때문에, 이 광선은 에너지 밀도가 높다. 손상의 수준을 비교하자면, 발을 뾰족구두에 밟히는 것과 로퍼에 밟히는 것의 차이를 생각하면 된다.

앙드레는 레이저 보안경을 쓰지 않고 있다. 이유를 물으니, 그는 광선이 아래쪽을 향하고 있으므로, 눈이 손상되려면 광원을 들여다보아야 한다고 지적한다.

누가 과연 레이저 광선을 쳐다볼까? 손상을 입은 사람 중 80퍼센트는 사춘기 소년이다. 한 안과 의사 연구진이 직접 진료한 77명과 동료 수백 명에게 설문 조사를 해서 얻은 결과다. 연구진은 일부 아이들이 레이저 광선 오래 쳐다보기 게임도 펼친다는 것을 알았다. 레이저를 10초나 20초, 심지어 60초까지 쳐다보았다고 응급실 의사에게 털어놓았다. (그중에는 자해하는 행동 장애나 유전 장애를 지닌 소년들도 있다.)

떠나기 전에 나는 전직 국립 야생 동물 연구 센터 연구원이자 퍼듀 대학교 생물학자인 에스테반 페르난데스유리치치와 전화 통화를 했다. 그는 새가 조류 퇴치 레이저에 짧게 노출될 때의 안전성을 살펴보는 연구에 참여한 적이 있다. 그런 연구 중 최초로 이루어진 사례다. 이전의 안전하다는 주장들은 사람 눈의 초점 길이, 스펙트럼 감도, 눈 구조를 토대로 나온 것이었기에, 그는 〈새의 눈과 전혀 관계가 없다〉고 말하기도 했다. 에스테반은 레이저 광선이 시야를 가를 때조차 아예 반응하지 않는 종도 있다고 말했다. 「레이저를 보지 못하는 종도 있을 수 있어요. 우리는 알지 못해요. 그러니 반응하지 않는 종들을 더 주의 깊게 살펴야 해요.」 하지만 정반대 상황이 벌어질 가능성이 더 높을 수도 있다. 에스테반은 이런 종들 가운데 한 무리와 마주친 농민이 좌절하는 장면을 상상하면서 실감 나게 내뱉었다. 「그래, 잘했군, 잘했어! 더 해!」 그는 로베르토 베니니가 오스카상 수상 소감을 할 때처럼 흥분한 어조로 맛깔나게 표현한다.

레이저 제작업체들은 에스테반의 연구를 알고 있으며, 불편한 기색을 드러낸다. 그들은 농업용으로 대규모 장치를 제작해 왔고, 걸린 돈이 많다. 에스테반은 말했다. 「차마 말할 수 없는 이야기들이 있어요. 어떻게 표현해야 할지 모르겠는데…….」

「누군가가 연구 결과에 영향을 미치려 했다는 거죠?」 내가 한마디 했다. 「뇌물이었나요?」

「그 말이 실제로 일어난 일과 크게 다르지 않을 수도 있어요.」 에스테반은 대학교 법률 부서에 알렸다. 「이렇게 말했지요. 〈오, 맙소사. 도움이 필요해요. 이게……! 어휴.〉」

앙드레 프레이터르스는 에스테반이라는 이름을 들어 본 적이 없다. 놀랄 일도 아니다. 그 연구 결과는 아직 발표되지 않았으니까. 내가 집으로 돌아온 지 3개월 뒤에 에스테반은 예비 조사 결과를 내게 보냈다. 개략적이고, 레이저 이름도 빠져 있다. 그는 한 조류 퇴치 레이저 제작업체가 이 결과에 몹시 초조해져서 퍼듀까지 만나러 왔다고 했다.

　에스테반은 그들을 진정시키려고 애썼다. 「여러분이 이런 짓을 하는 나쁜 회사들이라는 말이 아니에요! 과학계와 협력해서 레이저가 작동하는 방식, 파장이나 세기를 조정하는 연구를 할 기회예요.」

　1년 뒤에도 그 연구 결과는 발표되지 않았고, 에스테반은 내가 보낸 전자 우편들에 계속 답하지 않았다. 나는 그가 잘 지내고 있기를 바란다.

2017년 부활절 꽃 습격이 있던 바로 그 시각인 5시경에 나는 무슨 일이 일어나는지 살피면서 성 바오로 광장을 걷고 있다. 레이저 광선이 성찬대 주변을 윙윙거리고 돌면서 식물마다 반딧불이만 한 불빛을 비춘다. 맡은 일을 잘하는 듯하다. 보안 울타리 뒤편에서 내 눈에 보이는 바에 따르면, 데커르스의 꽃들은 무사하다. 갈매기 서른 마리는 자갈 바닥의 열기를 피해, 광장 중심의 분수 바닥에서 잠자고 있다.

　주랑에 누워 있던 로마의 노숙자 10여 명이 깨어나 조용히 침낭을 말고 있다. 경찰차들은 10미터쯤 떨어진 곳에 주차를 하지만, 이들이 평화롭게 자도록 놔둔다. 이것이 프란체스코 교황의 친절하면서 부드러운 손길일까? 나는 그의 교황권이 그 이름의 연원인 가난한 이들의 친구이자 동물들의 친구인 성 프란체스코에게 얼마나 영향을 받았는지 궁금해진다. 현재의 교황권이 야생 동물을 성가시게 하여 쫓아내는 더 진보적인 접근법을 지지할까? 나도 안다. 우스꽝스러운 질문이라는 것을. 하지만 이왕 여기에 왔으니, 물어봄 직도 하다.

13
예수회와 쥐

교황청 생명 학술원의 야생 생물 관리 요령

바티칸 시국은 디즈니 매직 킹덤만 한 주권 국가다. 디즈니랜드처럼 관광객들이 갈 수 있는 곳이 있고, 관계자들만 들어갈 수 있는 곳이 있다. 나는 어느 쪽도 아닌 데다, 바티칸의 언론인 정의에도 들어맞지 않기에, 바티칸 시국 사무총장에게 편지를 쓰라는 말을 들었다. 도널드 트럼프에게 편지를 써서 미국에 들어가려고 시도하는 것과 비슷했다. 비록 효과는 더 있었지만. 내 편지는 담당자에게 전달되었고, 즉시 호의적인 답신을 받았다. 구글 번역기를 돌리니 다음과 같은 내용이었다. 〈기꺼이 기회를 제공하겠습니다, 친애하는 레이디, 특별한 경의를 표하며.〉 거기에 좀 어울리지 않아 보이는 서명이 붙어 있었다. 〈바티칸 정원 및 쓰레기 국장.〉

바로 그 국장이 파란 포드 포커스*를 타고 경비병이 지키고

---

* 프란체스코 교황은 포드 포커스도 탄다. 바티칸과 포드 포커스 사이에 무슨 관계가 있는 것일까? 포드 마케팅 부서의 에릭 머클은 전혀 없다고 말한다. 즉 우연의 일치

있는 바티칸 출입구 중 한 곳의 인도 옆에 도착했다. 라파엘 토르니니가 나와서 악수를 한다. 그는 격식을 차리지만 과하지는 않다. 남색 양복 차림이고, 좀 닳긴 했어도 말끔하다. 우리는 그의 집무실로 향한다. 거리는 좁고 대체로 비어 있다. 오가는 차량이 없는 도시, 아이들이 없는 나라처럼 보인다.*

「저기가 이탈리아와의 국경이지요!」 나는 토르니니의 시선을 따라 시국을 둘러싸고 있는 거대한 장벽을 바라본다. 갈매기 한 마리가 그 위로 활공한다. 평화의 상징이 있네. 나는 속으로 생각한다. 국경을 무시하고 장벽 위를 높이 나는 새다. 어떤 새든 간에 말이다! 평화, 자유, 통일! 에스프레소를 너무 마셨나 보다.

토르니니의 집무실은 수수하다. 창밖으로는 굵은 덩굴의 잎만 보인다. 통역사가 들어온다. 토르니니는 갈매기가 바티칸 정원에는 아무런 말썽도 일으키지 않는다고 말한다. 「여기에는 앵무새들이 살거든요.」 앵무새는 정원사가 심는 씨앗을 먹는다.

앵무새를 없애려는 노력은 전혀 하지 않는다. 「생태계의 일

다. 머클은 머스탱을 몰지만, 더 낮은 등급인 포커스를 옹호했다. 「시각적으로 선이 아주 멋져요.」 그는 포드가 유럽에서 터보차저를 갖춘 252마력 포커스 ST도 판다고 말한다. 「괴물이지요. 그 모델을 선택한다면요? 스포일러가 달려 있고, 앞좌석은 레카로 버킷 시트예요. 정말로 끝내주지요.」 교황이 타는 차가 포커스 ST였을까? 아니었다. 교황은 〈더 기본〉 모델을 택했다.

  * 스위스 근위대의 몇몇 고위직은 가족과 함께 바티칸 도시 국가 안에서 생활하지만, 지금까지 이곳에서 태어난 아기는 한 명도 없다. 바티칸 기자실에서 일하는 언론인 캐럴 글래츠가 임신 9개월째에 접어들었을 때, 함께 일하던 수녀가 아기가 바티칸 안에서 태어났으면 좋겠다고 말했다. 바티칸 시국에서 최초의 출생 기록부가 작성되는 셈이니까. 바티칸 국적을 가진 아기는 어떤 눈부신 혜택을 보게 될까? 전혀 없다. 바티칸 시민권은 출생이 아니라 행정부의 결정에 따라 부여되기 때문이다.

부지요.」 가톨릭 뉴스 서비스의 기자 캐럴 글래츠는 평화의 비둘기 소동을 다루면서 교황이 새 애호가라고 적었다. 교황은 앵무새를 한 마리 기른 적이 있다(그리고 욕을 가르쳤다).

프란체스코 교황은 실제로 동물 보호 운동을 펼친 아시시의 성 프란체스코의 세계관에 따라 국가를 운영한다. 토르니니가 현재 직위를 맡기 직전에 프란체스코 교황은 농약 대신 생물학적 방제를 하라는 칙령을 내렸다. 이후 말썽을 일으키는 벌레를 잡아먹는 곤충이 도입되었고, 정원의 나무줄기에는 박쥐가 서식할 수 있도록 박쥐 집을 달았다. 박쥐는 모기를 잡아먹기 때문이다.

우리는 바티칸 박쥐 집을 보기 위해 다시 토르니니의 차로 향했다. 목재로 만든 박쥐 집은 아주 산뜻하고 우아하다. 곧 우리는 깎은 풀을 쌓아 놓은 낮은 둔덕에 다다른다. 바티칸 퇴비 더미다! 저 뒤쪽에 쌓인 지 일주일쯤 된, 좀 독특한 유기물 쓰레기도 보인다. 성지 주일 때 썼던 정교하게 엮은 야자수 잎들이 쌓여 있다. 토르니니가 하나를 꺼내더니 내게 보여 준다.

노지에 쌓인 퇴비 더미는 동물을 끌어들일 수 있다. 바로 여기서 바티칸 유해 동물 방제라는 주제로 슬그머니 대화가 넘어간다. 나는 통역사에게 설치류 문제가 있는지 물어본다.

그가 토르니니에게 말할 때, 라티$_{ratti}$라는 단어가 귀에 들어온다. 통역사가 대답한다. 시$_{sì}$, 시. 바티칸에는 쥐가 있다.*

* 집에 돌아온 뒤, 나는 바티칸이 어떤 유해 동물 방제 회사를 이용하는지 알아보기 위해 웹 검색을 했다. 그러자 존재하지 않는 것이 분명한, 컴퓨터로 생성된 웹 페이지

시. 덫을 놓는지 묻자, 토르니니가 답한다. 그는 통역사에게 뭐라고 말한 뒤에, 덧붙인다. 「쥐를 막는 조치를 취해야 해요. 너무 많으니까요. 그리고 실제로 피해를 입히고 있으니까요. 기계도, 전선도 망가뜨리죠. 가능한 한 모든 것을 깨끗이 유지하려고 노력해요. 하지만…….」

「그러면 교황님도 쥐를 죽이는 데 찬성하시나요?」

토르니니는 프란체스코 교황을 만난 적도 없는데, 지금 교황을 대변해서 말해 달라는 요청을 받고 있다. 통역사는 그의 말에 귀를 기울인 뒤, 나를 바라보면서 말한다. 「직접 여쭤 보랍니다.」

물론 그럴 수가 없다. 대신에 나는 고위직과 전혀 연줄이 없는 냉담자가 할 수 있는 일에 가장 가까운 것을 하기로 한다. 나는 교황청 생명 학술원의 상근 생명 과학자인 카를로 카살로네 신부와 인터뷰를 한다. 생명 학술원은 일종의 가톨릭 싱크 탱크다. 위원은 교황이 임명하지만 성직자인지 여부, 아니 가톨릭 신자인지 여부도 따지지 않는다. 생명 학술원은 해묵은 과제(낙태, 안락사)부터 첨단 문제(유전자 요법, 인공 지능)에 이르기까지 다양

가 하나 떴다. 데라티차치오네 로마라는 〈최고의 바티칸 쥐 제거 서비스〉라는 제목 아래에 2쪽 분량의 제정신이 아닌 듯한 목록이 죽 나열되어 있었다. 진짜라면, 바티칸은 터무니없을 만치 유해 동물이 들끓는 곳이었다. 쥐잡기가 밤낮으로, 심지어 일요일에도 모든 건물의 모든 방에서 진행되고 있었으니까. 심지어 생쥐mouse에게도 쥐rat가 득실거렸다. 긴급 바티칸 쥐잡기, 야간 바티칸 쥐잡기, 바티칸 매점 쥐잡기, 일요일 바티칸 쥐잡기, 바티칸 쇼핑센터 쥐잡기, 바티칸 기계실 쥐잡기, 바티칸 승강기 쥐잡기, 바티칸 생쥐 쥐잡기. 열정 가득한 번역 소프트웨어는 심지어 교대 시간에 지친 쥐잡기 직원들이 이용할 음료 시설까지 창안했다. 설치류 간이식당 바티칸.

한 현안들에서 교회가 취할 입장을 제시한다. 성적 학대 추문이 퍼졌을 때는 교회의 대응 방안을 마련하는 역할을 했다. 나는 생명 학술원 언론 담당자에게 특정한 야생 동물을 유해 동물로 지정하는 문제에 학술원이 지닌 견해에 관심이 있다고 말했다. 즉 어떤 상황에서 어떤 종에 대한 박멸이나 잔혹한 행위에 맞서 도덕적으로 보호해야 할 대상에서 제외시켜야 할까? 나는 아시시의 성 프란체스코가 한 말을 인용했다. 쥐 이야기는 꺼내지 않았다. 그는 곧바로 답장을 보냈다. 아마 최근에 수신함을 가득 채우는 더 곤란한 질문들로부터 잠시 기분 전환을 할 기회가 아니었을까?

나는 성 바오로 광장에서 쭉 뻗은 비아 델라 콘칠리아치오네를 걷는다. 세 블록 떨어진 곳에 안타깝게도 기력 부족으로 몸이 떨리는 모습을 떠올리게 하는, 머리가 흔들리는 프란체스코 교황 인형을 파는 기념품점 맞은편에 캐러멜 색깔의 치장 벽토를 두른 상자 모양의 3층 건물이 보인다. 출입구 옆에 붙은 명판에 교황청 생명 학술원이라고 새겨져 있다. 물리적으로는 바티칸 시국의 국경 너머에 있지만, 공식적으로는 시국의 일부다. 즉 이곳을 방문할 때면 일종의 지정학적 성변화(聖變化)를 겪는다는 뜻이다. 이탈리아로 들어가지만, 여전히 바티칸 안에 있다.

카를로 신부의 집무실 벽은 흰색이고 아무 장식도 없다. 십자가를 장식으로 볼 수도 있겠지만. 토르니니의 집무실과 똑같았다. 바티칸의 호화로움은 레이저 빔처럼 박물관과 성당에만 집중되어 있는 듯하다. 카를로 신부 자신도 전혀 치장을 하지 않고 있다. 검은 바지, 검은 신발, 검은 버튼다운 셔츠에 하얀 태브 칼라 차림이다. 그는 낮고 평온한 어조로 말하며, 대화할 때 손을 움직이지 않는다. 즉 이탈리아 남성이 으레 하는 대화 습관과 거리가 멀다. 바닥은 대리석이지만, 나는 그가 걸을 때 발소리를 전혀 내지 않을 것이라는 생각이 든다.

이런 수수한 모습은 어느 정도는 프란체스코 교황의 영향 때문일 수 있다. 그리고 교황은 겸손하고 자연을 사랑하는 탁발 수사인 아시시의 성 프란체스코에게 영향을 받았다. 프란체스코는 교황이 되었을 때, 평범한 성직자용 공동 주택에 입주했다. 토르니니처럼 교황도 포드 포커스를 탄다. 이번 주에 나는 몇몇 회중의 발을 씻기는 의식이 포함된 성목요일 미사에 참석했다. 실제로 씻긴다기보다는 형식적인 몸짓에 더 가깝다. 발등에 물을 뿌리는 식이다. 가톨릭 뉴스 서비스의 캐럴 글래츠는 웃음을 터뜨리면서 말한다. 「교황이 씻는 솔까지 들고 다니면 딱 맞을 텐데요.」(그리고 맞다, 교황은 붉은 로퍼를 안 신는다.)*

---

* 나는 〈프라다〉라고 쓸 뻔하다가 교황의 신발인 캄파기campagi를 철저하게 조사한 디터 필리피의 평론서를 접했다. 맞춤 제작된 붉은 신발 사진이 1백 점 넘게 들어가 있다. 베네딕토 교황의 공식 제화공은 아드리아노 스테파넬리다. 그는 『에스콰이어 Esquire』가 교황을 〈올해의 액세서리 착용자〉로 뽑는 데 기여한 붉은 로퍼를 만들었고, 〈교황이 아파트 안에서 신는 특수한 슬리퍼〉도 제작했다. 바티칸 인근에 있는 교황과 성직자를 위한 맞춤 양복점인 가마렐리에는 전통적으로 새로 선출된 교황이 성 바오로 광장의 발코니에서 처음 모습을 보일 때 신는 의식용 붉은 로퍼를 만드는 제화공이 있다. 그리고 필리피는 119쪽에 달하는 이 평론서에서 거짓말을 하는 다른 이들을 비웃는다. 실바노 라탄치는 베네딕토 교황이 벨벳 슬리퍼를 신었다고 주장했다. 〈나는 가짜 주장이

그래서 나는 호기심이 동한다. 교황은 자연계와 야생 거주자들을 존중하고 보호하는 방향으로 얼마나 멀리까지 나아가야 한다고 생각할까? 내가 도착하기 전에, 생명 학술원 언론 담당자는 『우리 공동의 집을 돌보는 삶에 관하여 *On Care for Our Common Home*』라는 교황의 아름다운 회칙을 한 부 보냈다. 교황은 이렇게 썼다. 〈모든 생물은 나름의 목적이 있다. 어떤 생물도 불필요한 존재가 아니다.〉 교황은 성 프란체스코가 해나 달, 가장 작은 동물을 바라보다가 갑자기 노래를 부르곤 했다고 썼다. 나는 카를로 신부에게 그 대목을 읽어 준다.

그는 들으면서 고개를 끄덕인다. 「성 프란체스코는 자연과 인간 사이의 관계를 새롭게 했어요. 그의 시에는 물 자매, 해 형제, 달 자매 같은 표현들이 나오지요.」

「성 프란체스코가 쥐 형제도 포함시켰을까요?」 목화바구미 자매, 노스다코타 해바라기 작물의 2퍼센트를 게걸스럽게 먹어 치우는 찌르레기사촌 삼촌은?

카를로 신부는 그렇다고, 자신은 그렇게 생각한다고 말한

라고 굳게 확신한다.〉 라이몬드 마사로가 교황을 위해 뒤축 없는 슬리퍼를 만들었다고? 〈나는 교황이 그런 종류의 신발을 신은 적이 없다고 본다.〉 페라가모의 붉은 포도주색 로퍼가 〈교황 양식〉이라고? 〈교황은 그런 신발을 신은 적이 없다.〉 바티칸 문양이 찍힌 슬립온을 신었다고? 〈교황은 그런 디자인의 신발을 결코 신은 적이 없다.〉 장식 솔기를 박은 프라다 붉은 로퍼는? 〈거짓이다. 교황은 바느질 장식을 거부한다.〉 필리피는 신발 회사 중에서 베네딕토 교황이 자사 신발을 신었다고 타당한 주장을 펼칠 수 있는 곳은 딱 하나라고 말한다. 2009년 여름휴가 때 베네딕토 교황은 캠퍼 펠로타스 가죽 운동화를 신고 등산을 했다.

다. 「그는 죽음까지도 포함시킵니다.」*

「성 프란체스코가 설치류에 관해 한 말이 있을까요?」 머릿속에서 생각했을 뿐인데 나도 모르게 입 밖으로 튀어나온다.

「아니, 없어요. 하지만 요점은 형제애가 단순한 관계가 아니라는 겁니다. 우리는 형제자매와 대개 늘 다툽니다. 누군가와의 관계가 목가적인 양상만 띨 것이라고는 생각할 수 없지요. 사람과 지구 사이의 모든 관계에는 긍정적인 측면만 있는 것이 아니지요. 부정적인 측면도 함께 있습니다. 중요한 것은 그런 측면들을 어떻게 다루어야 할 것인가이지요.」 그는 훌륭한 사람이다.

「맞아요, 그런데 어떻게 다루어야 할까요?」 다 좋고 훌륭한 말이지만, 과연 어떻게 행동하는 것이 사람과 동물 모두에게 공정한 방식일까? 골프장의 캐나다기러기를 예로 들어 보자. 그들은 어떤 범죄를 저지를까? 잔디를 더럽힌다.** 여기저기 어지럽

---

* 죽음 자매 Sister Death. 여성이다. 또 알렉 K. 레드펀과 아이소어스가 낸 일곱 번째 앨범의 제목이기도 하다. 『시그널 투 노이즈 Signal to Noise』는 〈시스터 데스〉를 〈20세기 아메리카나, 카바레…… 동유럽 민속 음악, 시끄러운 록과 미니멀리즘의 탁월한 아말감〉이라고 묘사한다. 음, 어디에 각주를 달아야 할지 도무지 알 수가 없다.

** 그러나 인터넷에서 찾을 수 있는 믿을 만한 자료들이 말하는 것만큼은 아니다. 구즈 버스터스는 캐나다기러기가 하루에 약 1.4~1.8킬로그램을 배설한다고 말한다. 수도 워싱턴 내셔널 몰의 기즈 폴리스 서장은 하루에 약 0.9~1.4킬로그램을 싼다고 말한다. 보스턴의 한 시 의원은 〈하루에 무려 1.4킬로그램〉을 싼다고 말한다. 캐나다기러기 배설물 비방 운동은 뉴저지의 『몽클레어 로컬 Montclair Local』에서 정점에 이른 듯하다. 〈캐나다기러기 성체는 체중이 9킬로그램까지 나가는데, 하루에 자기 체중의 두 배가 넘는 양을 배설한다.〉 기러기 한 마리가 하루에 18킬로그램을 싼다는 말이다. 사실 말은 그만큼 싼다. 기자는 미국 농업부 관계자의 말을 인용했다. 그 산하 기관인 NWRC의 홍보 담당자에게 연락했더니, 농업부의 〈기러기, 오리, 물닭〉 사실 자료에 하루 총 배

힌다. 그런 이유로 누군가를 불러 그들을 잡아다가 가스실로 보내는 것을 허용해야 할까? 소수의 부유한 사람들이 구멍에 공을 쳐 넣고 싶어 하고 시국만 한 크기의 강박적으로 말끔하게 다듬은 표면을 원한다는 이유로 그들을 죽여 마땅할까? 잔디에 물을 주기 위해 낭비되는 물 자매를 생각해 보라. 어쩌면 기러기가 아니라, 골프를 없애야 할 때가 아닐까!

카를로 신부는 생각을 정리하는 중이다. 그중에 이런 생각도 있을 것이 확실하다. 〈이 사람 누가 들여보낸 거야?〉「먼저 우리는 그 활동을 〈자신이 어디에 있는가〉라는 맥락에 놓고 보아야 합니다. 골프장에서 일하는 사람에게 골프장은 무엇을 의미할까요? 사람들이 그 지역에서 직장을 구할 수 있는 곳이 거기뿐이라면, 자신이 하는 활동의 이 측면도 염두에 두어야겠지요. 두 번째로, 새들을 꼭 죽일 필요는 없을 겁니다. 다른 방법을 써서 다른 곳으로 가게 만들 수도 있겠지요. 진보적인 개입 방법을 생각하고, 그쪽으로 나아가야겠지요.」

설량이 약 0.7킬로그램으로 나와 있다고 알려 준다. 농업부 사실 자료의 작성자는 버지니아 공대 지역 협력단의 기러기 사실 자료를 참조했다고 했다. 그 사실 자료에는 〈연구들로…… 드러났다〉라는 말이 적혀 있지만, 어떤 연구인지는 인용이 안 되어 있다. 구글 학술 검색을 하니, 연구자가 딱 한 명 나온다. B. A. 매니로 실제로 야외로 나가 똥 덩어리의 무게를 쟀다. 캐나다기러기의 하루 배설물 총무게(젖은 무게)는 평균적으로 약 150그램에 불과했다. 버지니아 공대는 하루 0.7킬로그램이라는 값을 어디에서 얻었을까? 자료 작성자는 내가 여러 차례 전자 우편을 보냈지만 답장을 하지 않았다. 그러니 수수께끼로 남아 있다. 배설량을 떠나서 캐나다기러기는 자주 싼다. 매니는 캐나다기러기가 하루에 평균 스물여덟 번 싼다는 것을 알았다. 한 캐나다 연구진〈기러기는 자면서도 조금씩 배설을 한다〉고 적었다.

알 썩히기처럼! 이번에도 입에서 말이 불쑥 튀어나올 뻔했다. 몇몇 시 당국은 캐나다기러기의 개체 수를 줄이기보다는 둥지를 찾아서 알을 막 흔들거나 기름을 바른 뒤 둥지에 다시 돌려놓는다. 그러면 부모는 부화가 안 되는 알을 품게 된다. 캐나다기러기 배아를 인도적으로 죽이기 좋은 시점을 알아내기 위해, 미시간 천연자원과 조사단은 수만 개의 알을 조사했다. 그런 다음 알을 물에 띄워 나이를 알아내는 방법을 마련했다. 물에 뜨면 새끼가 꽤 자란 상태이고 알에 공기가 찬 빈 공간이 많다는 뜻이다. 미국 인도주의 협회와 PETA가 이 방법을 추천했으며, 나는 가톨릭 당국이 기러기 낙태에 관해 뭐라고 말할지 궁금하지만 카를로 신부의 속이 썩기를 바라지 않기에 다음 질문으로 넘어간다.

포식자는 어떨까? 예를 들어 반려동물을 죽이는 코요테는? 사람이 그 포식자를 죽이는 것은 윤리적일까? 포식자가 본능에 따라, 살아남기 위해 행동할 때?

카를로 신부가 책상 위에 놓인 스테이플러를 가지런히 놓는다. 「사람들의 감정도 염두에 두어야겠지요.」

「하지만 어느 쪽이 더 중요한지 어떻게 판단하지요? 사람들의 감정 대 포식자의 목숨 중에서요?」

문을 두드리는 소리가 나더니, 한 사람이 전통적인 이탈리아 부활절 케이크와 물병이 든 트레이를 밀고 들어온다. 「어, 산드로, 고마워요!」 카를로 신부는 다과가 나오자 기뻐하는 듯하다. 아니면 대화를 멈출 수 있어서일 수도 있다. 산드로는 물컵을 놓는다. 내 컵 테두리에 갈색 얼룩이 조금 묻어 있다. 카를로 신부는 말없이 자기 컵과 바꾼다.

케이크를 먹으면서 잠시 쉬는 동안, 나는 프란체스코 교황이 부활절 미사가 끝나고 전기 스쿠터를 타고 군중에게 그대로 노출된 채 사람들과 악수하던 일을 언급했다.

「맞아요, 보안 요원들을 미치게 만들죠.」 카를로 신부는 교황이 새 안경을 맞추어야 했을 때 벌어진 일화를 들려준다. 교황은 보안 요원에게 알리지 않은 채, 안경점을 방문했다. 안경사는 기뻐했지만, 나중에 좀 실망했다. 「교황이 말했어요. 〈안경테는 필요 없고 알만 새로 할게요. 테는 이미 있으니까요.〉 실제론 이렇게 말했지요. 〈테는 있어요. 알만 필요해요.〉」 카를로 신부는 그 일을 떠올리면서 재미있다는 듯 고개를 흔든다. 「믿어져요?」 그가 웃자 두 앞니 사이가 벌어진 것이 보인다. 간소한 옷과 규정에 맞게 깎은 머리 — 개인적으로 좋아하는 양식이 있다는 흔적이 전혀 없는 — 때문에, 그 틈새는 우발적으로 친근한 모습을 보여 주는 효과를 낳는다. 물어뜯은 손톱이나 흘러내린 브라 끈처럼.

이윽고 산드로가 트레이를 밀고 돌아와서 접시와 컵을 챙긴다. 카를로 신부는 산드로가 나가는 모습을 지켜보다가, 손님에게 고개를 돌린다. 「동물은 본능에 따라 행동하지요. 당신이 말한 코요테처럼요.」 그는 아주 시적인 단어처럼, 코디오테라고 발음한다. 「반면에 사람은 자유 의지가 있지요. 창조물의 청지기라는 책임을 맡고 있어요. 자연을 돕는 역할을 하지요. 우리는 생태계를 연구할 수 있지만, 동물은 못 해요.」 그는 사슴과 멧돼지가 지나치게 불어난 이탈리아 지역에서 사슴과 멧돼지를 잡아 수를 줄이는 대신에 늑대를 재도입한 사례를 인용한다. 「늑대에게 생태계의 균형을 잡아 달라고 요청했지요.」 그는 웃음을 짓는다. 틈새가 다시 보인다! 이 맛에 산다.

나는 하와이에서 사탕수수밭의 쥐를 없애기 위해서 인도의 몽구스를 들여왔다는 이야기를 들려준다. 사람들이 간과한 점은 쥐가 야생성인 반면, 몽구스는 주행성이라는 것이다. 몽구스는 쥐도 조금 잡아먹었지만, 바다거북의 알을 셀 수도 없을 만치 먹어 치웠다.

「그렇군요, 자 그만하지요.」 카를로 신부가 서류 가방을 집는다. 그는 열차를 타야 한다. 「세상이라는 복잡한 체계에서 우리는 자신의 행동이 어떤 효과를 미칠지 예측할 수 없지요. 그렇다면 어떻게 해야 할까요? 신중함이라는 원리에 따라 행동해야겠지요.」

전적으로 동의한다. 이탈리아 늑대 이야기가 나왔으니 말인데, 나는 나중에 늑대 도입이 정말로 사슴과 멧돼지의 수를 줄이는 데 기여했다는 자료를 읽었다. 늑대는 새끼를 쑥쑥 낳으며 불어났고, 이윽고 목장의 가축을 먹잇감으로 삼기 시작했다. 그러자 목장주들이 늑대의 수를 줄이라고 항의했다. 으레 일어나는 양상이다. 국립 야생 동물 연구 센터 홍보 담당자 게일 케언은 말한다. 「야생 동물 문제에서는 우리 스스로 많은 문제를 야기해 온 것처럼 보여요.」

아마 다음에 들를 곳이야말로 동물을 돌보는 청지기를 자임할 때 어떤 문제에 직면하고 어떤 원대한 깨달음을 얻는지를 가장 잘 보여 주는 장소일 것이다. 바로 뉴질랜드라는 아름다운 섬나라다.

14
친절하게 죽이기
유해 동물에게 누가 신경을 쓸까?

펭귄 무리에서 살아가려면 아주 뻔뻔해져야 한다. 짝짓기, 털 고르기, 먹이를 게워 새끼에게 먹이기 등 모든 행동을 다른 펭귄들이 빤히 지켜보는 가운데 해야 한다. 노란눈펭귄은 결코 그렇게 하지 않을 것이다. 이들은 다른 펭귄 부부의 눈에 띄지 않게 해안 덤불에 둥지를 짓는다. 우리 교외 거주자들처럼, 이들도 자기 공간과 사생활 보호를 추구한다. 그 대신에 통근 거리는 더 멀어진다. 뉴질랜드 오타고반도에 사는 노란눈펭귄은 바다에서 힘들게 먹이를 잡다가 저녁이 되면 해안을 가로지른 뒤 덤불을 헤치고 가파른 비탈을 올라 벼랑 위 둥지로 돌아간다.

엘름 야생 동물 관광을 이용하면 민영 보호 구역에서 몸을 숨긴 채 이 노란눈펭귄들이 바쁘게 귀가하는 모습을 지켜볼 수 있다. 오늘은 재치 있는 농담을 툭툭 던지는 엘름의 운영 관리자 숀 템플턴이 여행을 안내한다. 말끔하게 면도하고, 잘 그을린 머리를 한 숀은 젊어 보인다. 물범을 떠올리게 하는 커다란 갈색 눈이다. 물론 오늘 펭귄을 보러 가기 때문에 그럴 수 있다. 이곳 해변에는 코니아일랜드에 사람들이 바글거렸던 것처럼 기각류가 우글거린다.

오후 5시 정각이 막 지나자, 부서지는 파도 뒤쪽에서 펭귄 한 마리가 나타나 몸으로 파도를 타면서 올라온다. 펭귄은 최대한 해안선 가까이까지 물에 실려서 온 뒤에, 일어서서 침착하게 터벅터벅 걸어 올라온다. 노란눈펭귄의 입장에서는 서두르는 것이다. 작은 만(灣)을 두르고 있는 벼랑 아래까지 오자, 펭귄은 몸을 앞으로 구부리면서 무릎을 굽혔다가 펄쩍 뛰어 비탈을 오른다. 한 번에 조금씩 오르는 일을 꾸준히 이어 간다.

노란눈펭귄이 세계에서 가장 멸종 위기에 처한 종이 된 이유가 바로 이 때문이다. 아니, 적어도 어느 정도는 그렇다. 해안에서 멀리 떨어진 둥지까지 몸을 드러낸 채 오래 가야 하니, 포식자의 사냥감이자 먹이가 되기 쉽다. 늘 있어 온 물범과 바다사자뿐 아니라, 새로 들어온 포식자들도 노린다. 북방족제비, 쥐, 길고양이다. 노란눈펭귄은 전 세계에 약 4천 마리만 남아 있는데, 이 만에는 현재 마흔세 마리가 산다. 북방족제비는 이 계절에 이미 새끼 세 마리를 잡아먹었다. 숀은 계속 추적하고 있다. 그는 이곳에서 주로 지내는데, 엘름이 노란눈펭귄트러스의 보전 활동에 기여하고 있기 때문이다.

어스름이 깔리면서 펭귄들도 대부분 퇴근을 마친다. 이제 물개들이 돌아다니고 있다.

「여기 봐요.」 숀이 여기저기 흩어진 뼈들을 가리킨다. 꼬치

고기 두 마리의 머리와 등뼈다. 문어 뼈대처럼 보이는 것도 있다. 「바다사자가 게워 낸 가장 인상적인 흔적이지요.」 바다사자는 먹이를 통째로 삼킨 뒤 소화되고 남은 것들을 게워 낸다. 부엉이도 그렇게 하지만 덜 깔끔하다. 우리는 펭귄의 뼈가 없다는 사실에 기뻐한다.

숀은 관광업으로 생계를 유지하는데, 자연사학자가 본업에 더 가깝다. 나는 정확히 무엇을 기준으로 삼아 그렇게 부르는지는 모르겠지만, 다양한 동물 토사물에 인상적이라는 단어를 쓰는 사람이라면 그렇게 불러도 될 것이라고 생각한다. 이곳의 노란눈펭귄은 20년째 재앙에 시달리고 있다. 숀은 설명한다. 사람들에게 서식지를 빼앗기고 낚싯줄에 칭칭 감겨서 죽어 갈 뿐 아니라, 최근에는 조류 말라리아와 조류 디프테리아 같은 질병과 기아로도 죽어 간다는 것이다. 바다의 수온이 올라가면서, 이 새들이 먹는 저서성(底棲性) 어류들은 더 차가운 물을 찾아 수심이 더 깊은 곳으로 옮겨 가기 시작했다. 노란눈펭귄은 깊이 잠수할 수 있지만, 현재 이런 물고기들이 옮겨 간 곳까지 깊이 들어가지는 못한다. 하지만 가장 큰 피해를 입히는 요인은 아마 외래 포식자들일 것이다. 북방족제비 같은 종들이다.

현재의 감소 속도라면, 노란눈펭귄은 10~20년 안에 지구에서 사라질 가능성이 높다. 여기서 그들을 지켜볼 때 이 정보에 충격을 받지 않기란 쉽지 않다. 이들이 사라진다니! 이들이 어떤 존재인지 보라. 새빨간 사탕 같은 부리, 멋진 분홍색 장화 같은 발, 눈 주위를 가면처럼 덮고 있는 비스듬하게 뻗은 노란 털. 이들은 플래시Flash이자 1970년대의 데이비드 보위다! 이 사랑스럽고 화려한 종이 더 가치 있다거나 더 관심을 받아 마땅하다는 뜻으로 하는 말이 아니다. 그냥…… 어휴.

벼랑 위에서는 다시 만난 부부가 서로를 환영한다. 호들갑 떠는 모습을 보면 알 수 있다. 노란눈펭귄은 마오리족 말로 호이호hoiho라고 한다. 〈시끄럽게 떠드는 동물〉이라는 뜻이다. 쉿. 그렇게 말하고 싶어진다. 족제비가 들어! 너희가 자리를 비울 때까지 기다렸다가 새끼들을 잡아먹으러 온다니까.

이곳에서 위험에 처한 것은 노란눈펭귄만이 아니다. 뉴질랜드의 날지 못하는 모든 조류종(그리고 아직 날개를 쓸 수 있는 많은 종)도 마찬가지다. 수천만 년 동안 이 섬들에는 육상 포식자가 전혀 없었다. 그 때문에 이곳에 도착한 새들은 더 이상 날쌔게 날아서 피할 필요가 없었다. 그 결과 일부 종은 서서히 날개를 잃는 쪽으로 진화했고, 그 에너지를 생존에 더 도움이 되는 쪽으로 돌렸다.

그 뒤에 포식자가 출현했다. 다른 대륙에서 밀항하거나 들여온 동물들이었다. 침입종들은 해마다 약 2천5백만 마리의 뉴질랜드 고유종 새들을 죽인다. 가장 잘 알려진 키위뿐 아니라 카카포, 푸른오리, 쇠푸른펭귄, 케아(산에 살면서 사체를 먹는 앵무새)도 피해자다. 북방족제비는 노련한 살해자이며 나무도 잘 탄다. 알을 무척 좋아하지만, 어린 새도 잡아먹는다. 해마다 북섬의 갈색키위 새끼 중 40퍼센트는 북방족제비에게 잡아먹힌다.

북방족제비. 과연 누가 이들을 초청한 것일까?

시작은 토끼였다. 1863년 향수병에 걸린 유럽인 이민자들은 오타고 적응 협회를 설립했다. 당시 뉴질랜드에는 그런 단체들이 몇 개 있었다. 이 협회는 오타고 시골에 토끼 여섯 마리를 방사했다. 그들은 〈스포츠맨과 자연사학자가 예전 고국의 너무나 소중한 추억을 떠올리게 해줄 활동을 즐길 수 있을 것〉이라는 희망을 피력했다.

그 뒤에 벌어진 일은 한 지주가 과장되게 요약한 〈토끼 산수〉가 잘 보여 준다. 2×3=9,000,000. 토끼 두 마리가 3년 사이에 9백만 마리로 불어난다는 뜻이다. 1876년경에 오타고 지역 대부분은 토끼로 뒤덮였다. 토끼를 잡아먹는 육상 포식자가 전혀 없었고, 온화한 기후로 번식기가 늘어났다. 토끼가 양 목초지의 풀들을 다 뜯어 먹는 바람에 양들은 굶주렸다. 오타고 지주들이 포기한 땅은 4천 제곱킬로미터가 넘었다.

1881년경 정부는 행동에 나선 상태였다. 토끼 침해법Rabbit Nuisance Act을 제정했고, 총과 독으로 토끼를 잡는 토끼 감시원과 사냥꾼을 고용했다. 유럽에서 북방족제비와 흰족제비도 들여왔다. 이 〈토끼의 천적〉 약 8백 마리를 뉴질랜드 시골에 방사하고 법으로 보호했다.

그러나 북방족제비의 식단에 오른 종은 토끼만이 아니었다. 이 통 모양의 사나운 사냥꾼은 곧 새들을 먹어 치우러 나섰다. 알, 새끼, 작은 성체를 가리지 않았다. 대량 학살을 향한 행군이 시작되었다. 2019년 기준으로 뉴질랜드의 육상 척추동물종의 79퍼센트는 멸종 위협을 받거나 위험에 처해 있는 것으로 분류되었다. 조류 78종과 파충류 89종이 포함되었다.

2012년 뉴질랜드 정부는 다시금 조치를 취했다. 북방족제비를 수입하여 보호하던 나라가 이제는 제거하는 데 몰두하고 있다. 〈포식자 없는 2050년(PF2050)〉은 보전부가 가장 위협적인 세 침입종 포식자를 박멸함으로써 고유의 생물 다양성을 보호하고자 시행하는 정책이다. 북방족제비, 쥐, 주머니여우가 그 대상이다. (2050년은 보전부가 박멸 목표로 설정한 해다.) 시민의 참여 열기를 높이기 위해 활발하게 대중 운동도 펼쳐 왔다. 어느 국립 공원 안내소에 들르든, 포식자 없는 2050년 전시실을 볼 수 있다. 홍보 책자와 걱정스러운 통계 자료, 반드시 있기 마련인 북방족제비 박제도 있다. 박제는 날카로운 이빨을 드러낸 채 한쪽 발로 어떤 새나 알을 밟고 있는 자세를 하고 있다.

미끼는 소도시 전역에 뿌려진다. 동네 주민들과 농민들은 돌아다니면서, 보전부가 보급하는 덫을 수백 개씩 설치한다. 매달 발행되는 소식지는 성공 사례와 요령을 실은 기사들을 싣고 있으며, 〈행복한 덫사냥하세요!〉라는 인사말로 끝을 맺는다.

오늘 관광 일정에는 오타고의 조류 관찰뿐 아니라, 그들을 보호하는 데 쓰이는 다양한 보전부 덫들을 관람하는 것도 포함되어 있다. 포식자마다 특성이 있다. 숀은 말한다. 「고양이는 신선한 고기를 좋아해서, 미끼를 계속 갈아 주어야 해요.」

지구에는 길고양이가 보이지 않는 곳이 거의 없지만, 여기는 몇 마리 돌아다니는 수준이 아니다. 토끼를 잡아먹으라고 북방족제비와 흰담비 그리고 고양이도 방사했기 때문이다. 아예 그 목적으로 고양이를 사육하는 농장까지 있었다. 또 공급이 수요를 따라가지 못할 때면, 더니든 지역의 젊은이들은 도시를 돌아다니면서 집고양이를 훔쳐다가 팔았다.

그래서 안내소와 박물관에는 곁눈질로 노려보는 북방족제비와 함께 길고양이 박제도 전시되어 있다. 그 옆에는 고양이의 위장과 그 내용물까지 전시된다. 작은 발, 깃털과 뼈가 아크릴에 담긴 채로. 내 책상 위에 놓고 싶은 문진의 섬뜩한 판본 같다.

언덕에서 밴으로 돌아가는 길에, 새로 보급된 보전부 장비가 눈에 띈다. 알아서 재작동하는 굿네이처 A24다. 미끼는 관 끝에 놓여 있고, 그 앞쪽에 가느다란 유연한 금속 막대가 설치되어 있다. 머리가 막대를 밀면, 방아쇠가 당겨지면서 압축된 이산화탄소가 피스톤을 발사한다. 영화「노인을 위한 나라는 없다」에서 하비에르 바르뎀이 쓰던 별난 살인 무기를 떠올릴지도 모르겠다. 같은 메커니즘이다.

북방족제비는 덫으로 잡기 어려운 동물로 유명하다.「무언가에 머리 들이미는 것을 싫어해요.」숀이 말한다. 그렇다면 왜 관 끝에 미끼를 놓은 덫을 만드는 것일까? 이유는 머리, 더 구체적으로 말하면 뇌에 치명적인 타격을 입혀 즉사시키기 위해서다.

뉴질랜드는 침입종 포식자들을 없애면서도, 인도적으로 없애려고 노력한다. 브루스 워버턴이야말로 이 방면에서 가장 큰 기여를 하고 있는 사람이다. 내일 내가 크라이스트처치로 만나러 갈 사람이다. 워버턴은 더 인도적인 덫을 설계하고, 덫에 관한 동물 복지 기준을 마련하고, 새로운 덫이 그 기준에 맞는지 여부를 검사하는 데 관여한다. 그는 국립 유해 동물 방제청과 국립 동물 복지 자문 위원회 양쪽과 협력 관계를 맺고 있는 유일한 뉴질랜드인이다.

그렇다면 토끼는 어떻게 되었을까? 끈기, 저항, 증식을 통해, 토끼는 여전히 잘 살아간다. 북방족제비와 고양이와 토끼 사냥꾼에게서, 심지어 오스트레일리아에서 전파된 토끼 출혈열 바이러스에게서도 살아남았다. 숀은 올해 토끼가 더 늘어났다고 말한다. 토끼가 많아지자, 북방족제비도 번성하고 있다. 「북방족제비들이 지붕을 돌아다니네요.」 그가 이 아름다우면서 가슴 아린 곳으로부터 밴을 몰고 떠나면서 어깨 너머로 말한다.

서맨사 브라운은 코에 주근깨가 많고 귀에 착 감기는 뉴질랜드인 억양으로 말하는 젊은 생물학자로서, 빨리 죽이는 법에 관한 풍부한 지식을 갖고 있다. 샘은 뉴질랜드 왕립 연구소 중 하나인 랜드케어 연구소에서 브루스 워버턴과 일한다. 크라이스트처치 외곽에 있는 이 연구소는 생물 다양성과 지속 가능성에 초점을 맞춘다. 즉 보전 전공자들이 선망하는 일자리가 많다는 뜻이다. 물론 덫을 검사하는 일도 한다는 말을 들으면 조금 찜찜한 기분이 들기도 하겠지만.

워버턴을 기다리는 동안, 샘은 몇 킬로미터 떨어진 곳에 있는 검사소에서 찍은 동영상을 보여 준다. 이번 주에는 검사 일정이 없는데, 나는 실망하기보다는 안도한다. 나는 훌륭하면서 정서적으로 괴로운 일을 하는 연구진을 이해하고 존중하지만, 내가 과연 현장에서 지켜보고 싶어 하는지는 확신할 수 없다. 내 머릿속에 집어넣고 싶지 않은 것들도 있으니까.

설비는 단출하다. 삼각대에 고정한 카메라는 덫을 향해 있다. 어둠 속에서 한 사람이 스톱워치를 들고 기다린다. 나는 그가 어떤 기분일지 추측하기조차 어렵다. 샘이 동영상 아래쪽에 나오는 정보를 가리킨다. 「시간이 얼마나 흘렀는지 알 수 있어요.」 덫이 작동하는 순간, 관찰자는 스톱워치를 누른다. 치명적인 덫이라는 맥락에서 볼 때, 자비로움은 속도의 함수다. 그렇다, 죽음이 찾아오는 속도. 하지만 더 중요한 것은 실신 속도다. 아무것도 느끼지도 알아차리지도 못하는 상태가 되는 속도 말이다.

「노스랜드 지역 위원회의 고양이 덫을 검사하는 거예요.」 샘이 말한다. SA2 캣 덫은 길고양이뿐 아니라 주머니여우에게도 쓰인다. 오스트레일리아 고유종인 주머니여우는 19세기에 모피를 얻기 위해 뉴질랜드에 방사되었다. 그들은 새 서식지에서 번성했다. 새들이 의지하는 나무들을 먹어 치우면서 계속 불어나고 퍼졌다. 주머니여우는 하룻밤에 총 2만 1천 톤의 나뭇잎과 싹을 먹는 것으로 추정되며, 새알도 먹어 치운다.

화면에는 0.1초 단위로 영상이 비친다. 판독하기 어려울 만치 빠르게 상황이 전개되고 있다. 물론 자신이 덫에 걸려 있지 않는 한 그렇다. 내가 샘과 함께 제발 들어가지 않길 바라는 심정으로 30초 동안 말없이 지켜보고 있는데, 마침내 끔찍한 일이 벌어진다. 샘의 동료가 서둘러 달려가는 모습이 보인다. 나는 한편으론 그가 동물을 풀어 주었으면 하는 심정이다. 샘이 차분하게 설명한다. 「여기서 그랜트는 〈머리를 옆으로 돌리고 눈 옆쪽을 건드리려〉 하고 있어요.」 그는 눈꺼풀 깜박 반사가 일어나는지 검사하고 있다. 반사가 일어나지 않는 시점에 의식을 잃는 것이며, 그때 스톱워치를 멈춘다.

동영상에서 검사하고 있는 덫은 작동되는 순간, 금속 막대가 내려와 목을 꽉 누르게 되어 있다. 생쥐나 심지어 쥐도 이런 방식의 덫에서는 목이 부러지면서 즉사할 가능성이 있지만, 이런 덫에 걸리는 더 큰 동물은 교살된다. 목동맥이 눌려 뇌로 피가 가지 못함으로써 산소 공급도 끊긴다. 질식도 보조 역할을 한다. 막대가 숨길도 막을 수 있어서다. 질식도 최종 결과는 교살과 동일하지만, 혈액 공급 대신 공기 흡입을 차단하는 것이어서 시간이 더 오래 걸린다. 몸속에 피가 계속 돌면서 기존 산소가 고갈되는 데 시간이 걸려서다. 질식을 일으키도록 고안된 덫에서는 의식을 잃기까지 40~50초가 걸린다. (타란티노를 제외한 대부분의 영화감독은 교살을 5~10초로 단축시킨다. 더 오래 보고 싶을 관객이 어디 있겠는가?)

더 빠르면서 더 친절한 죽음은 머리를 강타함으로써 안겨 줄 수도 있다. 인도적이라는 말이 삶을 끝내는 것을 의미한다면, 뇌에 총알을 박는 것이 가장 나을 수 있다. 그래서 미국 수의학 협회가 내놓은 안락사 지침에는 〈알맞은 자리를 겨냥한 사격〉이 포함되어 있다.* 사실 세계 최초의 인도적인 덫은 미국 특허 등록

---

* 목 베기도 그렇다. 사실 기요틴 씨의 동기는 인도적인 것이었다. 예전에 과학 기기 목록에는 〈작은 동물 기요틴〉이라 불리는 것도 들어 있었다. 요즘에는 중고품만 살 수

번호가 269766번인 발명품이다. 1882년 텍사스 프레도니아의 제임스 알렉산더 윌리엄스가 고안한 것인데, 권총을 틀에 고정한 형태다. 출원서에 딸린 도안을 보면, 총구가 굴에서 나오는 설치류를 향해 있다. 유해 동물이 막대를 밟는 순간, 막대가 방아쇠를 민다. 그런데 출원 내용을 상세히 읽어도 윌리엄스 씨가 안전이나 인도주의, 더 나아가 설치류 방제에 많은 고심을 했다는 인상은 받지 못한다. 〈이 발명은 문이나 창문에 연결해서 그 문이나 창문을 여는 사람이나 동물을 죽이는 데에도 쓸 수 있다.〉

그렇다면 SA2 캣 덫 제작사는 왜 머리뼈를 강타하려고 하지 않을까? 인도적으로 머리를 타격하려면 타격 지점을 세심하게 정해야 하기 때문이다. 몸집과 위치 면에서 목동맥을 누르는 쪽이 정확성을 덜 따진다. 또 샘은 인도적으로 치명적인 타격을 입힐 만치 강하게 막대를 움직이려면, 덫을 칠 때 사람의 안전에 문제가 생길 수 있다고 말한다. 막대를 설치할 때 아주 힘을 주어 잡아당겨야 할 것이고, 자칫하다가는 손가락이나 뼈가 부러질 수도 있다.

북방족제비용 인도적인 덫은 머리에 타격을 입히도록 고안된 것들이다. 이 동물은 목이 아주 튼튼한 근육질로 이루어져 있고, 목동맥도 굵은 근육으로 보호되기 때문이다. 또 그 근육의 힘

있다. 적어도 온라인에서는 그렇다. 아마 안 좋은 쪽으로 주목을 받기 때문일 수도 있다. 기요틴이 얼마나 인도적이든 간에, 머리를 자르는 과정을 수반하므로 견디기 어렵다. 그리고 지금 나는 이렇게 말하련다. 이베이에서 중고 설치류 기요틴을 팔고자 한다면, 제발 사진을 찍기 전에 칼날을 좀 닦기를.

으로 목이 눌려도 빠져나올 수 있다.

샘은 북방족제비 덫 검사 동영상 화면에 나온 〈개량된 빅터〉라는 링크를 누른다. 북방족제비를 인도적으로 잡기 위해 예전에 빅터라는 상표로 판매되던 나무로 만든 포살 쥐덫을 개량한 것이다(워버턴이). 미끼 위에 성형 플라스틱 덮개가 달려 있는데, 이 덮개는 머리를 알맞은 방향으로 놓이게 해서 적절히 죽음을 맞이하도록 한다. 막대는 정확히 귀 높이를 때려 실신시킨다. 샘은 거의 즉시 의식을 잃을 것이라고 말한다.

「이미 흐느적거리기 시작하는 것을 볼 수 있죠.」 내 뇌는 받아들이고 있는 것을 더 온건하게 해석하고자 애쓴다. 봐, 1940년대에 멋지게 차려입은 귀부인의 목에 두른 털목도리라고 생각해.

스물두 살 때 나는 생쥐가 득실거리는 공동 주택에 살았다. 그래픽 디자이너인 룸메이트는 고딕체로 〈죽은 생쥐 수〉라고 적은 종이를 냉장고에 붙여 놓았는데, 내가 나올 무렵에 빗금이 서른두 개까지 그어져 있었다. 집주인이 고양이를 기르지 못하게 해서 우리는 덫을 썼다. 나무로 된 전형적인 싸구려 빅터 포살 덫이었다. 덫을 설치하고 죽은 쥐를 처리하는 일은 내 담당이었다. 나는 생쥐가 머리나 목을 맞아 즉사할 것이라 여기고 별생각 없이 덫을 설치했다. 그러다 다른 부위가 짓눌려 있는 생쥐를 볼 때마다 늘 움찔했다. 옆으로 눌려 있거나 어깨가 짓눌린 모습이었다. 한번은 마음을 바꾸어 돌아 나가다가 걸려서 주둥이가 눌린 생쥐도 보았다.

겔프 대학교의 생명 과학자 조지아 메이슨은 다양한 설치류 방제 방법들이 얼마나 인도적인지를 철저히 무심하게 비교했는데, 빅터 포살 덫에서 그런 식으로 죽는 생쥐는 4퍼센트라고 했다. 사실상 아주 뛰어난 수준이다. 메이슨에 따르면, 한 경쟁 제품은 다리나 꼬리가 눌리는 생쥐의 비율이 57퍼센트에 달한다고 했으니까. 메이슨은 그 대학교 부설 캠벨 동물 복지 연구 센터에서 행동 생물학을 공부했고, 그녀의 비교 연구는 학술지 『동물 복지*Animal Welfare*』에 실렸다. 그녀는 캐나다의 브루스 워버턴이다. 탁월한 인물이다.

요즘 빅터 기업은 워버턴의 〈개량된 빅터〉에 해당하는 제품을 판다. 퀵킬이라는 포살 덫이다.* 나는 이 덫을 판다는 사실에 그 기업을 칭찬하지만, 2019년 제품 목록에 끈끈이 덫도 여전히 실려 있다는 사실을 알고 실망한다.** 메이슨은 그 덫에 붙잡힌 동물이 끈끈이에 달라붙어서 오랫동안 고문을 당할 뿐 아니라, 빠져나오려고 애쓰다가 피부가 찢겨 나가거나 자신의 다리를 물어뜯기도 한다고 썼다. 방제 전문가가 그런 덫을 매일 점검해서 잡힌 설치류를 인도적으로 죽여야 하겠지만, 빅터를 비롯한 기

---

* 빅터 클린킬, 패스트킬, 스마트킬, 파워킬 덫과 혼동하지 말기를. 모두 상표 등록이 되어 있는 제품들이다. 빅터 법무 부서는 기본적으로 작은 설치류 살해라는 세계 전체에 상표 등록을 하고 있다. 킬바, 킬게이트, 킬볼트, 킬포인트, 멀티킬, 심지어 그들이 제시하는 상품 목록이 믿을 만한 것이라면, 철자 오류인 듯한 멀리트킬도 상표 등록이 되어 있다.

** 『설치류 없는 생활*Rodent Free Living*』이라는, 화보가 가득한 44쪽짜리 책자다. 많은 유해 동물 방제 회사가 이 용어를 쓰고 있다. 마치 생쥐와 쥐가 생활 방식을 선택하거나 그들을 재활 시설로 보낼 수 있다는 양 들린다. 나는 현재 6년째 설치류 없는 생활을 하고 있다.

업들은 끈끈이 덫을 온라인으로 아무에게나 판다. 집주인이 어떻게 다룬단 말인가? 그래서 수백만 마리의 생쥐와 쥐가 끈끈이에 달라붙은 채 서서히 탈수되어 죽음을 맞이한다. 메이슨은 처음 붙잡혔을 때 달아나려고 몸부림치다 주둥이가 끈끈이에 달라붙어 질식해 죽는 생쥐들이 차라리 더 낫다고 말한다.

끈끈이 덫은 뉴질랜드와 유럽 여러 나라에서는 불법이다. 나는 빅터 제품 관리자에게 끈끈이 덫 판매를 중단할 계획이 있는지 묻는 전자 우편을 보냈다. 믿어지지 않게도, 그녀는 답장을 하지 않았다.

샘의 사무실 문이 활짝 열린다. 워버턴이 덫이 가득 든 상자를 안고 들어온다. 그는 여기서 20년째 일하고 있다. 악수하기 위해 상자를 내려놓을 때 덜거덕 소리가 난다. 워버턴은 온화하면서 살짝 비꼬는 듯한 태도를 지니고 있다. 그는 딱히 남들의 마음에 들기 위해 애쓰지 않지만, 나는 모두가 그를 좋아할 것이라고 상상한다. 그는 흥미로운 혼종이다. 동물 윤리학자이자 사냥꾼이다. 나는 그에게 어떻게 인도주의 사업에 관여하게 되었는지를 묻는다. 그는 뉴질랜드 동물 학대 방지 협회가 유달리 몰인정한 찰코, 즉 양쪽에 톱날이 난 출렁쇠가 튀어 올라 발목을 무는 덫을 대체할 만한 새로운 인도적인 주머니여우 덫에 관심을 갖게 되었을 때라고 말한다. (주머니여우는 지금도 모피용으로 잡는다. 털로 실을 잣는다.)* 「그들은 그 덫을 우리 임업부 장관에게 가져왔고,

---

* 포섬 메리노Possum Merino는 아주 부드러운 털실 상표다. 나는 뉴질랜드에

장관은 우리에게 보내면서 〈이게 얼마나 좋을까?〉라고 물었죠.」 여기서 우리란 랜드케어를 뜻한다.

나는 내가 〈어떻게〉보다는 〈왜〉에 더 관심을 갖고 있었다고 추측한다. 그래서 질문을 바꿔 말한다.

워버턴이 대답한다. 「그들은 유해 동물이긴 하지만, 지각 능력을 지닌 동물이에요.* 고통을 느낄 수 있어요. 우리는 그 점을 염두에 두고, 그들의 고통을 최소화하기 위해 노력할 의무가 있지요. 그것이 바로 내 철학이 되었지요.」

워버턴이 가져온 상자에 들어 있는 덫은 대부분 기계적인 방식이다. 건드리면 탁. 내가 조사한 자료에 실린 새로운 것들은 어디 있지? 뉴질랜드에 오기 전에 나는 포식자 없는 2050에 참여한 연구자와 북방족제비와 쥐를 잡기 위해 개발 중인 인도적인 이산화 탄소 덫 이야기를 한 적이 있다. 동물이 터널로 들어와 적외선 광선을 지나칠 때 양쪽 문이 닫히고 이산화 탄소가 뿜어지는 식이다.

적절한 농도와 유량을 쓰면, 이산화 탄소는 인도적으로 죽음을 안긴다고 믿어진다. 이 기체는 미국 수의학 협회가 허용하

도착한 날 아주 예쁜 녹색 포섬 메리노 장갑을 샀다. 나는 주머니여우가 털을 깎는 동안 양처럼 얌전히 있는 모습을 상상했다. 그런데 워버턴은 주머니여우 털은 너무 짧아서 깎을 수가 없기 때문에 탈모 처리로 분리한다고 설명했다. 분리는 죽은 뒤에 하는 일종의 화학적 탈모 처리다. 나는 여전히 그 장갑을 낀다. 행복한 기분은 좀 줄어들었지만.

  * 뉴질랜드 동물 복지법에 나온 〈감각이 있는 sentient〉이라는 단어는 정의상 온몸의 감각기에서 뇌로 자극을 중계할 수 있는 신경계를 지니고, 그 신호를 지각된 감각으로 번역할 수 있을 만큼 발달한 뇌를 지닌 동물에 적용된다. 모든 척추동물에 문어, 오징어, 게, 바닷가재도 포함되지만, 내게는 다행스럽게도 굴은 제외된다는 뜻이다.

는 안락사 수단 중 하나다. 야생 동물 방제업자는 누군가의 고미다락에서 캐나다기러기나 미국너구리를 덫으로 포획할 때, 이산화 탄소 가스실로 보낼 수도 있다. 방제업자는 집주인에게 이 말을 하지 않을 수도 있고, 집주인도 묻지 않고 그저 방제업자의 웹사이트에서 본 인도적이라는 말이 포획한 동물을 어느 화창한 숲으로 데려가서 풀어 주는 것을 의미한다고 믿는 쪽을 택할 수도 있다. (후자가 가스실보다 덜 인도적일 수도 있다.)

이산화 탄소의 자비로움은 2018년 미국 수의학 협회의 인도적 종식 심포지엄에서 새로운 논쟁거리가 되었다. 이 심포지엄은 해마다 11월에 시카고 인근에서 열리는 동물 안락사 학술 대회다. 헉! 이산화 탄소 방식은 한 가지 난관에 처해 있다. 생물의 호흡을 어렵게 만드는 것은 혈액의 산소 농도 감소가 아니라 이산화 탄소 농도 증가다. 호흡 곤란으로 공황 상태에 빠지는 것을 피하기 위해, 빨리 끝을 내고 싶다. 그러나 그렇게 할 수 있을 만큼 농도와 유량을 충분히 높이면, 이산화 탄소는 점막에 접촉하여 산을 형성하기 시작하고, 동물은 목이 타고 컥컥 막히는 고통을 느낄 수 있다. 그러니 딱 맞추기가 무척 까다롭다.

인도적 종식 분야에 새로 등장한 또 하나는 전기 덫이다. 전기가 흐르는 이중 바닥이 있는 상자 덫이다. 동물이 안으로 들어오면, 몸무게로 위 판이 기울어지면서 아래 판에 닿는다. 그러면 전기 회로가 완성되어 동물은 전류에 감전된다. 워버턴은 주머니여우용으로 고안된 이런 장치를 검사한 적이 있다. 그는 동물 복지라는 관점에서 볼 때 성공이자 실패라고 말한다. 「판이 깨끗

할 때는 잘 작동하지만, 조금이라도 더러워지면 동물의 발목만 지져요. 그때는 그리 좋은 방법이라고 할 수 없지요.」 워버턴은 나와 마찬가지로 완곡어법과 중의법을 천성적으로 싫어하는 모양이다. 그의 말은 불쾌감을 일으키려는 의도를 띤 것이 아니라, 그냥 직설적이다. 평탄하게 낮은 목소리로 말한다. 이 책의 다음 몇 쪽에 걸쳐서는 느낌표를 쓸 일이 전혀 없을 듯하다.

조지아 메이슨은 랫 재퍼Rat Zapper라는 제품을 살펴보았다. 2천 볼트를 2분 동안 흐르게 하는 제품이었다. (이 과정이 진행되는 동안 집주인은 메시지를 받는다. 〈설치류 잡힘.〉 맛있게 저녁 식사를 하다가 갑자기 입맛이 떨어진다.) 감전되면 심장과 가로막 근육의 정상적인 움직임이 교란되어 죽는다. 심실 잔떨림과 호흡 곤란이 일어나 죽는다. 둘 다 뇌로 가는 산소의 공급을 차단한다. 이 근육 수축이 너무나 고통스럽다고 여겨지기에, 가축을 감전사시킬 때는 미리 — 또는 적어도 동시에 — 뇌에 전기 충격을 가해서 실신을 유도하는 것이 인도적이라고 본다. 이런 덫에도 그런 방식이 쓰이는지는 알 수 없다.

메이슨은 설치류를 잡는 모든 방식 중에서 좋은 포살 덫과 함께 잘 고안된 전기 덫을 가장 인도적인 것들로 꼽았다. 주된 이유는 빨리 죽인다는 것이다. 뉴질랜드에서는 덫이 3분 이내에 돌이킬 수 없는 의식 상실을 가져와야 인도적이라는 기준에 들어맞는다. 1분도 안 되는 시간에 끝나는 두 가지 덫의 시험 영상을 지켜본 터라 3분이 영원처럼 느껴진다. 워버턴은 내가 샘에게 그 말을 하는 것을 듣고 있다.

그는 덫들을 상자에 다시 담으면서 말한다. 「3분은 그리 나쁘지 않아요. 독은 더 오래 걸리거든요.」 바로 이 점이 북방족제비와 주머니여우와 쥐가 멸종을 일으키지 못하게 막는 계획의 안 좋은 이면이다. 포식자 없는 2050년은 의욕적인 시민들의 행복한 덫사냥보다 공중에서 독이 든 미끼를 뿌리는 일에 더 의존한다. 고유종 새들을 먹이로 삼는 동물의 수와 분포 양상을 생각할 때, 덫만으로는 다 잡지 못할 것이다. 그리고 모두 다 잡지 못한다면, 금세 다시 불어날 것이다. 쥐는 특히 그렇다.

뉴질랜드 보전부는 더 나은 독을 찾아 왔다. 인도적으로 죽이는 독, 다른 동물에게는 전혀 피해 없이 표적 침입종만 죽이는 독, 토양과 그 땅에 사는 동물의 몸에 축적되지 않는 독이다. 그리고 랜드케어는 그런 독들을 검사한다. 「아주 힘든 일이죠.」 워버턴은 말한다. 실험 대상자들에게 힘들기 때문이다. 다루는 기간이 몇 분이나 몇 초가 아니라 몇 시간 또는 며칠이기 때문이다.

검사는 랜드케어 본부에서 얼마 떨어지지 않은 덫 시험소 인근의 시설에서 진행된다. 워버턴이 차 열쇠를 꺼내 든다. 「보러 갈래요?」

구글에서 〈L 알약L pill〉으로 이미지 검색을 하면, L이라고 적혀 있는 저용량 아스피린 알약의 확대 사진이 많이 보일 것이다. 나는 검색 결과를 보고 깔깔 웃었다. 내가 찾으려고 한 L 알약은 제2차 세계 대전 때 고문을 받아서 기밀을 누설할 상황에 처할 수 있는 첩자들에게 보급된 것이었기 때문이다. L은 치명적lethal이라는 뜻이다. 이름이 시사하듯, L 알약에는 청산가리가 들어 있었다. CIA의 전신인 OSS는 청산가리(사이안화 칼륨)가 사람의 목숨을 빠르면서 숨기기 쉬운 방식으로 앗아 가기 때문에 선택했다.

조지아 메이슨은 다양한 설치류 독을 비교할 때, 사이안화물이 가장 인도적이라고 보았다. 사이안화물은 중추 신경계 활동을 억누르고, 피가 세포로 산소를 운반하는 능력을 간섭함으로써 일종의 화학적 질식을 일으킨다. 메이슨은 사이안화물 섭취를 다룬 두 개의 뉴질랜드 연구를 인용한다. 한쪽은 주머니여우가 먹은 뒤 1분에서 1분 30초 사이에 의식을 잃었다는 결과를 얻었고, 다른 한쪽은 약 5분이 걸렸다고 했다. 그사이에 고통스러운 근육 발작이 일어났고, 부들부들 경련을 일으킨 개체도 있었다. 뇌파 검사(EEG) 자료는 의식을 잃은 뒤에 경련이 일어났음을 시사하므로, 동물은 알아차리지 못했을 것이다.

그러나 구경꾼은 알아차릴 것이다. 겉모습이 중요하다. 미국의 주들은 약물〈칵테일〉을 써서 사형을 집행할 때, 근육을 마비시키는 약물도 포함시킨다. 그런데 호흡 근육을 마비시키는 쪽일까, 아니면 꽉 조이고 찡그리고 발작과 경련을 일으키는 근육들을 마비시키는 쪽일까? 나는 사형 정보 센터의 연구 및 특별 과제 책임자로 일했고, 오랫동안 사형수를 돕는 국선 변호인으로 일한 로빈 콘래드에게 물었다. 그녀는 주 공무원이 양쪽 다고 답했다고 하면서도, 자신은 항의를 불러일으킬 수 있는 불쾌한 시각적 효과를 피하려는 쪽으로 믿고 있다고 했다.

경련이 시각적으로 불편하게 만든다는 점이 아비트롤Avitrol이라는 유달리 섬뜩한 약의 작동 원리다. 농민들이 쓰는 이 화학 물질은 미끼 약 1백 개 중 한 개에 섞는 식으로 일부 미끼에만 섞어 밭에 뿌린다. 복권에 당첨되듯이 이 약물을 섞은 미끼를 먹은 동물은 날아올랐다가 날개를 마구 치고 꽥꽥거리다가 떨어져서 심한 경련을 일으키다가 죽는다. 그 끔찍한 광경을 목격한 무리의 나머지 개체들은 겁을 먹고 모두 그 밭에서 멀리 달아난다는 것이다.

1975년 온타리오 환경부 장관은 그 주에서는 인도적임이 입증된 농약만 쓰겠다고 선언했다. 아비트롤은 무시무시한 화학 물질로 쓰이지만, 독물이므로 검사에 포함되었다. 오타와 대학교는 EEG로 볼 때 해리성 마취제가 일으키는 것과 비슷한 의식 상실이 일어난 뒤에 경련이 일어났다고 결론지었다. 연구진은 아비트롤이 인도적이긴 하지만, 과학 증거가 〈그 효과를 지켜보는 이들의 견해를 결코 바꾸지 못할〉 것이라고 경고했다.

그 점에서 그들은 옳았다. 유튜브에는 아비트롤이 비둘기에게 미치는 영향을 찍은 동영상이 있다. 아니, 있었다. 그 새가 고통을 겪고 있으며, 연민과 분노를 표출한 댓글들이 달렸다. (적어도 여성들은 그랬다. 남성들은 이런 논조에 가까웠다. 〈이거 어디서 살 수 있어?〉 또 이런 댓글도 있었다. 〈비둘기들이 아무 데나 똥을 싸지르지 않았다면, 이런 일도 겪지 않았겠지.〉) 아비트롤 희생자들의 극적인 고통스러운 죽음은 다른 새들에게보다 사람들에게 더 혼란을 야기하는 듯하다. 두려움을 불러일으키는 흔한 장치들의 결과를 비교한 연구들에서 이 화학 물질은 맨 마지막에 놓였다.

미국 농업부 야생 동물국은 코요테에게 시달리는 목장주들을 위해 사이안화물 장치를 보급한다. 원래 장치는 1930년대에 개발된 것으로, 인도적 코요테 게터Humane Coyote Getter라고 했다. 이 장치는 사이안화물 주입기로서 땅에 묻은 뒤 그 위에 미끼를 붙인다. 코요테가 미끼를 물고 잡아당길 때, 독이 곧장 입으로 주입된다. OSS 사이안화물 알약의 코요테판이다.

독자는 여기서 어떤 문제가 발생했을지 짐작할 것이다. 미국 어류 야생 동물국이 1940~1941년에 조사한 결과, 게터가 찰코보다 자비로움 측면에서 더 나았고 — 왜 그렇지 않겠는가? — 표적 이외의 야생 동물이 사망하는 사례도 더 적었다. 그러나 조사 기간에 소 일곱 마리와 반려견 스물네 마리가 게터에 죽었기에, 사용이 줄어들기 시작했다. 나중에 개량된 장치인 M-44가 나왔는데, 2013~2016년에 반려동물과 가축 스물두 마리의 목숨을 앗아 갔고, 그 기간에 그것을 측량 표지로 착각하여 훔치려고 한 사람을 포함해서 여러 사람이 부상을 입었다. 적어도 한 차례 소송이 진행 중이며, 미국 네 개 주는 M-44 사용을 금지했다. 잘 가, 사이안화물아.

워버턴과 나는 칸칸이 늘어선 우리를 따라 걷고 있다. 대부분 비어 있다. 주머니여우 몇 마리가 걸어 놓은 삼베 자루 안에서 자고 있다. 그는 그 자루가 어미의 주머니를 떠올리게 하는 모양이라고 말한다. 우리는 흔하면서 값싼 쥐약인 항응고제를 이야기한다.

항응고제는 소량으로 혈액 응고를 막기 위해 쓰인다. 즉 수술 후에 누워 있는 환자에게다. (내 오빠 립은 와파린 처방을 받았을 때 내게 문자를 보냈다. 〈나 쥐약 먹고 있어.〉 정말로 그랬다.) 그러나 더 높은 용량의 항응고제는 모세 혈관에 생기는 미세한 파열을 메우는 혈액 응고를 방해한다. 그런 파열은 순환계에서 정상적으로 일어나는 마모와 찢김이다. 항응고제를 먹은 동물은 내부 출혈로 사망하는데, 워버턴은 매우 불쾌한 방식의 죽음이라고 말한다.

「출혈이 일어나는 부위에 따라 극심한 통증이 수반될 수 있지요.」 그가 덧붙인다. 게다가 그 죽음은 느리게 진행되며 설치류는 1~3일, 주머니여우는 일주일까지도 걸린다. 미국에서 일부 항응고제는 전문 방역업자만 쓰거나, 섬에서 토착 야생 동물을 위협하는 설치류를 박멸할 때에만 쓸 수 있다.

포식자 없는 2050년은 항응고제를 쓰지 않는다. 뉴질랜드의 침입종 포식자들에게는 1080을 섞은 미끼를 공중에서 뿌린다. 앞서 언급한 1080이 제2차 세계 대전 때 쓰였던 이야기를 생각할 때, 나는 지금도 이렇게 쓰인다는 사실을 알고 깜짝 놀랐다. 워버턴은 그 독의 영향 — 특히 주머니여우에게 — 이 인도적 스펙트럼에서 중간에 속한다고 말한다. 「마지막 몇 시간 동안 구역질을 하지만, 그리 심하지는 않아요.」 (예전에 덴버 야생 동물 연구소는 1080이 〈진행성 우울증〉에서 〈가장 격렬한 간질성 경련〉 — 개를 비롯한 극도로 민감한 종들에게서 — 에 이르기까지 종에 따라 아주 다양한 증상을 일으킨다는 연구 결과를 내놓았다.)

피해 정도가 다양하긴 하지만, 1080은 다양한 포유류와 조류를 죽인다. PF2050 미끼는 조류가 기피하는 색깔로 물들이며, 뉴질랜드에는 고유의 포유동물이 거의 없다. 박쥐 두 종뿐인데, 둘 다 알갱이 형태의 미끼에는 전혀 관심이 없다. 『뉴질랜드 생태 학회지 New Zealand Journal of Ecology』에는 투하된 1080 미끼에 죽은 조류 고유종의 개체 수가 〈무시할 만한〉 수준이라는 논문이 실렸다. 어쨌거나 포식자가 대량 살상됨으로써 새들이 얻는 혜택이 훨씬 크다.

뉴질랜드에는 토착 포유류가 거의 없지만, 도입된 사슴은 일곱 종이 있다. 적응 협회들이 사냥용으로 들여왔으며, 지금도 여전히 사냥되고 있다. 그리고 1080은 그들을 죽이고 있다. 워버턴이 회전 교차로를 돌면서 말한다. 「1080 작업을 하는 이들은 사냥꾼들에게 살해 위협을 받고 있어요. 사냥꾼들은 1080이 사슴에게 잔혹한 짓을 한다고 말하면서, 다가가 화살을 찔러 넣어요.」 워버턴은 살짝 웃음을 지으면서 말한다. 「나도 동의해요. 나도 사냥꾼이니까요.」 사슴 사냥꾼들을 달래기 위해, 일부 지역에서는 1080 미끼에 섞는 사슴 기피제가 개발되기도 했다.

1080의 또 다른 문제는 2차 중독이다. 다른 동물들이 북방족제비, 주머니여우, 쥐의 사체를 먹고 죽거나 앓을 수 있다. 반려견도 분명히 그렇지만, 산에 사는 앵무새 케아도 사체를 먹기 때문에 마찬가지로 2차 중독으로 죽곤 한다. 케아는 포식자 없는 2050년이 보호하고자 하는 고유종 중 하나다.

그래서 보전부는 케아 기피제도 필요하다. 「여기 있는 사람들은 실제로 다음 주에 케아 기피제를 섞은 1080을 실험할 예정이에요.」 그 실험을 맡고 있는 샘이 우리를 따라잡으면서 말한다. 「주머니여우와 쥐가 그런 미끼도 여전히 먹는지 확인해야 해요.」 독 미끼에 케아 기피제를 첨가하는 것이 탁월한 방안이라고 누구나 동의할 것이다. 아마 맛을 보는 데 재미 붙인 나 같은 사람이 있다는 것을 몰랐다면 말이다.

아메리카의 주머니쥐는 털이 없는 분홍색 꼬리와 긴 주둥이가 특징인데, 주머니여우는 온몸이 복슬복슬하다. 사람의 눈처럼, 아니 새끼 고양이나 자신이 믿어지지 않을 만치 귀엽다고 느끼는 어떤 동물처럼 두 눈이 얼굴 앞쪽을 향해 있다.

내가 입을 삐죽 내밀자 샘은 고개를 끄덕인다. 「알아요. 그저 케아의 죽음이 줄어들기를 바라는 거죠.」

우리는 다른 사육장들이 있는 곳으로 자리를 옮긴다. 워버턴이 말한다. 「이 녀석에게는 콜레칼시페롤이라는 일종의 비타민 D를 먹였어요. 1080의 대체물로 고려하고 있는 거죠.」 주머니여우는 이 물질에 아주 민감한 반면, 조류는 그렇지 않다. 「하지만 그다지 깔끔한 독은 아니에요. 몸을 석회화하지요.」 부드러운 조직들, 심장도. 「또 시간도 아주 오래 걸리고, 안 먹으려 해요. 어제 우리는 〈아니야, 더 실험할 필요가 없어〉라고 말하고 끝낼 것인지 논의하고 있었어요.」

워버턴과 나는 샘에게 작별 인사를 하고 랜드케어 본관으로 돌아가기 위해 주차장으로 향한다. 내가 방금 보고 배운 것들을 생각할 때 대중이 포식자 없는 2050년 사업을 전폭적으로 받아들였다는 사실이 좀 놀랍다. 1080 미끼는 8억 제곱미터의 면적에 대규모로 살포되기도 한다. 한 정부 홍보 책자에는 일정한 간격으로 미끼 다섯 개가 놓인 테니스장 그림을 써서 살포 방식을 설명하고 있다. 누군가가 페더러를 겨냥해서 놓은 것처럼 보이기도 한다. 주머니여우를 1만 제곱미터당 약 다섯 마리씩 잡는다면, 약 40만 마리가 죽는 것이다. 그리고 북방족제비와 쥐가 몇 마리나 죽을지 누가 알랴. 또 많은 사슴과 멸종 위기에 있는 새들도 이따금 죽을 것이다. 나는 1080 공중 살포가 이루어진 뒤의 상황을 기술할 때 〈죽은 숲〉이라는 용어가 쓰이는 것을 보았다. 환경 운동가들이 아니라 미국 농업부 쪽 사람들이 쓴 것이다.

뉴질랜드가 환경 보전에 힘쓴다고 널리 알려져 있다는 사실에 비추어 보면, 반감이 더 널리 퍼져 있을 것이라고 예상했다.

워버턴은 말한다.「아무도 눈치채지 못해요. 숲에서 밤에 뿌려지니까요. 낮에 이런 목초지에서 뿌린다면.」그는 차창 밖으로 머리를 기울인다.「허가 자체를 받지 못했을 거예요. 그래서 우리가 받아들일 만한 수준 이상으로 사회의 용인을 받을 수 있는 것이라고 생각해요. 게다가 이 동물들이 침입종이라는 사실도 한몫하고요. 미디어에서 이들이 유해 동물이고 우리 숲을 먹어 치우고 우리 새들을 죽인다고 말하는 기사들이 계속 실리는 덕분에 대중이 받아들이는 거지요.」

미디어만이 아니다. 포식자 반대 활동은 어디에서나 찾아볼 수 있다. 뉴질랜드 국립 공원의 기념품점에는 장난스럽게 도로에서 깔려 죽은 모양으로 만든 스쿼시드 포섬Squashed Possum 초콜릿을 판다. 멸종 위기에 처한 새들이 그린치 얼굴을 한 북방족제비에게 용감하게 맞선다는 동화책도 인기다. (〈녀석과 싸워서 이길 방법이 전혀 없어! 우리는 죽을 거야!〉)

워버턴은 북방족제비를 혐오하지 말라고 한다. 「북방족제비는 작지만 놀라운 동물이에요. 경이로울 만치 나무를 잘 타고, 경이로운 포식자이기도 하지요. 자기보다 더 큰 동물에게도 달려들어요.」 워버턴을 특히 더 짜증 나게 하는 것은 멸종 위기종을 죽이는 반려동물에 적용되는 이중 기준이다. 주로 고양이들이 그렇다. 「나는 고양이가 질색이에요.」* 뉴질랜드 왕립 협회로부터 동물 복지 연구에 크게 기여한 공로로 동메달을 받은 사람이 한 말이다. 워버턴은 고양이를 반려동물로 키우는 것을 불법화하고 싶어 한다.

「잘되기를 바랄게요.」

「내 말은 지금 키우는 고양이는 계속 키우고, 새 고양이를 들이지 말라는 거예요.」 그렇지 않으면 〈포식자 없는 2050년〉은 사실상 〈멸종 위기 조류 집단을 전멸시키는 집고양이와 《키위 회피 훈련》을 받지 않는 한 키위 성체를 죽이는 개를 제외한 포식자 없는 2050년〉이 된다. 주머니여우와 북방족제비에게는 몹시 부당해 보인다. 남편 에드가 한 말이 계속 떠오른다. 주머니여우들

---

* 뉴질랜드인은 그런 식으로 말한다. 팬케이크록스 해변 위로 높이 솟은 벼랑 끝에는 관광객들에게 울타리를 넘지 말라는 경고판이 있는데, 끝에 이렇게 적혀 있다. 〈멍청이가 되지 맙시다.〉

이 서로에게 뭐라고 할지 상상해 보라고. 사람들은 왜 우리를 증오할까? 이유가 뭐야? 장갑에 쓸 멋진 털실도 주는데……

아무런 조치도 하지 말라고 주장하는 뉴질랜드인들도 있을까?

「있지요.」 워버턴은 말한다. 「충분히 오래 놔두면 새로운 균형이 이루어질 것이라고 주장하는 사람들이 있어요. 사라지는 종도 있겠지만, 다른 종들은 적응할 거라고요. 또 특정 지역을 정해서 포식자를 관리할 수 있다고 말하는 사람들도 있고요.」 섬이나 울타리로 둘러싼 지역이나 오타고반도 같은 곳에 멸종 위기에 처한 야생 동물들을 많이 모아서 보호하자는 뜻이다. 야생 동물 관광도 활성화할 수 있다. 「심지어 우리가 뉴질랜드 전체를 박멸할 수 있다고 생각하는 이들도 있지요.」

워버턴의 입장은 중간 어딘가에 속한다. 「현실적으로 우리는 이 섬 전체를 그렇게 할 여력이 없어요. 1만 제곱미터당 뉴질랜드 화폐로 5백~1천 달러가 들어요. 26만 제곱킬로미터에 그런 돈을 쏟아부을 수가 없어요. 그리고 쥐는 다시 돌아올 수 있고요.」 으레 그렇듯이, 항구에 정박한 배를 통해서다.

내가 보기에 PF2050 운동은 기존 적응 협회들의 활동과 어느 정도 공통된 DNA를 지닌 듯하다. 이상적이면서 한결같은 모습을 유지하는 생태계가 있다는 믿음을 갖고 늘 알고 있던 방식으로 자기 주변의 땅을 보고 싶은 욕망이 엿보인다. 그러나 생태계는 늘 진화하고 있다. 워버턴은 말한다. 「사슴이 하층 식생을 먹어 치워 숲을 변화시킨다고 싫어하는 식물학자들도 있어요.

하지만 예전에 여기에는 하층 식생을 먹어 치우는 모아가 살고 있었지요.」 모아는 에뮤와 비슷하지만 훨씬 더 컸고, 오래전에 사냥당해서 멸종했다. 「따라서 그들은 모아의 멸종 이후, 사슴을 도입하기 이전의 숲을 복원하려고 하는 거지요.」

뉴질랜드 남섬을 돌아다니다 보면 곳곳에서 〈야생화 침엽수〉의 위험을 경고하는 표지판과 마주친다. 소나무들! 소나무들이 땅과 생활 방식에 위협을 가한다! 부족한 물을 빨아들인다! 상징적인 풍경을 훼손한다! 내가 아는 한, 실패로 끝난 사업의 산물이다. 이 침엽수들은 원래 방풍림을 조성하기 위해 심었는데, 지금은 전역으로 퍼지고 있다. 게다가 아주 멋진 풍경을 이룬다! 국립 야생화 침엽수 방제 사업 관계자들에게는 미안한 말이지만. 우리는 어디에서 선을 그어야 할지 알기가 어렵다. 무엇을 구해야 할지, 얼마만큼 비용을 들여야 할지 정하기가 어렵다. 어제 해변에서 나는 노란눈펭귄의 멸종을 막으려는 어떤 조치도 지지할 준비가 되어 있었다. 오늘은 확신이 덜하다. 어떤 종을 보전하기 위해 다른 종을 죽인다는 것을 평온하게 받아들이기가 어렵다.

어느 정도는 예전에 쓰였던 방식 때문이다. 독물은 1945년에 그렇게 쓰였다. 지금은 더 나은 방법이 있지 않을까?

15
사라지는 생쥐
유전자 드라이브의 섬뜩한 마법

모두가 생쥐를 먹고 싶어 한다. 매도, 코요테도, 스컹크도, 여우도, 쥐도 원한다. 생쥐는 해부학적 방어 수단을 전혀 갖추지 못한 영양 덩어리다. 독액도 없고 지독한 분비물도 없으며, 가시도 등딱지도 없다. 생쥐로서는 안전한 곳에 숨는 것, 그것도 아주 빨리 숨는 것이 최선이다. 그리고 생쥐는 그 방면에서 매우 뛰어나다. 자기 머리가 들어갈 수 있는 구멍이라면 얼마든지 비집고 들어갈 수 있다. 의욕이 있다면 자기 몸길이의 네 배까지 제자리에서 높이 뛰어오를 수 있다. 내가 생쥐라면, 먼저 열심히 달려오지 않고서도 6미터 높이의 벽을 뛰어오를 수 있을 것이다. 또 내 우편함의 투입구로도 지나갈 수 있을 것이다.

나는 연구 논문과 동영상을 살펴보았다.* 애런 쉴스의 컴퓨

---

* 스미스소니언 보전 생물학 연구소의 윌 피트는 NWRC와 함께 이 연구를 했다. 조사한 집생쥐들은 모두 지름이 13밀리미터인 구멍을 통과하여 먹이를 먹을 수 있었다. 그 지역 집생쥐들의 평균 머리 두께였다. 내 친구 스테프는 덜 공식적인 증거를 제시한

터에서다. 그는 콜로라도 포트 콜린스의 국립 야생 동물 연구 센터 본부에서 탈출 불가능한 생쥐 서식지를 만드는 연구를 해온 야생 동물학자다. 그 서식지는 한마디로 요약하자면, 방만 한 크기의 모사 자연환경simulated natural environment, 줄여서 스니SNE다. 오늘 아침에 애런이 보여 주고 있는 것이다. 각 생쥐에게는 인식 칩이 이식되어 있고, 스니의 두툼한 바닥 밑에는 칩 인식기가 있어서 각 생쥐가 어디에 있는지를 파악한다. 벽은 매끄러운(오를 수 없도록) 플라스틱판이고, 바깥쪽에서 나사로 고정했다. 나사를 안쪽에서 박아 놓으면 암벽 등반가가 거의 알아볼 수도 없을 만치 살짝 튀어나온 지점을 손가락 끝으로 붙잡고 오르듯이, 생쥐가 나사 머리를 잡고 자리를 확보한 뒤 뛰어오를 수 있다. 스니의 접합부마다 금속판을 덧대었고, 스니가 들어 있는 방 자체도 구석구석까지 다 메웠다. 생쥐는 이빨을 꽂을 수 있는 곳이라면 나무, 플라스틱, 벽돌, 알루미늄 등 무엇이든 쏠아서 구멍을 내기 때문이다. 생쥐의 앞니는 저절로 날카롭게 갈리는 끌과 같다. 앞니는 앞면보다 뒷면이 더 부드러워서, 생쥐가 입을 다물면서 위 아래의 이빨이 맞닿을 때마다 아랫니에 윗니의 부드러운 뒷면이 갈려 가장자리가 저절로 날카로워진다. 설치류rodent의 영어 단어는 〈쏠다〉라는 뜻의 라틴어에서 나왔다. 생쥐는 아주 잘, 그리고

다. 어느 무더운 날에 개와 함께 산책을 하고 돌아오는 길에 그녀는 트럭 바닥에 굴러다니는 물병을 집었다. 한 입 마시는 순간 썩은 맛이 났다. 살펴보니 병 안에 죽은 생쥐가 들어 있었다. 「병원에 갈 필요는 없을 것 같네요. 하지만 정신과 의사는 찾아가야 할지도 모르겠어요.」 그녀가 물을 뱉었다는 말을 듣고 간호사가 말했다. 스테프는 나를 위해 충실하게 다시 가서 머리 크기를 쟀다. 물병 입구의 크기와 딱 맞았다.

빠르게 쏟며, 그 일을 너무나 빠르게 잘하기에 쏟아 낸 가루가 숨길을 막지 못하도록 이빨 사이의 틈새를 통해 양쪽 뺨 안으로 가루를 빨아들인다.

스니의 현재 거주자는 그리 중요하지도 않고 보호할 필요도 없는 생쥐들이다. 이 보안 장치들은 장래 거주자들을 위해 고안된 것이다. 바로 수컷만 낳도록 유전자 변형을 한 생쥐들이다. 그리고 유전자 드라이브gene drive라는 과정을 통해 자연적으로 퍼지는 것보다 훨씬 더 빨리 이 형질을 퍼뜨리게끔 했다. 유전자 드라이브는 앞으로 침입종 방제에 쓰일 가능성이 있는, 섬 전체에 독을 뿌리는 방법을 대체할 가능성이 있는 수단이다.

모든 유전자 변형처럼, 유전자 드라이브도 어떤 이들을 불편하게 만든다. 대중뿐 아니라 과학계에서도 불편하게 여기는 이들이 있다. 가장 눈에 띄는 인물이 제인 구달이다. 그래서 생쥐를 가공하기 전에 그들을 가둘 서식지를 가공하는 작업이 이루어져야 한다. 애런은 그런 공간을 조성하고 탈출이 불가능함을 매우 신뢰할 만한 수준으로 보여 주는 연구를 하고 있다. 생쥐조차도 탈출하지 못한다는 것을 말이다.

「그런데 뉴스마다 내 이름이 나오는 거예요.」 2017년 감염성이 아주 강한 세균에 감염된 엘크 한 마리가 NWRC 바로 옆에 있는 미국 농업부 수의국 시설에서 탈출했다. 「사람들은 우리 시설에서 나왔다고 생각했지요.」 애런은 눈이 담갈색이고, 적갈색 머리를 어깨까지 기르고 있다. 오늘은 고무 밴드로 묶었다. 나는 앞서 정문에서 보았던 사람이 애런임을 깨달았다. 경비원이 내 신분증을 확인하고 있을 때, 누군가 묶은 긴 머리를 휘날리며 빠르게 스쳐 지나갔다. 마치 문에 충돌할 것처럼 보였다. 그가 아침 출근 시간에 맞추어 달려가고 있었던 것이다.

멸종 위기에 처한 섬 고유종들을 유린하고 죽이는 모든 침입종 가운데 생쥐는 해악 면에서 순위가 그리 높지 않다. 그러나 바닷새 포식자가 전혀 없는 곳에서 진화한 섬의 바닷새들에게 문제를 일으킬 수 있다. 한 예로, 생쥐는 미드웨이 환초의 앨버트로스들을 끊임없이 괴롭히고 있다. (2015년 야생 동물 카메라에는 생쥐들이 알을 품고 있는 앨버트로스들을 덮쳐서 뜯어 먹는 섬뜩한 장면이 포착되었다.)

그러나 유전자 드라이브 시험 대상으로 생쥐를 고른 것은 바닷새 보전 때문이 아니다. 과학이 생쥐를 잘 알기에 택한 것이다. 동물의 유전체를 만지작거리려면 먼저 그 유전체를 해독해야 하는데, 생쥐 유전체는 이미 다 해독되어 있다. 게다가 생쥐는 몇 주마다 새끼들을 낳을 수 있다. 유전자 드라이브는 여러 세대를 거치면서 효과를 발휘하므로, 자신이 퇴직하기 전에 데이터를 얻고 싶은 연구자들은 번식 속도가 빠른 이 종을 선호한다.

지금까지 스니를 탈출한 생쥐는 한 마리뿐이다. 교도소 탈출 영화의 한 장면 같았다. 생쥐는 바닥에 깔아 놓은 톱밥과 대팻밥 깊숙이 굴을 파고 들어갔다가, 직원이 톱밥을 교체하러 왔을 때 쓰레받기에 숨어들었다. 그리고 세탁물 카트를 통해 탈출했다! (다음 날 구내 외곽에 설치한 덫에 잡혔다.)

스니는 지금 조용하다. 생쥐들은 자고 있다. 이들은 굿네이처 A24의 실험 대상이다. 이 쥐덫이 생쥐에게 작동하는지, 그리고 인도적으로 작동하는지를 알아보는 실험이다. 현재 문제가 되는 것은 미끼인 듯하다. 무성한 열대 환경에서 미끼는 자연의 먹이 자원과 경쟁할 수 있으려면 대단히 혹할 만하게 만들어야 한다.* 애런이 내게 굿네이처 미끼가 든 병을 건넨다. 달콤한 냄

* 미국 정부는 괌에서 새를 말살시키고 있는 침입종인 갈색나무뱀을 없애기 위해 아세트아미노펜(진통제인 타이레놀)을 뿌린 갓 태어난 죽은 생쥐 새끼(반려동물로 뱀을 키우는 이들에게 〈핑키〉라고 불리는)를 미끼로 삼았다. 그러나 핑키는 값이 비싼 데다, 사흘이 채 지나기 전에 뱀조차 먹지 않으려 할 만치 상하기 시작한다(〈푸르뎅뎅해지고⋯⋯ 부풀고 액체가 새어 나오고 악취를 풍기다가 결국 터진다〉). 그래서 대체할 미끼를 찾는 15년간의 연구가 시작되었다. 뱀은 우리와 달리 먹이를 씹으면서 음미하지 않으므로, 값싼 재료로 만든 심 — 해면과 천연고무가 시도되었다 — 에 거부할 수 없는 유인제를 입힌다는 생각이 먼저 떠올랐다. 그리고 필라델피아 모넬 화학 물질 감지 센터에서 10여 가지가 넘는 재료를 써서 실험했는데 뱀을 꾀는 데 모두 실패했다. 로크포르 치즈, 흰개미 유인제, 가금류 지방, 돼지 태아 껍데기, 앵초 기름, 이유식도 먹히지 않았다. (연구자인 브루스 킴볼은 이유식 제조사가 반발할 것이라고 예상했지만, 모두 기꺼이 참여했다. 반면에 타이레놀 업계는 싸늘하게 외면했다.) 이윽고 좋은 것을 찾아냈다. 다진 통조림 고기를 심으로 삼은 〈생쥐 버터〉였다.「스팸을 역설계했지요.」 킴볼은 뿌듯한 어조로 내게 말했다. 그런 자부심을 갖는 것도 당연했다. 스팸은 저렴하고, 적어도 일주일은 상하지 않으며, 개미가 꾀지 않는다. 그리고 괌 주민들처럼 뱀도 불가해할 정도로 아주 좋아한다. 해결해야 할 또 한 가지 과제는 나무뱀이 있는 곳(그리고 다른 동물들이 없는 곳)에 미끼를 놓는 것이었다. 핑키는 장난감 군인처럼 비닐 낙하산을 매달아 헬기에서 숲 위로 떨어뜨렸다. 그러면 낙하산 줄이 나뭇가지에 걸려 매달렸다. 세금이 아주 유용하게 쓰인다. 하지만 실처럼 가느다란 낙하산 줄을 여섯 개씩 하나하나 손으로 미끼에 매다는 것은 몹시 〈지겨운〉 일이었고, 괌 전역에 뿌리려면 미끼가 2백만 개는 필요했다. 지금은 일종의 〈공중 살포 방식〉이 쓰인다. 생분해성 옥수수 전분 테이프를 붙인 다진 통조림 고기 미끼를 헬기에 장착한 일종의 기관총으로 쏘는 것이다. 그러면 나무에 엉켜 달라붙는다. 결과는? 갈색나무뱀은 괌의 조류 고유종 12종 가운데 9종을 빠르게 없애고 있는 반면, 미 해군, 농업부, 어류 야생 동물부의 공동 노력은 아직까지 국면을 전환시키는 데 실패했다.

새가 나지만 맛은 그렇지 않은 초콜릿과 코코넛을 섞은 찐득이다. 선탠로션을 먹는 것 같다. 나는 애런에게 묻는다.

「먹어 봤어요?」 그는 혐오와 혼란과 딱함이 뒤섞인 표정을 짓는다. 「껌 줄까요?」

많은 이가 그렇듯이, 나도 유전 공학과 그것이 가져올 미래에 약간의 불안감을 가지고 있다. 또 많은 사람처럼, 나도 그것이 어떻게 이루어지는지 아주 조금 알고 있는 수준에 불과하다. 오늘 오후 내 계획은 아주 조금보다 조금 더 아는 사람이 되는 것이다. 위층의 오래 말하기 방Long Speak Room에서 센터의 야생 동물 유전학자와 만날 약속을 잡았다. 정부 회의실에 딱 맞는 재미있는 명칭이다(그러나 안타깝게도 아니다. 나중에 문으로 다가가서 보니 롱스 피크 방Longs Peak Room이라고 적혀 있었다).

나는 지금 본관 로비에서 안내해 줄 사람을 기다리는 중이다. 로비에는 당연히 박제품들이 전시되어 있다. 잘라 낸 전봇대 꼭대기에 지어진 둥지에서 퀘이커앵무 가족이 자세를 취하고 있다. 이 디오라마는 내가 앉은 의자 옆 작은 탁자 위를 대부분 차지하고 있어서, 나는 새들의 바로 밑에 커피 컵을 놓을 수밖에 없다. 왠지 좀 꺼림칙하다.

이윽고 안내인이 오고 우리는 계단으로 향한다. 복도마다 연구 포스터와 사진발이 잘 받는 〈성가신〉 종들의 모습을 확대한 인쇄물들이 붙어 있다. 가마우지, 들다람쥐, 비버도 있다. 야생 동물 담당 기관과 유해 동물 방제 기관의 웹사이트에도 이런 사진들이 실려 있는데, 나는 그것들을 볼 때마다 늘 기분이 안 좋다. FBI의 복도에 죽 붙어 있는 선량해 보이는 연방 범죄자들의 얼굴 사진을 언뜻 떠올리게 해서다.

롱스 피크 방에서 나는 토니 피아조 옆에 앉는다. 보전 유전학 전문가다. 그녀 자신도 유전자를 잘 물려받았다. 우아한 광대뼈, 눈부신 지성, 윤기 나는 검은 머리칼, 깊은 인내심을 갖추었다. 토니가 젊은 동료 케빈 오를 소개한다. 마찬가지로 유전학자다.

유전자 드라이브를 해야 하거나 할 수 있는 단계에 이르려면, 먼저 어떻게 할지를 알아야 하는데 이 부분은 아직 불안정하다. 유전자 드라이브는 두 가지 독특한 과정을 거친다. 첫째로 사람들은 적어도 대략적으로는 유전자 변형, GM, GMO가 무엇인지 안다. 크리스퍼-캐스CRISPR-Cas, 또는 줄여서 크리스퍼라는 기술을 통해 이루어진다. 모기가 말라리아를 옮길 수 있게 하는 형질을 만드는 유전자 같은 표적 유전자를 선택하고, 케빈이 〈분자 가위〉라 부르는 크리스퍼를 써서 그 유전자를 싹둑 자른 뒤 변형시킨다. 이 사례에선 배아 발생 초기에 이 유전자 편집을 한다. 기껏해야 수십 개의 세포로 이루어진 시기다. 이후 새로 생기는 모든 세포는 이 변형된 유전체를 지닐 것이다.

크리스퍼는 세균이 본래 지니고 있는 것이다. 파지라는 바이러스에 맞서 자신을 지키는 방어 수단의 일부다. 이 방어 체계는 바이러스의 DNA를 자르는 효소를 포함하며, 어떤 바이러스를 처리했는지를 기억한다. 케빈의 표현에 따르면, 〈분자 바코드)다. 따라서 같은 바이러스가 다시 침입하면, 그 유전자 서열을 읽고 싹둑 자를 것이다. 유전학자들은 이 크리스퍼 읽기-자르기 체계를 잘 구슬려서, 변형하고 싶은 DNA 부위를 정밀하게 표적으로 삼아 편집하는 데 쓰고 있다.

「그런데 그 효소를 어떻게 집어넣죠?」 나는 아이처럼 캐묻는다.

「생쥐 배아에 주사하는 거죠. 말 그대로요.」 케빈이 대답한다.

「음…… 아주아주 작은 인형 놀이 주사기 같은 거로요?」 나는 직접 보고 싶다.

그러자 토니가 끼어든다. 「다른 방법들도 있어요. 우리는 배양 접시에 배아를 담그는 방법을 써요.」

효소는 세포 안으로 들어간다. 죽 훑다가 맞는 것을 찾으면 삑, 싹둑.

가위와 바코드 리더기, 인형 놀이 주사기로 생쥐의 유전체를 변형시켰다고 하자. 이제 이 생쥐는 암컷을 낳을 수가 없다. 이런 생쥐를 침입종 생쥐들이 우글거리는 섬에 충분히 풀어놓으면, 생쥐 개체 수는 줄어들기 시작할 것이다.

그런데 〈충분히〉가 어느 정도를 뜻할까? 바로 여기에서 유전자 드라이브가 등장한다. 정상적인 멘델 유전에서는 이 새로운 형질이 자식의 50퍼센트에 나타날 것이다. 자식의 유전자 중 절반만 수컷에게서 물려받기 때문이다. 유전자 드라이브가 하는 일은 그 유전자가 100퍼센트 전달되도록 만드는 기구를 지니게 하는 것이다. 그러면 유전자 드라이브 생쥐로 태어나는 모든 생쥐는 그 형질을 지닐 것이다. 성공한 유전자 드라이브는 한 형질이 집단 전체로 퍼지는 데 걸리는 시간을 줄일 것이다.

그런데 여기에 한 가지 문제가 있다. 유전자 드라이브 개체들이 충분히 침투할 수준까지 섬 개체군에 섞으려면, 제거하려는 종의 개체를 대량으로 풀어놓아야 한다는 것이다. 섬 개체군의 크기에 따라서는 실험실에서 태어난 유전자 드라이브 개체를 상당히 많이 풀어놓아야만 국면이 바뀔 수 있다. 따라서 유전자 드라이브는 상황을 개선하기 전에, 먼저 일시적으로 상황을 악화시킬 것이다. 이 때문에 설치류를 대상으로 이 방식을 쓸 경우, 먼저 쥐약을 공중에서 대량 살포하는 조치가 이루어질 가능성이 높다. 우리가 더 이상 쓰지 않으려고 하는 바로 그 방제 방식을 쓰는 것이다. 그 뒤에 마무리 작업과 유지 관리 사업의 형태로 유전자 드라이브 개체들을 풀어놓는다. 그러면 생존한 개체들과 모든 새로 태어날 개체는 수가 점점 줄어들다가 결국 사라질 것이다. 수가 다시 불어나는 바람에 또 쥐약을 우박처럼 뿌릴 필요가 없어지도록 말이다.

현재까지 알려진 바에 따르면, 유전자 드라이브는 꽤 까다롭다는 것이 드러나고 있다. 유전자 드라이브 메커니즘은 반드시 정확히 복제되는 것이 아니다. 그리고 배아 발생 과정 때 조작할 수 있는 시기는 아주 짧아 보인다. 너무 일찍 하면 배아가 죽고, 너무 늦게 하면 유전자 변형이 제대로 이루어지지 않는다. 야생 생쥐의 짝짓기 습성도 문제를 일으킬 수 있다. 야생 생쥐가 예전에 생각했던 것보다 훨씬 더 일처다부제 양상을 띤다는 사실이 최근에 밝혀졌다. 즉 한배에 태어나는 새끼들의 아비가 서로 다를 수 있다. 이 때문에 일이 더 오래 걸릴 수도 있고 유전자 드라이브 수컷을 훨씬 더 많이 풀어놓아야 할 수도 있다.

더 근본적인 수준에서 보면, 기존 집단이 유전자가 변형된 새로운 개체들과 번식을 기피할 가능성도 있다. 자연에서 세계 각지의 섬과 지역에 사는 생쥐들은 각자 다른 방향으로 진화하기 시작한다. 반드시 다른 아종 수준까지 진화하는 것은 아니지만, 서로 번식을 피하는 수준까지 달라질 수도 있다. 내 오른쪽으로 몇 자리 떨어져 있는 독성학자 캐서린 호랙이 말한다. 「실험실에서 이런 생쥐를 만들 때에는 그 섬에 사는 야생 생쥐들에게 매력적으로 보이도록 해야 돼요.」 실험실 생쥐Laboratory *Mus musculus*는 야생 생쥐wild *Mus musculus*와 놀라울 정도로 다르다. 호랙이 일화를 들려준다. 「실험실 생쥐는 손에 올리면 그냥 가만히 앉아 있고 싶어 해요. 처음 야생 생쥐를 연구할 때 나는 깜짝 놀랐어요. 얘, 왜 이래? 뛰어올라서 내 얼굴을 물어뜯으려 했어요.」 (따라서 고도의 보안 장치가 된 서식지가 필요하다.) 스니에서 가장 먼저 할 실험 중 하나는 짝짓기다. 유전자 드라이브 개체와 야생 개체를 교배해 방제하고자 하는 야생 집단에게 충분히 매력적으로 보이는 혈통을 만드는 것이다.

유전자 드라이브 생물의 우려되는 점 하나는 방제하려는 지역 ─ 그리고 집단 ─ 너머로까지 퍼져 나갈지도 모른다는 것이다. 그리고 퍼져 나간 곳에 사는 개체들이 그들과 번식하는 것을 주저하지 않을 수도 있다. 야생화한 돼지를 대상으로 〈수컷만 낳는〉 유전자 드라이브 개체들을 만들었는데, 그중 한 마리가 기르는 집돼지와 짝짓기를 했다고 하자. 돼지 사육 농가는 기뻐하지 않을 것이다. 이것이 바로 과학자들이 먼저 물리적으로 고립된 집단을 대상으로 실험하려는 이유 중 하나다. 외딴 무인도에 사는 설치류 침입종이 그렇다. (들르는 배가 없는 섬이라면 더 좋다. 생쥐와 쥐는 배에 숨어드는 것으로 악명이 높으니까.)

우려되는 시나리오를 피할 방법은 있다. 다른 곳에서 흘러든 생쥐가 짝짓기를 못 하게 만들 수 있는 바로 그 유전자 표류를 안전장치로 활용할 수 있다. 유전학자들은 특정한 섬이나 지역의 개체군이 지닌 독특한 유전자 바코드를 표적으로 삼을 수 있다. 토니가 말한다. 「크리스퍼는 이 생쥐 집단에만 있는 유전체를 찾아서 자를 수 있어요. 설령 누군가가 몰래 그런 생쥐를 다른 곳으로 옮긴다 해도, 그 지역 집단에 스며들 것이라고 걱정할 필요는 없을 거예요.」 몰래 숨어서 운반될 때도 그렇다. 샌디에이고에 있는 캘리포니아 대학교 연구진도 안심할 소식을 내놓았는데, 유전자 드라이브를 중단시키거나 더 나아가 되돌릴 수 있는 가능성을 제시했다. 2020년 가을에 나온 논문에는 초파리를 대상으로 한 두 개의 새로운 유전자 드라이브 제어 방식이 담겨 있다.

캐서린 호랙은 전혀 다르면서 유전자 드라이브보다 덜 불안을 일으키는 방법을 연구하고 있다. 바로 간섭 RNA, 즉 RNAi다. 여기서 내가 의아해하는 점은 이것이다. 죽이는 것은 미끼이지만, 미끼에 독은 전혀 들어 있지 않다는 것이다. 종 특이성을 띠는 유전적 해결책이지만, 표적 종의 유전체를 전혀 변형하지 않는다. 이런 점들은 이 방법의 장점으로 작용한다. 표적 이외의 종들에게 영향을 미치지 않고, 환경에 안전하고, 잘못되어 문제를 일으킬 리가 없다. RNAi는 생물이 지닌 기구를 토대로 한다. 바이러스의 RNA를 찾아내 파괴하는 효소다. 따라서 표적 동물의 생명 과정에 중요한 단백질을 찾아 그것을 바이러스의 RNA처럼 보이도록 조작한 뒤, 간섭 기구가 알아서 파괴하도록 놔둔다. 물론 생명에 중요한 단백질은 수백 가지나 된다. 호랙은 고통 없이 빠르게 끝장낼 만한 단백질을 찾아낼 것이다. 아마 신경이나 심장과 관련된 단백질일 것이다.

　RNAi 미끼의 문제점은 산(酸)과 효소로 가득한 소화관을 통해 유전 암호가 담긴 섬세한 가닥을 보내야 한다는 것이다. 호랙은 생화학자들과 함께 운반체 분자를 설계하고 있다. 이 과정은 시간이 좀 걸릴 것이고, RNAi를 환경 보호청에 등록하는 일도 그럴 것이다. 따라서 시장에서 판매되는 제품을 보려면 적어도 10년은 걸릴 것이다.

　이 접근법은 새로운 것이기에 결함이 있을지도 모른다. 호랙은 말한다. 「이 분야에서는 지각된 위험과 실제 위험을 놓고 많은 논의가 이루어지고 있어요. 사람들은 항응고성 쥐약의 실제 위험을 더 편하게 느껴요. 쥐약은 충분히 먹으면 어떤 동물이든 죽일 겁니다. 하지만 우리가 아주 오랜 세월을 써왔기 때문에, 어쨌든 간에 그 정도 위험 수준은 받아들일 수 있지요.」 (아무튼 일부 지역에서, 일부 사람들에게.) 「하지만 RNAi는 새로운 것이기에, 그런 위험 앞에서는 머뭇거리게 되지요.」

RNAi는 미끼에 의존하는 섬의 모든 박멸 노력이 필연적으로 직면하는 문제에 처할 것이다. 바로 끈질기게 버티는 개체들이다. 어떤 미끼도 마주친 적이 없는 설치류다. (또는 독이 든 미끼를 접했을 때 앓긴 하지만 죽지 않을 만큼 먹고 멀쩡히 떠나는 개체.) 담당 부서는 침입종의 처음 1만 마리를 박멸하느라 쓴 돈만큼 많은 돈을 마지막 남은 열 마리를 추적하는 데 — 그리고 11, 12, 13마리를 감시하는 데 — 써야 할 수도 있다. 지금 캘리포니아 새크라멘토-샌와킨강 삼각주에서 벌어지는 상황이 바로 그렇다. 뉴트리아가 계속 증식해 온 곳이다. 뉴트리아는 비버와 비슷하다. 사람들에게 나쁜 평판을 불러일으킬 수 있는 방식으로 환경을 변형시키기 좋아하는, 헤엄치는 커다란 설치류라는 점에서 그렇다. 하지만 뉴트리아는 더 빨리 번식하고, 침입종이다. 버티는 개체들을 찾기 위해 캘리포니아 어류 야생 동물과는 중성화 시술을 한 〈유다 뉴트리아〉를 풀어놓는 방법을 써왔다. 무선 신호를 보내는 목걸이를 찬 이 개체들은 숨은 동족의 위치를 찾아낸다.

유전자 드라이브는 설치류가 스스로를 박멸하게 만들 것이다. 죽음도 고통도 없이, 표적 이외의 종을 전혀 죽이지 않으면서.

그렇지만…….

다음은 환경 보호청, 미국 농업부, 보건 복지부가 〈유해 동물〉로 지정한 종들이다. 다람쥐, 곰, 미국너구리, 여우, 코요테, 스컹크,

날다람쥐, 청설모, 작은갈색박쥐, 방울뱀, 산호뱀, 삼색제비, 까마귀, 집양지니, 칠면조독수리, 검은대머리수리, 흑고니.

나는 이 목록에 불편함을 느낀다고 애런에게 말한다. 우리는 다시 그가 일하는 건물로 돌아와 층층이 쌓인 플렉시 글라스 서식지 안에 줄줄이 들어 있는 생쥐들을 보고 있다. 생쥐판 할리우드 광장이다. 생쥐판 폴 린드가 한쪽 벽에서 뒤로 공중제비를 돌고 있다. 어느 정부 기관이 이런 〈유해 동물〉들에게도 유전자 드라이브를 쓰기로 결정한다면? 경제적 요인들을 고려하여 다음 종을 결정하기 시작한다면? 그 뒤에는 어떻게 될까? 땅다람쥐야, 잘 지내니? 잘 가, 안녕. 〈성가신 비버〉는? 현재로서는 섬의 보전에 초점이 맞추어져 있다. 더 흥미로우면서 덜 우려되는 적용 사례다. 지리적으로 격리된 지역의 멸종 위기종을 구하는 일이니까. 거기에서 써보았을 때 일이 잘된다면, 고유종의 개체 수는 회복되고 언론에서도 호평이 쏟아질 것이다. 그다음에는? 선을 어디에서 긋고, 그 선을 누가 그어야 할까? 명심하기를. 국립 야생 동물 연구 센터는 미국 농업부 소속이다. 즉 보전 기관이 아니다. 「애런, 이 기관의 궁극적인 목표, 최종 표적이 농업 유해 동물이죠? 그렇죠?」

「그 점도 쭉 쟁점 중 하나였지요.」 그는 인정한다.

나는 바로 그 부분에서 두려워진다. 우리는 농업에 해를 끼치는지 여부가 결정적인 판단 요인이 될 때 어떤 일이 벌어지는지 살펴보았다. 유전자 드라이브는 지난 수백 년 동안 벌여 온 독살, 사냥, 덫 설치, 폭탄 터뜨리기, 박멸 운동의 더 깔끔한 판본이 될까?

애런은 단지 경제적 측면만 따져서 결정을 내릴 순 없다는 데 동의한다. 「윤리적 측면도 따져야겠지요. 여러 방면에서 받아들여지도록 하기 위해 우리는 수많은 단계를 거쳐 왔어요. 또 제3세계로 가서 실험하려는 시도도 하지 않고 있지요.」하지만 포유동물을 대상으로 유전자 드라이브를 연구하는 나라가 미국만이 아니라는 점은 분명하다. 우리가 하고 있다면, 중국도 하고 있다. 그리고 중국은 유전 공학의 세계를 안심이 될 정도로 잘 감시하지 않고 있음을 보여 주어 왔다.

애런은 제인 구달이 유전자 드라이브 연구를 잠정 중단할 것을 요구한 GBIRd 회의에 참석했다고 했다. GBIRd는 Genetic Biocontrol of Invasive Rodents(침입 설치류의 유전적 생물 방제)의 약자다. 미국과 오스트레일리아의 정부 기관과 대학 다섯 곳에 비영리 기구인 섬 보전 협회Island Conservation의 협의체다. 나는 구달이 뭐라고 반대했는지 그에게 물어보았다. (그녀와 직접 소통하려는 시도는 실패했다.)

그는 말한다. 「이 기술과 이 기술을 실험하는 능력이 너무 빠르게 발전하고 있어서, 속도를 늦추는 방법은 오로지 완전히 중단하는 것뿐이라고 우려하는 듯해요. 그리고 나는 괜찮다고 생각해요. 제인 같은 명망 있는 사람이 명확한 입장을 취하면, 사람들은 하던 일을 멈추고 생각하겠지요. 우리 모두가 따를 어떤 지침을 마련할 필요가 있긴 해, 하고요.」

그렇다, 제발. 지침을 만들기를. 유전자 드라이브가 어느 종의 한 개체군, 즉 지역 분포를 줄이는 차원이 아니라, 대륙 전체에서 종 자체를 싹 없앤다고 상상해 보라. 또는 한 생태계가 어떤 예기치 않은 재앙을 빚어내는 방식으로 바뀐다면? 일부 생물학자들은 그런 것들에 신경이 쓰인다. 나는 NWRC의 사업 계획 책임자로 있다가 현재 스미스소니언 보전 생물학 연구소의 부소장으로 있는 윌 피트와 이야기를 나눈 바 있다. 그는 구체적인 박멸 시나리오를 언급하는 대신에, 전반적으로 신중해야 함을 피력했다. 「사람들은 늘 말하죠. 〈문제가 될 만한 것들은 다 고려했어.〉 그런데 문제가 될 것이라고 생각조차 안 한 것도 있겠지요.」

윗줄 한쪽 구석에 자리한 찰스 넬슨 라일리가 뒷다리로 일어서서 빙빙 돌고 있다. 우리가 얼마나 영리한지 봐. 얼마나 춤을 잘 추는지도! 우리를 없애지 마! 나는 개인적으로는 생쥐를 몹시 싫어하기에 제발 사라졌으면 한다. 하지만 종으로서의 생쥐는 많은 종의 맛있는 먹잇감이다. 방어력이 없는 작은 먹잇감이 사라진다면, 그 종들이 어디로 눈을 돌릴지 누가 알랴? 하지만 작은 설치류를 향한 이 생각이 다수의 견해에 속하지는 않을 것 같다. 아마 많은 이가 전 세계에서 생쥐를 멸종시키겠다고 말해도 고개를 끄덕이지 않을까?

「그렇겠죠?」

「생쥐 때문에 골치를 앓고 있는 농민이나 목장주에게 묻는다는 거죠?」 애런은 껌을 씹으면서 생각하는 표정이다. 「그리고 〈어떤 중요한 기능을 하는 곳에서까지, 지구에서 생쥐를 모조리 없앤다면?〉이라는 뜻으로요?」

「예.」

「맞아요, 그들은 그렇게 말할 가능성이 높지요. 〈상관없어요.〉」

애런은 자기 땅에 생쥐가 들끓는 대규모 농장주를 한 명 안다. 이름이 로저인데, 쇠고기와 유제품을 얻는 곳으로 보낼 소들을 살찌우는 비육장을 운영한다. 젖소인지 육우인지, 씨소인지에 따라 먹이는 사료가 다르다. 생쥐는 이 모든 사료 배합을 다 좋아한다. 애런은 스니에 넣을 야생 생쥐가 필요할 때, 로저의 농장으로 차를 몰고 간다. 로저는 이 성가신 설치류를 어떻게 생각하고 그들의 운명이 어떠해야 하는지 나름의 견해를 갖고 있을 것이다. 애런은 점심 식사를 마치고 데려다주겠다고 한다.

로저는 불도저만 한 지게차를 몰고 와서 우리를 맞이한다. 흰 펠트로 된 카우보이모자를 빼고, 온통 데님으로 된 옷을 입고 있다. 그는 내려서 손을 내민다. 손아귀 힘이 센데, 악수를 힘 있게 하는 것이 중요하다고 조언받은 사람의 방식은 아니다. 손 도구를 많이 쓰는 사람의 방식에 더 가깝다. 「만나서 반갑습니다.」 로저가 말한다.

애런은 한참 동안 여기를 찾지 않았기에, 자기를 다시 소개한다. 그러자 로저가 말한다. 「누군지 압니다. 엘크가 탈출했던 그 기관에 근무하시죠?」 애런은 그냥 오해하도록 놔둔다.

우리는 로저의 모자 뒤를 따라 곡물 창고 안으로 들어간다. 그리고 어둠에 눈이 익자 그들이 보이기 시작한다. 약 30초마다 생쥐가 벽 아래쪽에서 쪼르르 달려가거나 바닥을 가로질러 쌓인 기계 부품 더미 밑으로 사라진다. 사람들은 생쥐가 스무 마리 보이면, 보이지 않는 생쥐가 2백 마리는 더 있다고 흔히 말한다.

우리는 밖으로 나와서 대화를 이어 간다. 우리 머리 위로 옥수수 낟알들이 가득 든 사일로가 보인다. 나는 거기에 2백 마리가 더 있지 않을까 추측한다.

「아니에요, 저기엔 쥐가 거의 없어요.」로저가 말한다. 그의 셔츠 맨 위 단추는 열려 있고, 바람이 불 때마다 긴 흰 가슴털이 흔들린다. 「올라갈 수는 있겠지만, 굳이 왜 가겠어요? 먹이를 찾아서 멀리까지 갈 필요가 전혀 없는데요.」그는 한쪽 부츠로 바닥을 비빈다. 우리가 걸을 때마다 길에 자갈밭처럼 우두둑 소리가 날 만치 옥수수 낟알이 가득 떨어져 있다.

다른 사료 성분들은 야외에 쌓여 있다. 길 끝에 맥주박과 보리 껍질 같은 것이 낮은 산등성이만큼 쌓여 있다. 나는 로저에게 생쥐가 먹어 치우는 비율이 얼마나 되는지 묻는다.

「음, 여기에 25톤쯤 쌓여 있을 거예요. 생쥐가 25킬로그램쯤 먹어 치운다고 해도 뭐 알아차리기나 하겠어요?」그는 한 손으로 모자를 벗고 다른 손으로 땀을 훔친다. 얼굴 중에서 모자 테두리 아래쪽만 그을렸고 위쪽은 하얗다. 「크게 보면 아마 바람에 휩쓸려 사라지는 양이 더 많을 겁니다. 그러니 별문제도 아니에요.」

로저가 생쥐에게 갖는 불만은 종종 차량 엔진에 집을 짓고, 전선을 씹곤 한다는 것이다. 그래도 그는 덫이나 쥐약을 놓지 않는다. 「고양이를 키울까 해요. 저기 경계선 너머로 달아나는 게 문제지만요. 외양간올빼미도 괜찮을 것 같고요.」

나는 외양간올빼미를 꾈 만한 새집을 놓으면 어떻겠냐고 물어본다. 그들도 생쥐를 잡아먹으니까. 생각해 보니 어리석은 질문이다. 여기 널린 것이 외양간인데, 새집은 굳이 필요가 없다. 하지만 그도 그 이야기를 들어 본 적이 있는 모양이다. 「캘리포니아에서 그렇게 한다지요. 생쥐를 많이 잡아먹는다고요.」 그는 여기에 쥐는 전혀 들락거리지 않는 이유가 아마 주변에 사는 여우들이 잡아먹기 때문이라고 추측한다. 그럴지도 모른다. 1950년대 말에 오리건에서는 여우와 코요테를 지나치게 많이 잡는 바람에 생쥐가 온 지역에 들끓는 일이 벌어졌다. 1918년경 캘리포니아에서도 포상금 정책을 실시했다. 땅다람쥐 꼬리 하나에 3센트를 주겠다고 했다. 몇몇 카운티는 머리 가죽을 가져오는 것으로 정했다.*

홀스타인 축사 위로 스무 마리쯤 되는 찌르레기가 동쪽으로 선회하고 있다. 애런이 새를 이용해 쫓는 전략은 어떨지 묻는다. 로저는 말한다. 「여기로 와서 찌르레기에게 총질을 해대는 이들이 생기겠지요.」 그러고는 새를 이용하는 방법은 효과가 없기 때

---

* 부도덕한 포상금 사냥꾼들은 두 번 받아 가기도 했다. 이쪽 카운티에는 머리 가죽, 다른 카운티에는 꼬리를 내밀면서다. 가느다란 막대에 가죽을 감아서 가짜 꼬리를 만들어 제출하는 이들도 있었다. 또 꼬리만 자르고 설치류를 풀어 주는 이들도 있었다. 번식하면 꼬리를 더 많이 얻을 수 있으니까. 괌의 침입종인 갈색나무뱀을 잡아 오는 이들에게 포상금을 지급할 계획을 고려하는 당국은 새로운 소득원을 창출하려는 욕심에 그 뱀이 아직 들어가지 않은 섬들에 뱀을 풀어놓으려는 사람들이 있지 않을까 우려했다.

문에 쓰지 않는다고 덧붙인다. 새들은 날아올라 선회한 뒤 금방 돌아온다. 「심리적 혜택에 더 가까워요. 자신이 뭔가 조치를 취하고 있는 듯 느끼려는 거죠.」 그는 새들이 작은 숲 뒤로 사라지는 것을 지켜본다. 「아무튼 큰 문제는 아니에요.」

나는 로저의 냄새나고 찌는 듯한 소 비육장에서 이 책을 끝내고 싶다. 커다란 흰 모자를 쓴 남자는 내게 희망을 안겨 준다. 그는 내게 사업에 지장을 주는 야생 동물에게 불만이 있지만 함께 살아가는 것이 가능한 미래를 대변한다. 그 가능한 미래에서 사람들은 야생 동물이 일으키는 피해에도 수용에 가까운 반응을 보인다. 아니면 체념에 더 가까울 수도 있다. 아무튼 지난 수십 년 또는 수백 년은 양심의 가책이 거의 없이 절멸시키는 일에 몰두한 기간이다. 사람들이 분노를 떨칠 수 있다면, 더 인도적인 접근법이 더 효과적이기도 하다는 사실을 알아차릴지도 모른다.

로저보다 더 진보적인 농민과 목장주도 많이 있고, 그것이 바로 그가 내게 희망을 심어 주는 이유다. 그는 소규모 유기농이 아니라 대규모 농장을 운영하면서도 여유롭다. 공존과 생물 방제라는 말을 쓰지 않으면서도 그것을 실천하고 있다. 그가 설치류와 조류에게 잃는 사료는 사업을 하면서 드는 비용의 일부다. 좀도둑을 대하는 방식이어야 하지 않을까. 슈퍼마켓과 체인점은 좀도둑을 막겠다며 독을 쓰지 않는다. 더 머리를 써서 좀도둑을 이기고자 한다.

우리가 떠나기 전에 로저는 비육장을 안내한다. 씨소들은 유지

사료를 먹는다. 로저가 구유에서 사료를 한 줌 집어 내게 내밀면서 냄새를 맡아 보라고 한다. 우리는 다음 사육장으로 옮긴다. 「맞은편에는 육우들이 있어요.」 그 소들은 옥수수를 먹여서 살을 찌운다. 「진짜 고열량, 고탄수화물이지요.」

살진 소가 울타리 뒤에 서서 꼬리를 흔들며 우리를 바라본다. 「머릿속에 생쥐 생각밖에 없니? 우리는 어쩌고?」

로저는 별생각 없이 덧붙인다. 「쟤들은 JDA나 카길로 보내져서 도축되지요. 약 60일쯤 뒤에요.」 나 같은 사람들이 햄버거를 먹고 싶어 하기 때문이다. 나는 1년에 고작 한두 번쯤이라고 말하고 싶다. 그러나 나도 어설픈 변명이라는 것을 안다. 중요한 것은 양이 아니라, 먹느냐 안 먹느냐. 쇠고기를 먹지 않는다고, 또는 끈끈이 덫을 결코 쓰지 않을 것이라고 사람들에게 말할 때, 우리는 그들이 좀 불편하게 느낄 대안을 제시하는 것이다. 그들이 생각해 본 적도 없는 것을 제시하지 말기를.

수 세기 동안 사람들은 양심의 가책 없이, 그리고 인도적인 행동인지를 거의 생각도 하지 않은 채 침입하는 야생 동물, 또는 누군가가 들여온 야생 동물을 죽였다. 우리는 실험실에서 쥐와 생쥐를 윤리적으로 다루고 인도적으로 〈안락사〉하는 상세한 절차를 마련해 쓰고 있지만, 우리 집과 뜰을 침입하는 설치류나 미국너구리를 처리하는 공식 표준 절차는 존재하지 않는다. 세부 사항은 퇴치업자와 〈야생 동물 방제업자〉에 달려 있다. 후자는 미국에서 사람들이 모피 구입을 꺼리고 덫 사냥꾼들이 가정의 고미다락에서 다람쥐 잡는 일로 돈을 벌기가 더 쉽다는 것을 깨달으면서 나온 직업이다.

　설치류는 좋은 길잡이다. 사람들이 쥐에게 덜 잔인할 수 있다면, 쥐를 덜 잔인하게 대하자는 생각을 떠올리기라도 한다면, 좋은 방향으로 나아가는 것이다. 쥐에게 좋을 뿐 아니라, 아마 사람에게도 좋을 것이다. 19세기 역사가 레옹 메나브레아는 이렇게 썼다. 〈사람이 집에 있는 벌레를 존중하는 법을 배울 수 있다면, 같은 사람을 훨씬 더 존중하게 될 것이다.〉

　콜로라도에서 돌아온 지 몇 달 뒤, 나는 집 바깥에서 책을 읽고 있었다. 그러다 문득 고개를 들었는데, 데크 끝에서 달려가는 곰쥐 한 마리가 눈에 보였다. 곧바로 철물점에 가서 포살 쥐덫을 사고 싶은 충동이 일었다. 하지만 나는 쥐덫을 사지 않았다. 어떻게 그럴 수 있겠는가? 어린 공존 아씨여, 말이 아니라 행동으로 공존을 도모해야 하지 않겠는가. 게다가 나는 쥐를 없애면 다른 쥐에게 〈빈집〉임을 알리는 것이나 다름없음을 알고 있었다.* 내 이웃은 복사나무를 습격하는 청설모를 포획 틀로 잡아 동네 공원에 풀어놓는다. 우리가 이웃으로 살기 시작한 뒤로 10년째 꼬박 이런 시시포스 같은 행동을 해왔다.

　며칠 뒤 데크에서 계단을 내려오다가 그 쥐를 다시 보았다. 쥐는 비파 열매를 입에 물고 나뭇가지에서 밑으로 쪼르르 내려

---

　* 또는 더 위엄 있는 태도를 보인 이도 있다. 1937년 영국 하원에서 동부회색다람쥐 법안(수입과 사육 금지)을 논의하는 회의에서, 농어업부 차관 피버섬 백작은 이렇게 말했다. 「요크셔에 있는 내 영지의 사례를 보면…… 동부회색다람쥐 3백~4백 마리를 잡으면 곧 한 달 안에 그만큼 많은 개체가 들어와서 그 자리를 대신 차지합니다.」

오던 중이었다. 우리는 서로 눈이 마주쳤다. 쥐는 얼어붙었다. 나도 얼어붙었다. 쥐는 열매를 떨어뜨렸다. 정면으로 마주 보고 있었기에, 털 없는 꼬리는 보이지 않았고, 정말로 아주 귀여웠다. 이 종은 시궁쥐보다 작고, 더 따뜻하고, 예쁜 갈색 털로 덮여 있다. 복슬복슬한 꼬리가 없는 청설모 같다. 이 녀석은 내가 산책하는 해변 공원을 돌아다니는 땅다람쥐만큼 사랑스러웠다. (그리고 역사가 무언가를 시사한다면, 질병을 옮길 가능성이 더 낮다.) 나는 계단을 내려가서 세탁기에 빨래를 넣었고, 쥐는 머릿속에서 지웠다.

일주일 뒤 나는 벽 안에서 무언가가 돌아다니는 소리를 들었다. 「당신의 꼬마 친구가 전선을 씹으면서 돌아다니다가 집에 불을 낼 거야.」 에드가 말했다. 나는 그에게 쥐가 어떻게 들어오는지, 그리고 〈내쫓는〉 법을 알아내고 싶다고 말했다. 그는 일주일이라는 시간을 주었다.

나는 집 바깥 곳곳에 야생 동물 카메라를 설치했고, 쥐가 어디로 들어오는지 알아냈다. 에드가 틈새를 메우자 상황은 끝이었다. 소음은 멈추었다. 나는 주로 카메라를 통해 쥐가 돌아다니는 모습을 계속 보았지만, 둘이 마주친 것은 한두 번뿐이었다. 그때 나는 고개를 끄덕여 인사를 했고, 우리는 각자의 길을 갔다.

감사의 말

이 책을 쓰면서 〈유해 척추동물〉이라는 용어를 종종 마주쳤다. 나는 그 용어가 별로 마음에 들지 않는다. 동물을 사람의 사업이라는 맥락에서 맡은 역할로 환원시키기 때문이다. 그러나 그 용어가 딱 들어맞는 듯 보이는 포유동물이 하나 있는데, 바로 나다. 끈질기게 귀찮게 달라붙어도 친절함과 인내심을 잃지 않고 나를 대해 준 분들을 언급하지 않을 수가 없다. 고개를 조아리면서 감사 인사를 드린다. 군중의 환호하는 박수 소리까지 곁들이고 싶다. 스튜어트 브렉, 저스틴 델린저, 트래비스 디볼트, 앙드레 프레이터르스, 조엘 클라인, 디판잔 나하, 애런 쉴스, 브루스 워버턴, 데이브 〈데이지〉 웨이머. 나 못지않게 이 책에 많은 기여를 한 분들이다. 그 보답으로 내가 드릴 수 있는 것은 그분들로부터 얻은 감동을 결코 진정으로 담을 수 없는 이 한마디뿐이다. 감사합니다.

 이 책에서 눈에 덜 띄긴 하지만, 나를 환영하고 아낌없이 시간과 지식을 나누어 준 분들이 더 있다. 내가 미처 전혀 또는 거의 예상하지 못했던 순간에 말이다. 화려한 네온사인으로 고맙다는 말을 반짝반짝 비추고 싶다. 서맨사 브라운, 카를로 카살로네 신부님, 애런 코스영, 찰리 마틴, 딘 맥고프, 니코 네인하위스, 토니 피아조, 카마르 쿠레시, 사로지 라지, 톰 시먼스, 숀 템플턴, 커티스 테스, 라파엘 토르니니, R. B. S. 탸기, 티나 화이트다.

킴 애니스, 조녀선 클레멘트, 브래들리 코언, 세라 쿠르센, 더그 에커리, 줄리 (캐럴) 엘리스, 에스테반 페르난데스유리치, 데이브 가셀리스, 캐서린 호랙, 존 험프리, 브루스 킴볼, 마리오 클립, 페이지 클럭, 팀 맨리, 스텔라 맥밀린, 비키 먼로, 줄리 오크스, 세스 핀커스, 윌 피트, 서맨사 폴락, 헤더 레이크, 버지니아 록서스덩컨, 셰인 시어스, 스티브 스미스, 피터 타이라, 캐서린 반데부르트, 해리 웨더비, 케이트 윌멋, 보니 예이츠도 있다. 내가 완전한 유해 동물의 지위에 다다르지 못했을지라도, 적어도 한두 시간쯤 귀가 아프도록 앵앵거린 분들이다. 손을 내저어 나를 쫓아 버리지 않은 점에 감사를 드린다.

팀 비비, 파울 데커르스, 캐럴 글래츠, 태디어스 존스, 게일 케언, 커스틴 매킨타이어, 파브리치오 마스트로피니, 헤더 스티어, 케빈 밴 댐, 브라이언 웨이클링에게도 감사를 드린다. 여러분의 도움이 없었다면 이 책의 몇 장은 아예 존재할 수 없었을 것이다. 또 이 책의 역사적 및 정치적 맥락을 설정하는 데 도움을 준 켈리 헨드릭스, 존 그리핀, 존 해디언, 켈리 니컬러스에게도 빚을 졌다. 여러분의 통찰력에 깊은 감사를 드린다. 그리고 성가시게 보내는 전자 우편에도 늘 답장을 해준 존 앤더슨, 메라 바티아, 조핸 엘름버그, 앤 필머, 로빈 콘래드, 조지아 메이슨, 크리스티나 마이스터, 사나스 물리야, 조지 스미스에게도 감사하다.

취재를 위해서 나는 언어도 문화도 모르는 땅을 돌아다녀야 했다. 번역과 통역과 도움을 준 라파엘라 부스키아초와 찰스 랜스도프에게 감사의 말을 전한다. 닐란자나 보믹, 아리트라 나하, 슈웨타 싱에게도 마찬가지다. 여러분이 잘 알아듣고 빠르게 간파한 덕분에 섬세한 취재가 가능해졌고, 함께 해준 덕분에 먼 나라에서도 집에 있는 것처럼 편안했다.

20년 동안 일곱 권의 책을 함께 내놓은 질 비얼로스키와 제이 맨들에게도 다시금 감사의 말을 드린다. 아무리 고마움을 표해도 늘 부족하다. 덕분에 늘 모든 일이 순탄하게 진행되니까. 출판계에서 그런 사례가 과연 얼마나 될까? 아니 어떤 분야에서든 간에, 인생에서도! 또 이루 헤아릴 수 없는 방식으로 많은 도움을 준 W. W. 노턴 출판사의 뛰어난 분들에게도 감사를 드린다. 스티브 아타르도, 루이즈 브로켓, 스티브 콜카, 브랜던 커리, 잉수 리우, 에린 로벳, 메레디스 맥기니스, 스테파니 로메오, 드루 웨이트먼에게.

또 세련되면서 탁월한 능력으로 꼼꼼하고 솜씨 좋게 열정을 품고 원고를 교정해 준 재닛 번에게도 고맙다는 말을 전한다. 그런 능력을 지닌 사람은 찾기 어렵다(재닛! 도와줘!).

에뮤 이야기는 칼턴 엥겔하트, 뾰족구두 이야기는 앤디 카람의 도움을 받았다. 닐라를 소개해 준 신시아에게도 고맙다는 말을 전한다. 내 말에 늘 귀를 기울이고 좋은 착상이라고 받아들여 준 제프, 뉴질랜드의 호의와 인맥을 접하게 해준 제시에게도 감사하다. 여행 일정에 원숭이를 만날 시간을 끼워 넣어 준 스테프에게도 감사하다. 그리고 언제나 든든한 위안이 되는 에드에게도 고마움을 전한다.

집주인을 위한 자료

미국 인도주의 협회의 웹사이트에는 유용한 대처법들이 많이 실려 있다. 도시와 교외 지역에서의 야생 동물 문제를 해결하는 방법, 또는 더 나은 방법인 예방하는 전략들도 담겨 있다. 박쥐, 곰, 캐나다기러기, 다람쥐, 코요테, 까마귀, 사슴, 여우, 생쥐, 주머니쥐, 비둘기, 토끼, 미국너구리, 쥐, 스컹크, 뱀, 청설모, 참새, 찌르레기, 야생 칠면조, 우드척다람쥐도 있다. https://www.humanesociety.org/resource/wildlife-management-solutions

PETA 웹사이트의 〈야생 동물과 어울려 살아가기〉에서는 더 좋은 조언을 찾아볼 수 있다. 박쥐, 기러기, 생쥐, 다람쥐, 비둘기, 미국너구리, 스컹크, 청설모, 토끼, 쥐의 사례가 실려 있다. https://www.peta.org/issues/wildlife/living-harmony-wildlife/

야생 동물이 집 안의 좁은 틈새에서 새끼를 키우기 시작했을 때 어미와 새끼를 인도적으로 내보내고 싶다면, 전문가의 도움이 필요할 것이다. 전문가를 부르기 전에, 미국 동물 애호 협회(HSUS)의 〈야생 동물 방제업체 고르기〉 항목을 참조하면 도움이 된다.

포획한 동물을 방사하려면 어떻게 해야 할까? 요즘에는 〈현장〉 방사 방식이 최선이라고 본다. 전문가의 도움을 받아 집 안으로 들어올 곳들을 다 막고 좋은 둥지 자리처럼 보이는 곳들을 없애거나 막은 뒤, 동물을 원래 서식 영역 내에, 즉 여러분의 집 주변에 풀어놓는 것이다. 가까운 숲이나 공원에 풀어놓는 것이 인도주의적으로 들릴지 모르지만, 그렇지 않을 가능성이 높다. 메릴랜드 대학교와 HSUS 연구진은 집 안에서 잡은 동부회색다람쥐 서른여덟 마리에 무선 추적 장치가 달린 목걸이를 맨 뒤 인근의 패덕센트 연구 보호소에 풀어놓고 조사했는데 결론은 이랬다. 〈다람쥐들은 그리 잘 지내지 못했다.〉 열일곱 마리는 죽었다. 목걸이 옆에 머리뼈나 복슬복슬한 꼬리 조각만 남았거나, 목걸이만 남았다. 한 여우 소굴 안에서 〈이빨 자국이 난〉 목걸이가 발견되기도 했다. 나머지는 평균 11일 사이에 어디론가 사라졌다. 어찌 되었는지 모른다. 한 연구에서는 미국너구리는 더 잘 살아간다고 나왔지만, 미국의 일부 주에서는 이런 이주 방사를 금지한다. 광견병 바이러스까지 옮길 가능성이 있어서다.

집주인과 설치류에게 좋은 소식들: 미끼통과 덫으로 중독시키는 대신에 〈퇴거〉 방법을 제공하는 해충 방제업체가 점점 늘고 있다. 생쥐, 쥐, 다람쥐가 들어올 만한 (놀라울 만치 작은) 틈새를 모조리 찾아 쉽게 갉아 낼 수 없으면서 녹슬지 않는 단단한 재료로 메우는 것이다. 대개는 철솜을 쓴다. 엑스클루더 설치류 해충 방제Xcluder Rodent and Pest Defense 회사는 〈잘라서 메우는〉 스테인리스 강철 섬유 제품을 만든다. NWRC가 7일 동안 실시한 검사에서 쥐와 생쥐는 좋아하는 〈미끼 먹이〉(땅콩버터를 섞어 둥글게 뭉친 오트밀과 집쥐를 위한 핫도그와 치즈)가 놓인 곳으로 들어가기 위해 엑스클루더 제품으로 메운 틈새 열 곳을 열심히 갉아 댔지만 한 군데도 뚫리지 않았다.

참고 문헌

머리말

Evans, E. P. *The Criminal Prosecution and Capital Punishment of Animals*. New York: E. P. Dutton and Company, 1906.

1 살인 동물 수사관

Conover, Michael R. *Resolving Human Wildlife Conflicts: The Science of Wildlife Damage Management*. Boca Raton: Lewis Publishers, 2002. Table 3.1: Studies of Nonfatal and Fatal Injuries to Humans by Wildlife in Different Parts of the U.S. and Canada.

Floyd, Timothy. "Bear-Inflicted Human Injury and Fatality." *Wilderness and Environmental Medicine* 10 (1999): 75-87.

U.S. Consumer Product Safety Commission. "Product Instability or Tip-Over Injuries and Fatalities Associated with Televisions, Furniture, and Appliances: 2012 Report." *Graph*, p. 17.

Young, Stanley Paul, and Edward Alphonso Goldman. *The Puma*. Washington, DC: American Wildlife Institute, 1946.

2 부수고 들어가서 먹기

Alldredge, Mat W., et al. "Evaluation of Translocation of Black Bears Involved in

Human-Bear Conflicts in South-Central Colorado." *Wildlife Society Bulletin* 39, no. 2 (June 2015): 334-40.

Beckmann, Jon P., Carl W. Lackey, and Joel Berger. "Evaluation of Deterrent Techniques and Dogs to Alter Behavior of 'Nuisance' Black Bears." *Wildlife Society Bulletin* 32, no. 4 (2004): 1141–46.

Breck, Stewart W. "Selective Foraging for Anthropogenic Resources by Black Bears: Minivans in Yosemite National Park." *Journal of Mammalogy* 90, no. 5 October 2009): 1041-44.

George, Kelly A., et al. "Changes in Attitude Toward Animals in the United States from 1978 to 2014." *Biological Conservation* 201 (2016): 237-42.

Johnson, Heather E., et al. "Human Development and Climate Affect Hibernation in a Large Carnivore with Implications for Human-Carnivore Conflicts." *Journal of Applied Ecology* 55, no. 2 (March 2018): 663-72.

Johnson, Heather E., et al. "Assessing Ecological and Social Outcomes of a Bear-Proofing Experiment." *Journal of Wildlife Management* 82, no. 6 (2018): 1102-14.

Linnell, John D. C., et al. "Translocation of Carnivores as a Method for Managing Problem Animals: A Review." *Biodiversity and Conservation* 6, no. 9 (September 1997): 1245-57.

Manning, Elizabeth. "Tasers for Moose and Bears: Alaska Explores Law Enforcement Tool for Wildlife." *Alaska Fish & Wildlife News*, March 2010.

Nelson, Ralph A., et al. "Behavior, Biochemistry, and Hibernation in Black, Grizzly, and Polar Bears." *Proceedings of the International Conference on Bear Research and Management* 5 (1983): 284-90.

Roenigk, Adolph. *Pioneer History of Kansas*. Transcribed by his great-grandniece L. Ann Bowler. Denver, CO, 1933. https://www.kancoll.org/books/roenigk/ index.html.

Rogers, Lynn L. "Homing by Radio-Collared Black Bears, *Ursus americanus*, in Minnesota." *Canadian Field Naturalist* 100, January 1986.

Spencer, Rocky D., Richard A. Beausoleil, and Donald A. Martorello. "How Agencies Respond to Human-Black Bear Conflicts: A Survey of Wildlife Agencies in North America." *Ursus* 18, no. 2 (2007): 217-29.

3 방 안의 코끼리

The Asian Elephant (Elephas maximus) of Nagaland: Landscape & Human- Elephant Conflict Management. Dimapur, Nagaland: Government of Nagaland, Wildlife Wing, Department of Forests, Environment and Wildlife.

Gopalakrishnan, Shankar, Terpan Singh Chauhan, and M. S. Selvaraj. "It Is Not Just About Fences: Dynamics of Human- Wildlife Conflict in Tamil Nadu and Uttarakhand." *Economic & Political Weekly* 52: 97–104.

Hindustan Times. "Appetite for Money: Elephants Who Entered a Shop Gorge on Rs 2,000,500 Notes." April 25, 2017.

_____. "Drunken Man Challenges Elephants' Herd, Trampled to Death in Jharkhand." December 19, 2018.

Jayewardene, Jayantha. *The Elephant in Sri Lanka*. Colombo, Sri Lanka: Wildlife Heritage Trust of Sri Lanka, 1994.

Lahiri- Choudhury, Dhriti K. "History of Elephants in Captivity in India and Their Use: An Overview." *Gajah* 14 (June 1995): 28–31.

McKay, George M. *Behavior and Ecology of the Asiatic Elephant* (Smithsonian Contributions to Zoology, Number 125). Washington, DC: Smithsonian Institution Press, 1973.

Naha, Dipanjan, et al. "Assessment and Prediction of Spatial Patterns of Human- Elephant Conflicts in Changing Land Cover Scenarios of a Human- Dominated Landscape in North Bengal." *PLOS ONE*, February 1, 2019.

Outlook India. "928 Elephants Died Unnaturally Since 2009 Including 565 Due to Electrocution Alone." March 25, 2019.

_____. "Delhi Planning to Club Old Age Home with Cow Shelter." January 9, 2019.

Siegel, Ronald K., and Mark Brodie. "Alcohol Self-Administration by Elephants." *Bulletin of the Psychonomic Society* 22, no. 1 (1984): 49-52.

U.S. House of Representatives, Committee on the Judiciary, Hearing before the Subcommittee on Crime. *Captive Elephant Accident Prevention Act of 1999*. 106th Cong., 2d sess., 2000. H.R. 2273.

4 문제 지역

Athreya, Vidya. "Is Relocation a Viable Option for Unwanted Animals? The Case of the Leopard in India." *Conservation and Society* 4, no. 3 (2006): 419–23.

Athreya, Vidya, et al. "Translocation as a Tool for Mitigating Conflict with Leopards in Human-Dominated Landscapes of India." *Conservation Biology* 25, no. 1 (November 2010): 133–41.

Corbett, Jim. *The Man-Eating Leopard of Rudraprayag*. New Delhi: Rupa, 2016.

Naha, Dipanjan, S. Sathyakumar, and G. S. Rawat. "Understanding Drivers of Human-Leopard Conflicts in the Indian Himalayan Region: Spatio-Temporal Patterns of Conflicts and Perception of Local Communities Towards Conserving Large Carnivores." *PLOS ONE*, October 2018.

Singh, H. S. *Leopards in the Changing Landscapes*. Dehra Dun: Bishen Singh Mahendra Pal Singh, 2014.

Times of India. "Leopard Enters Hema Malini's House." May 28, 2011.

5 원숭이 문제

Chauhan, Arvind. "Monkey Snatches Baby from Mom, Kills It." *Times of India*, November 14, 2018.

_____. "UP: After Infant's Death, 2 More Toddlers Attacked by Monkeys." *Times of India*, November 17, 2018.

Colagross-Schouten, A., et al. "The Contraceptive Efficacy of Intravas Injection of Vasalgel™ for Adult Male Rhesus Monkeys." *Basic Clinical Andrology* 27, no. 1 (2017), article no. 4.

Gandhiok, Jasjeev, and Paras Singh. "Delhi: Simians Wreak Havoc; Forest Department, Corporations Pass Buck." *Times of India*, January 19, 2019.

Harris, Gardiner. "Indians Feed the Monkeys, Which Bite the Hand." *New York Times*, May 22, 2012.

Killian, G., D. Wagner, and L. Miller. "Observations on the Use of the GnRH Vaccine Gonacon™ in Male White-Tailed Deer (*Odocoileus virginianus*)." *Proceedings of the 11th Wildlife Damage Management Conference*, 2005.

Miller, Lowell A., Kathleen A. Fagerstone, and Douglas C. Eckery. "Twenty

Years of Immunocontraceptive Research: Lessons Learned." *Journal of Zoo and Wildlife Medicine* 44, Supplement 4 (December 2013): S84–S96.

Mohan, Vishwa. "Order to Cull HP's 'Vermin' Monkeys Draws Activists' Ire." *Times of India*, July 19, 2019.

Mohapatra, Bijayeeni, et al. "Snakebite Mortality in India: A Nationally Representative Mortality Survey." *PLOS Neglected Tropical Diseases* 5, no 4 (April 2011): e1018.

Singh, Paras. "Delhi: South Corporation Finally Nets Eight Monkey Catchers." Times of India, October 8, 2018.

Times of India. "Teen Killed in Monkey Attack in Kasganj; 5th Death in a Month." December 3, 2018.

———. "Simians Lay Siege to Agra." November 16, 2018.

———. "70-Year-Old Allegedly Stoned to Death by Monkeys; Kin Demands FIR." October 20, 2018.

6 날랜 쿠거

Beier, Paul, Seth P. D. Riley, and Raymond M. Sauvajot. "Mountain Lions." In *Urban Carnivores: Ecology, Conflict, and Conservation*, edited by Stanley D. Gehrt, Seth P. D. Riley, and Brian L Cypher. Baltimore: Johns Hopkins University Press, 2010.

Brewster, R. Kyle, et al. "Do You Hear What I Hear? Human Perception of Coyote Group Size." *Human–Wildlife Interaction* 11, no. 2 (Fall 2017): 167–74.

Clemente, Jonathan D. "CIA's Medical and Psychological Analysis Center (MPAC) and the Health of Foreign Leaders." *International Journal of Intelligence and Counterintelligence* 19, no. 3 (2006): 385–423.

Fisher, A. K. "The Hawks and Owls of the United States in Their Relation to Agriculture." Washington, DC: U.S. Department of Agriculture, Division of Ornithology and Mammalogy, Bulletin No. 3, 1893.

Hunter, J. S. "The Mountain Lion." Article manuscript, undated. Joseph S. Hunter Papers, F3735:618. California State Archives: Records of the Division of Fish and Game. [Jay Bruce statement]

"Mountain Lion." Letter from Jay C. Bruce to J. S. Hunter, March 23, 1941. Joseph S. Hunter Papers, F3735:618. California State Archives: Records of the Division of Fish and Game.

Peirce, E. R. "A Method of Determining the Prevalence of Rats in Ships." *The Medical Officer* 43 (1930): 222–24.

Todd, Kim. "Coyote Tracker." *Bay Nature*, January–March 2018.

Welch, David. "Dung Properties and Defecation Characteristics in Some Scottish Herbivores, with an Evaluation of the Dung-Volume Method of Assessing Occupance." *Acta Theriologica* 27, no. 15 (October 1982): 191–212.

Yiakoulaki, M. D., and A. S. Nastis. "A Modified Faecal Harness for Grazing Goats on Mediterranean Shrublands." *Journal of Range Management* 51, no. 5 (September 1998): 545–46.

Young, Stanley Paul, and Edward Alphonso Goldman. *The Puma*. Washington, DC: The American Wildlife Institute, 1946.

7 나무가 떨어져 내릴 때

BC Parks. Wildlife/Danger Tree Assessor's Course Workbook. Revised edition, March 2012. https://www2.gov.bc.ca/assets/gov/environment/plants-animals-and-ecosystems/conservation-habitat-management/wildlife-conservation/wildlife-tree-committee/parks-handbook.pdf.

Brookes, Andrew. "Preventing Death and Serious Injury from Falling Trees and Branches." *Australian Journal of Outdoor Education* 11, no. 2 (2007): 50-59.

Mulford, J. S., H. Oberli, and S. Tovosia. "Coconut Palm-Related Injuries in the Pacific Islands." *ANZ Journal of Surgery* 71, no. 1 (2001): 32-34.

Oregon Fatality Assessment and Control Evaluation. *Fallers Logging Safety* (manual). 2007. https://www.ohsu.edu/sites/default/files/2019-02/ORFACE-SafetyBooklet-FallersLoggingSafety-Eng.pdf.

Schmidlin, Thomas. "Human Fatalities from Wind-Related Tree Failures in the United States, 1995-2007." *Natural Hazards* 50, no. 1 (2009): 13-25.

Tribun-Bali. "Falling Durian Possibly Killed Man in West Bali" (via Google Translate). January 28, 2015.

_____. "To the Durian Garden Without Head Shield, Kusman Found Dead" (via Google Translate). March 26, 2015.

Walsh, Raoul A., and Lara Ryan. "Hospital Admissions in the Hunter Region from Trees and Other Falling Objects, 2008-2012." *Australian and New Zealand Journal of Public Health* 41, no. 2 (2017): 121-24.

8 무시무시한 콩

Arianti, V. "Biological Terrorism in Indonesia." *The Diplomat*, November 20, 2019. https://thediplomat.com/2019/11/biological-terrorism-in-indonesia/.

"Compound 1080—Powerful New Rat Killer." Press release, n.d. Fort Collins, CO: National Wildlife Research Center Archive.

Dymock, William, C. J. H. Warden, and David Hooper. *Pharmacographia Indica: A History of the Principal Drugs of Vegetable Origin, Met with in British India*. London: Kegan Paul, Trench, Trübner & Co., 1891.

Eisemann, John D., Patricia A. Pipas, and John L. Cummings. "Acute and Chronic Toxicity of Compound DRC-1339 (3-Chloro-4-Methylaniline Hydrochloride) to Birds." *USDA National Wildlife Research Center Staff Publications* 211, November 2003.

Filmer, Ann. "Safe and Poisonous Garden Plants." University of California, Davis, October 2012. https://ucanr.edu/sites/poisonous_safe_plants/files/154528.pdf.

Jacobsen, W. C., and S. V. Christierson, eds., Rodent Control Division. "California Ground Squirrels: A Bulletin Dealing with Life Histories, Habits and Control of the Ground Squirrels in California." *Monthly Bulletin of the California State Commission of Horticulture* VII, nos. 11 and 12, November–December 1918.

Jain, Ankita, et al. "Foreign Body (Kidney Beans) in Urinary Bladder: An Unusual Case Report." *Annals of Medicine and Surgery* 32 (August 2018): 22–25.

Karthikeyan, Aishwarya, and S. Deepak Amalnath. "*Abrus precatorius* Poisoning: A Retrospective Study of 112 Patients." *Indian Journal of Critical Care* 21, no. 4 (April 2017): 224–25.

Linz, George M., and H. Jeffrey Honan. "Tracing the History of Blackbird Research Through an Industry's Looking Glass: *The Sunflower Magazine.*" *Proceedings of the 18th Vertebrate Pest Conference*, 1998.

Malik, Balwant Singh. "Punishment of Transportation for Life." *Journal of the Indian Law Institute* 36, no. 1 (1994): 111-20.

Nicholson, Blake. "Debate Rises over Blackbirds." *Bismarck Tribune*, March 18, 2007.

Ogawa, Haruko, and Kimie Date. "The 'White Kidney Bean Incident' in Japan." In *Lectins: Methods and Protocols*. Part of Methods in Molecular Biology book series, volume 1200. New York: Humana Press, 2014.

Ormsbee, R. A. "A Summary of Field Reports on 1080 (Sodium Fluoroacetate)." National Research Council, Insect Control Committee, Technical Report No. 163. December 17, 1945.

Pincus, Seth H., et al. "Passive and Active Vaccination Strategies to Prevent Ricin Poisoning." *Toxins* 3, no. 9 (September 2011): 1163-84.

Pitschmann, Vladimír, and Zdeněk Hon. "Military Importance of Natural Toxins and Their Analogs." *Molecules* 21, no. 5 (April 2016): 556–78.

Renshaw, Birdsey, to Dr. W. R. Kirner. Memorandum regarding "Animal Poisons" sent from the Office for Emergency Management National Defense Research Committee of the Office of Scientific Research and Development. Washington, DC (1530 P Street, NW), December 30, 1943. Fort Collins, CO: National Wildlife Research Center Archive.

Roxas-Duncan, Virginia I., and Leonard A. Smith. "Of Beans and Beads: Ricin and Abrin in Bioterrorism and Biocrime." *Journal of Bioterrorism & Biodefense* S2:002, January 2012.

Smith, George, and Dick Destiny. "Great WMD Failures: Casey the Castor Oil Killer." *The Register*, October 18, 2006. http://www.theregister.com/2006/10/18/dd_castor_oil_wmd/.

The Sunflower. "Blackbird Project Focuses on Population Reduction." December 1, 1996.

Thornton, S. L., et al. "Castor Bean Seed Ingestions: A State-Wide Poison

Control System's Experience." *Clinical Toxicology* 52, no. 4 (March 2014): 265–68.

Ward, Justus C. "Rodent Control with 1080, ANTU, and Other War-Developed Toxic Agents." *American Journal of Public Health* 36, no. 12 (December 1946):1427–31.

Wildlife Research Laboratory, Division of Wildlife Research, U.S. Fish & Wildlife Services. "Compound 1080—A New Agent for the Control of Noxious Mammals." Denver, CO, n.d. Fort Collins, CO: National Wildlife Research Center Archive.

9 실컷 해, 더 많이 낳을 테니까

Blackwell, Bradley F., Eric Huszar, George M. Linz, and Richard A. Dolbeer. "Lethal Control of Red-Winged Blackbirds to Manage Damage to Sunflower: An Economic Evaluation." *Journal of Wildlife Management* 67, no. 4 (October 2003): 818–28.

Daily News (Perth). "Emus Outwit Gunners." November 4, 1932, p. 1.

─────."Campion Evacuated: Emus Flourish Unharried." November 10, 1932, p. 5.

Daily Telegraph (Sydney). "Not Easy to Kill Emus: A Thousand Rounds Fired, 12 Dead." November 5, 1932, p. 3.

Fisher, Harvey I. "Airplane-Albatross Collisions on Midway Atoll." *The Condor* 68 (May 1966): 229–42.

Flying Magazine. "MATS Versus the Gooney Bird." September 1958.

Frings, Hubert. *The Scientific Scobberlotching of Hubert and Mable Frings*. BTcurlew Press, 2015.

Frings, Hubert, and Mable Frings. "Problems of Albatrosses and Men on Midway Islands." *The Elepaio: Journal of the Hawaii Audubon Society* 20, no. 5 (1959).

Kenyon, Karl W., Dale W. Rice, Chandler S. Robbins, and John W. Aldrich. "Birds and Aircraft on Midway Islands: 1956-57 Investigations." *Special Scientific Report — Wildlife* No. 38. Washington, DC. United States Department of the Interior, Fish and Wildlife Service, January 1958.

Mail (Adelaide). "Request to Use Bombs to Kill Emus." July 3, 1943, p. 12.

Rice, Dale W. "Birds and Aircraft on Midway Islands: 1957–58 Investigations." *Special Scientific Report — Wildlife* No. 44. Washington, DC: United States Department of the Interior, Fish and Wildlife Service, 1959.

Robbins, Chandler S. "Birds and Aircraft on Midway Islands: 1959–63 Investigations. Special *Scientific Report — Wildlife* No. 85. Washington, DC: United States Department of the Interior, Fish and Wildlife Service, 1966.

Sydney Morning Herald. "War on Emus." October 12, 1932, p. 11.

USFWS — Pacific Region. "Night Vision Trail Cameras Capture Mouse Attacks on Albatross." Video, October 31, 2017.

West Australian (Perth). "War on Emus: Ambush at a Dam." November 8, 1932, p. 8.

Western Mail (Perth). "A Thousand Birds in Luck: Machine Guns Jam." November 10, 1932, p. 28.

10 다시 도로에서

Ansari, S. A., et al. "Dorsal Spine Injuries in Saudi Arabia—An Unusual Cause." *Surgical Neurology* 56, no. 3 (2001): 181–84.

Biondi, Kristin M. "White-Tailed Deer Incidents with U.S. Civil Aircraft." *Wildlife Society Bulletin* 35, no. 3 (September 2011): 303–9.

Blackwell, Bradley F., and Thomas W. Seamans. "Enhancing the Perceived Threat of Vehicle Approach to Deer." *Journal of Wildlife Management* 73, no. 1 (2009): 128–35.

Cohen, Bradley S., et al. "Behavioral Measure of the Light-Adapted Visual Sensitivity of the White-Tailed Deer." *Wildlife Society Bulletin* 38, no. 3 (September 2014): 480–85.

D'Angelo, Gino, et al. "Development and Evaluation of Devices Designed to Minimize Deer-Vehicle Collisions." Final Project Report, Daniel B. Warnell School of Forestry and Natural Resources. July 2, 2007.

DeVault, Travis, et al. "Effects of Vehicle Speed on Flight Initiation by Turkey Vultures: Implications for Bird-Vehicle Collisions." *PLOS ONE*, February 4,

2014.

———. "Speed Kills: Ineffective Avian Escape Responses to Oncoming Vehicles." *Proceedings of the Royal Society B: Biological Sciences*, February 22, 2015.

DeVault, Travis, Bradley F. Blackwell, and Jerrold L. Belant, eds. *Wildlife in Airport Environments: Preventing Animal-Aircraft Collisions through Science-Based Management*. Baltimore: Johns Hopkins University Press, 2013.

DeVault, Travis, Thomas W. Seamans, and Brad Blackwell. "Frontal Vehicle Illumination via Rear-Facing Lighting Reduces Potential for Collisions with White-Tailed Deer." *Ecosphere* (manuscript accepted).

Dolbeer, Richard A., et al. "Wildlife Strikes to Civil Aircraft in the United States, 1990-2015." *National Wildlife Strike Database Serial Report Number 21*, July 2015.

Gens, Magnus. "Moose Crash Test Dummy." Master's thesis, Royal Institute of Technology, Stockholm, Sweden. *VTI särtryck* 342, 2001.

Hughson, Debra L., and Neal Darby. "Desert Tortoise Road Mortality in Mojave National Preserve, California." *California Fish and Game* 99, no. 4 (September 2013): 222-32.

Kennedy Space Center Status Report. "Roadkill Roundup." April 26, 2006.

Kim, Sharon, and A. Robertson Harrop. "Maxillofacial Injuries in Moose-Motor Vehicle Collisions Versus Other High-Speed Motor Vehicle Collisions." *Canadian Journal of Plastic Surgery* 13, no. 4 (December 2005): 191-94.

Knapp, Keith K. "Deer-Vehicle Crash Countermeasure Toolbox." Iowa State University Institute for Transportation, Deer-Vehicle Crash Information Clearinghouse, 2001.

Pynn, Tania P., and Bruce R. Pynn. "Moose and Other Large Animal Wildlife Collisions: Implications for Prevention and Emergency Care." *Journal of Emergency Nursing* 30, no. 6 (2004): 542–47.

Riginos, Corinna, et al. "Wildlife Warning Reflectors and White Canvas Reduce Deer-Vehicle Collisions and Risky Road-Crossing Behavior." *Wildlife Society Bulletin* 42, no. 4 (March 2018): 1–11.

Al-Sebai, M. W., and S. Al-Zahrani. "Cervical Spinal Injuries Caused by Collision of Cars with Camels." *Injury* 28, no. 3 (April 1997): 191–94.

Simmons, James Raymond. *Feathers and Fur on the Turnpike*. Boston: The Christopher Publishing House, 1938.

Williams, Allan F., and Joann K. Wells. "Characteristics of Vehicle-Animal Crashes in Which Vehicle Occupants Are Killed." *Traffic Injury Prevention* 6, no. 1 (2005): 56–59.

11 도둑을 겁주어 쫓아 버리기

Avery, Michael L., et al. "Dispersing Vulture Roosts on Communication Towers." *Journal of Raptor Research* 36, no. 1 (February 2002): 45–50.

Bildstein, Keith. *Raptors: The Curious Nature of Diurnal Birds of Prey*. Ithaca, NY: Cornell University Press, 2017.

Blackwell, Bradley, Thomas W. Seamans, Morgan B. Pfeiffer, and Bruce N. Buckingham. "European Starling (*Sturnus vulgaris*) Reproduction Undeterred by Predator Scent Inside Nest Boxes." *Canadian Journal of Zoology* 96, no. 9 (2018): 980–86.

Chipman, Richard B., et al. "Emergency Wildlife Management Response to Protect Evidence Associated with the Terrorist Attack on the World Trade Center, New York City." *Proceedings of the 21st Vertebrate Pest Conference*, 2004.

Mauldin, Richard E., et al. "Development of a Synthetic Materials Mimic for Vulture Olfaction Research." *Proceedings of the 10th Damage Management Conference*, 2003.

Seamans, Thomas W. "Response of Roosting Turkey Vultures to a Vulture Effigy." *Ohio Journal of Science* 104, no. 5 (December 2004): 136–38.

Tillman, Eric A., John S. Humphrey, and Michael L. Avery. "Use of Vulture Carcasses and Effigies to Reduce Vulture Damage to Property and Agriculture." *Proceedings of the 20th Vertebrate Pest Conference*, 2002, pp. 123–28.

12 성 바오로 광장의 갈매기

Glahn, James F., Greg Ellis, Paul Fioranelli, and Brian Dorr. "Evaluation of Moderate and Low-Powered Lasers for Dispersing Double-Crested

Cormorants from Their Night Roosts." *Proceedings of the Ninth Wildlife Damage Management Conference*, January 2001.

Glatz, Carol. "Feathery Fiascos: The Unfortunate Prey for Peace." Catholic News Service Blog, January 27, 2014.

Graham, Frank, Jr. *Gulls: An Ecological History*. New York: Van Nostrand Reinhold, 1975.

Linton, E., et al. "Retinal Burns from Laser Pointers: A Risk in Children with Behavioral Problems." *Eye* 33, no. 3 (March 2019): 492–504.

Markham, Gervase. *Markham's Farewell to Husbandry*. London: Nicholas Oakes for John Harrison, 1631.

Parsons, Jasper. "Cannibalism in Herring Gulls." British Birds (newsletter), December 1, 1971.

Vickery, Juliet A., and Ronald W. Summers. "Cost-Effectiveness of Scaring Brent Geese (*Branta b. bernicla*) from Fields of Arable Crops by a Human Bird Scarer." *Crop Protection* 11, no. 5 (October 1992): 480–84.

13 예수회와 쥐

Francis (pope). "'Laudato Si': On Care for Our Common Home." Encyclical of the Holy Father on Climate Change and Inequality. http://w2.vatican.va/content/francesco/en/encyclicals/documents/papa-francesco_20150524_enciclica-laudato-si.html.

Philippi, Dieter. "Campagi—The Footwear of the Pope and the Clergy." http://www.dieter-philippi.de/en/ecclesiastical-fineries/campagi-the-footgear-of-the-pope-and-the-clergy.

14 친절하게 죽이기

Adams, Lowell W., J. Hadidian, and V. Flyger. "Movement and Mortality of Translocated Urban-Suburban Grey Squirrels." *Animal Welfare* 13, no. 1 (February 2004): 45–50.

American Veterinary Medical Association. AVMA Guidelines for the Euthanasia of Animals. American Veterinary Medical Association: 2013 edition.

―――. "AVMA May Change Guidance for CO_2 Euthanasia in Rodents."

JAVMA News, January 1, 2019.

Egerton, Rachael. "'Unconquerable Enemy or Bountiful Resource?' A New Perspective on the Rabbit in Central Otago." Bachelor's thesis, University of Otago, Dunedin, New Zealand, March 18, 2014. Australian & New Zealand Environmental History Network, https://www.environmentalhistory-au-nz.org/publications/.

King, Carolyn M. "Liberation and Spread of Stoats (*Mustela erminea*) and Weasels (*M. nivalis*) in New Zealand, 1883–1920." *New Zealand Journal of Ecology* 41, no. 2 (2017): 163–76.

Littin, Kate E., et al. "Behavior and Time to Unconsciousness of Brushtail Possums (*Trichosurus vulpecula*) After a Lethal or Sublethal Dose of 1080." *Wildlife Research* 36, no. 8 (2009): 709-20.

Mason, G., and K. E. Littin. "The Humaneness of Rodent Pest Control." *Animal Welfare* 12, no. 1 (February 2003): 1-37.

Morriss, Grant A., Graham Nugent, and Jackie Whitford. "Dead Birds Found After Aerial Poisoning Operations Targeting Small Mammal Pests in New Zealand 2003-14." *New Zealand Journal of Ecology* 40, no. 3 (January 2016): 361-70.

Robinson, Weldon B. "The 'Humane Coyote-Getter' vs. the Steel Trap in Control of Predatory Animals." *Journal of Wildlife Management* 7, no. 2 (April 1943): 179-89.

Stats NZ. "Conservation Status of Indigenous Land Species." April 17, 2019. https://www.stats.govt.nz/indicators/conservation-status-of-indigenous-land-species.

Warburton, Bruce, Nick Poutu, and Ian Domigan. "Effectiveness of the Victor Snapback Trap for Killing Stoats." *DOC Science Internal Series* 83. Wellington: New Zealand Department of Conservation. October 2002.

Warburton, Bruce, Neville G. Gregory, and Grant Morriss. "Effect of Jaw Shape in Kill-Traps on Time to Loss of Palpebral Reflexes in Brushtail Possums." *Journal of Wildlife Diseases* 36, no. 1 (2000): 92–96.

15 사라지는 생쥐

Kimball, Bruce, et al. "Development of Artificial Bait for Brown Treesnake Suppression." *Biological Invasions* 18 (2016): 359–69.

Pitt, William C., et al. "Physical and Behavioral Abilities of Commensal Rodents Related to the Design of Selective Rodenticide Bait Stations." *International Journal of Pest Management* 57, no. 3 (July–September 2011): 189–93.

옮긴이의 말

메리 로치의 책을 읽으면 독특하면서 색다르다는 말이 절로 나온다. 이렇게 색다른 주제를 찾아내 독특한 관점에서 기발하게 이야기를 펼쳐 나가는 것이 감탄스럽다.

이 책에서는 동물과 사람의 갈등을 이야기한다. 당연히 어느 책에서도 보기 힘든 방식으로 이야기를 꾸려 나간다. 저자는 여기저기 돌아다니면서 다양한 사람들과 대화를 나눈다. 그들 중에는 곰으로 피해를 입는 지역에서 곰을 물리치고 사람을 구하는 사람도 있고, 야생 동물을 지키는 일을 하고 있으면서도 사냥이 취미인 생물학자도 있다. 사람을 잡아먹는 맹수를 잡아야 하겠지만 그 맹수가 전통적으로 신성시되고 있기에 대중이 모르게 처리할 방안을 놓고 고심하는 관리자도 있다. 그 밖에도 모든 생명은 귀하다는 가르침을 설파하지만 과연 그 원칙이 성가신 쥐에게까지 적용되느냐는 질문에는 떨떠름하고 난감한 기색을 보이는 교황청 신부, 미국 9·11 테러 사건 당시 사망자들의 잔해에 달려드는 새 떼를 물리칠 방법을 찾느라 고심하는 조류학자, 오래되어 썩은 나무가 혹시라도 떨어져서 캠핑하는 사람의 목숨을 앗아 가는 일을 방지하기 위해 그런 나무들을 폭파시켜 제거하는 전문가 등도 있다.

평생에 한 번 접하기도 힘든 그런 사람들을 찾아다니면서 이야기를 듣느라 애쓰는 모양새다. 난처한 질문에 귀찮아하는 그들의 모습과 그 모습을 바라보면서 느끼는 자신의 감정을 절묘하게 배치하여, 때때로 독자를 낄낄거리게 만들기도 한다. 그러니 책에서 손을 놓기가 어렵다.

저자는 이런 이야기들을 통해서 동물과 인간의 갈등이 어떤 양상으로 펼쳐지고 또 어떻게 달라져 왔는지를 드러낸다. 어떤 대책이 효과가 있는지, 사람들이 어떤 노력을 기울여 왔는지도 설명한다. 이때 깡그리 없애야 한다고 주장하는 이들과 좀 참고 살면 된다고 말하는 이들 사이의 갈등도 나타난다. 물론 심각하지 않게 유쾌한 어조로 묘사된다. 그렇게 이 책을 읽어 나가다 보면 이런 갈등의 역사와 전개 양상을 비롯한 전체 모습이 한눈에 그려질 것이다. 저자는 〈이래야 한다〉고 설파하지 않는다. 그저 〈나는 이렇게 하고 싶다〉는 소시민적인 태도를 언뜻 내비칠 뿐이다. 그래서 이 책이 더욱 편하게 와닿고 읽는 재미도 배가된다.

— 이한음

옮긴이 **이한음** 서울대학교에서 생물학을 공부했고, 전문적인 과학 지식과 인문적 사유가 조화된 번역으로 우리나라를 대표하는 과학 전문 번역가로 인정받고 있다. 케빈 켈리, 리처드 도킨스, 에드워드 윌슨, 리처드 포티, 제임스 왓슨 등 저명한 과학자의 대표작이 그의 손을 거쳐 갔다. 과학의 현재적 흐름을 발 빠르게 전달하기 위해 과학 전문 저술가로도 활동하고 있다. 저서로는 『바스커빌가의 개와 추리 좀 하는 친구들』, 『청소년을 위한 지구 온난화 논쟁』 등이 있으며, 옮긴 책으로는 『인에비터블, 미래의 정체』, 『제2의 기계 시대』, 『인간 본성에 대하여』, 『우리는 왜 잠을 자야 할까』, 『늦깎이 천재들의 비밀』 등이 있다. 『만들어진 신』으로 한국출판문화상 번역 부문을 수상했다.

자연이 법을 어길 때

발행일   2025년 11월 20일 초판 1쇄

지은이   메리 로치
옮긴이   이한음
발행인   홍예빈
발행처   주식회사 열린책들

경기도 파주시 문발로 253 파주출판도시
전화 031-955-4000 팩스 031-955-4004
홈페이지 www.openbooks.co.kr 이메일 humanity@openbooks.co.kr

Copyright (C) 주식회사 열린책들, 2025, *Printed in Korea.*
ISBN 978-89-329-2546-2 03400